Heidelberger Taschenbücher Band 237

T. Deutler M. Schaffranek D. Steinmetz

Statistik-Übungen

im wirtschaftswissenschaftlichen Grundstudium

Zweite, durchgesehene Auflage

Mit 84 Abbildungen

Springer-Verlag
Berlin Heidelberg New York
London Paris Tokyo

Dr. Tilmann Deutler, Akademischer Oberrat an der Fakultät für Volkswirtschaftslehre und Statistik der Universität Mannheim, D-6800 Mannheim 1

Dr. Manfred Schaffranek, Akademischer Oberrat an der Fakultät für Volkswirtschaftslehre und Statistik der Universität Mannheim, D-6800 Mannheim 1

Dr. Dieter Steinmetz, Akademischer Rat am Lehrstuhl für Statistik I der Universität Mannheim, Fakultät für Volkswirtschaftslehre und Statistik, D-6800 Mannheim 1

ISBN 3-540-50391-9 Springer-Verlag Berlin Heidelberg New York
ISBN 0-387-50391-9 Springer-Verlag New York Berlin Heidelberg

ISBN 3-540-13542-1 1. Auflage Springer-Verlag Berlin Heidelberg New York
ISBN 0-387-13542-1 1st edition Springer-Verlag New York Berlin Heidelberg

CIP-Kurztitelaufnahme der Deutschen Bibliothek
Deutler, Tilmann:
Statistik-Übungen im wirtschaftswissenschaftlichen Grundstudium / T. Deutler ; M. Schaffranek ; D. Steinmetz. – 2., durchges. Aufl. – Berlin ; Heidelberg ; New York ; London ; Paris ; Tokyo : Springer, 1988
(Heidelberger Taschenbücher ; Bd. 237)
ISBN 3-540-50391-9 (Berlin ...) brosch.
ISBN 0-387-50391-9 (New York ...) brosch.
NE: Schaffranek, Manfred:; Steinmetz, Dieter:; GT

Druck- und Bindearbeiten: Druckhaus Beltz, Hemsbach/Bergstraße
2142/7130-543210

Vorwort zur 2. Auflage

Seit Erscheinen der ersten Auflage konnten wir einen Eindruck davon gewinnen, wie unsere "Statistik-Übungen" von Studierenden und Hochschullehrern beurteilt werden. Diese Urteile zeigen uns, daß wir an Aufbau, Inhalt und Konzeption festhalten können. Wir haben daher nur Veränderungen im Detail vorgenommen.

Wir danken allen kritischen Lesern und Rezensenten für wertvolle Verbesserungsvorschläge und Hinweise auf Fehler.

Mannheim, im August 1988 — Die Verfasser

Hinweise zur Benutzung des Übungsbuchs

Ein Übungsbuch ist kein Lehrbuchersatz. Es setzt vielmehr voraus, daß sich der Leser mit dem Stoffgebiet bereits beschäftigt hat. Um sich gegebenenfalls mit dem in den Aufgaben angesprochenen Stoff vertraut machen zu können, sind zu jeder Aufgabe Literaturhinweise angegeben. Diese Literaturangaben verweisen überwiegend auf die beiden im Vorwort genannten Lehrbücher.

Jede Aufgabe ist nach folgendem Schema aufgebaut: Der Aufgabenstellung folgt eine ausführliche Lösung; bei Multiple-Choice-Aufgaben wird insbesondere erörtert, warum die einzelnen Aussagen richtig oder falsch sind. An die Lösung schließen sich gelegentlich ergänzende Bemerkungen an. Der Lösung bzw. Bemerkung folgen Literaturhinweise. Am Ende jeder Aufgabe findet sich das Ergebnis.

Diese Anordnung soll es dem Leser ermöglichen, zunächst die Aufgabe selbständig zu lösen und sein Resultat auf Richtigkeit zu überprüfen. Erst im Anschluß daran sollte der Leser sich gegebenenfalls mit dem zugehörigen Lösungstext befassen.

Inhaltsübersicht

Deskriptive Statistik

AUFGABE D1

Betrachten Sie folgende Merkmale:

Haarfarbe, Einkommen, Zugehörigkeit zu einer sozialen Schicht, Körpergröße, Geschlecht, Beruf, Vermögen, Religionsbekenntnis, Zahl der Kontobewegungen pro Monat, Abiturnote in Deutsch, Abweichung von der Norm bei Fertigungsprozessen.

Geben Sie zu den genannten Merkmalen Beispiele für Merkmalsträger und Merkmalsausprägungen an und nennen Sie die Merkmalsart.

LÖSUNG:
Für die genannten Merkmale kommen als Merkmalsträger bzw. Merkmalsausprägungen beispielsweise in Frage:

Tab. 1

Merkmalsträger	Merkmal	Merkmalsausprägung
Einwohner einer Stadt	Haarfarbe	braun, schwarz,...
Haushalte einer Stadt	Einkommen	nichtnegative reelle Zahlen
Mitglieder eines Vereins	Zugehörigkeit zu einer sozialen Schicht	Unter-, Mittel-, Oberschicht
Schüler einer Schule	Körpergröße	positive reelle Zahlen
Beschäftigte eines Unternehmens	Geschlecht	männlich, weiblich
Beschäftigte eines Unternehmens	Beruf	Elektriker, Mechaniker,...
Einwohner einer Stadt	Vermögen	nichtnegative reelle Zahlen
Einwohner einer Stadt	Religionsbekenntnis	evangelisch, katholisch,...
Girokonten bei einer Bank	Zahl der Kontobewegungen pro Monat	0,1,2,3,...
Abiturientenjahrgang einer Schule	Abiturnote in Deutsch	sehr gut, gut, ...
Produzierte Einheiten eines genormten Produkts	Abweichung von der Norm bei Fertigungsprozessen	reelle Zahlen

Man unterscheidet üblicherweise zwischen qualitativen Merkmalen (mit bzw. ohne Rangordnung) und quantitativen Merkmalen (diskreten bzw. stetigen). Gemäß dieser Einteilung würde man folgende Zuordnung treffen:

Tab. 2

qualitatives Merkmal		quantitatives Merkmal	
ohne Rangordnung	mit Rangordnung	diskret	stetig
Haarfarbe Geschlecht Beruf Religionsbekenntnis	Zugehörigkeit zu einer sozialen Schicht Abiturnote in Deutsch	Einkommen Vermögen Zahl der Kontobewegungen pro Monat	Körpergröße Abweichung von der Norm bei Fertigungsprozessen

BEMERKUNG:

1. Die Einordnung eines konkreten Merkmals kann im Einzelfall Schwierigkeiten bereiten, weil zum einen diese Klassifikation eine Idealisierung darstellt, zum anderen der Charakter eines Merkmals sich mit der Fragestellung ändern kann. So ist beispielsweise das Merkmal "Abweichung von der Norm bei Fertigungsprozessen" als stetiges Merkmal einzustufen, wenn die Einhaltung eines Sollwertes für Längen, Zeiten oder Gewichte, also für stetige physikalische Größen, eine Rolle spielt. Wenn die Abweichung von der Norm jedoch in den Qualitätsabstufungen "1. Qualität", "2. Qualität" , "Ausschuß" eingeteilt wird, so ist das Merkmal qualitativ mit Rangordnung.

   Die Einstufung von "Körpergröße" als stetig und von "Einkommen" als diskret kann als spitzfindig empfunden werden, zumal man auf Grund beschränkter Meßgenauigkeit auch bei stetigen Merkmalen nur diskrete Werte beobachten kann.

2. Die Feststellung der Merkmalsausprägung einer Untersuchungseinheit kann Schwierigkeiten bereiten, wenn die Merkmalsausprägungen nicht scharf gegeneinander abgegrenzt sind (so z.B. bei "Haarfarbe" und "Zugehörigkeit zu einer sozialen Schicht").

LITERATUR: [4] S. 16 - 27

ERGEBNIS: Vergleiche Tab. 1 und Tab. 2.

AUFGABE D2

Welche der folgenden Aussagen kennzeichnen ein qualitatives Merkmal mit Rangordnung?

A: Man kann entscheiden, ob eine Merkmalsausprägung doppelt so groß, dreimal so groß usw. ist wie eine andere.

B: Die Merkmalsausprägungen lassen sich in sachlich begründeter Weise anordnen.

C: Die "Abstände" zwischen je zwei Merkmalsausprägungen lassen sich vergleichen.

D: Die Merkmalsausprägungen sind Zahlen.

LÖSUNG:

Aussage B ist richtig, denn B beinhaltet genau die definierende Eigenschaft von qualitativen Merkmalen mit Rangordnung. Aussage D kennzeichnet quantitative Merkmale.

Aussage A bzw. C trifft auf quantitative Merkmale mit Verhältnis- bzw. Intervallskala zu.

BEMERKUNG: Jedes quantitative Merkmal erfüllt auch die Eigenschaften eines qualitativen Merkmals mit Rangordnung, da zahlenmäßige Ausprägungen immer der Größe nach geordnet werden können.

LITERATUR: [4] S. 16 - 22

ERGEBNIS: Aussage B ist richtig.

AUFGABE D3

Eier werden in den Gewichtsklassen 1,2,...,7 gehandelt. Die relativen Häufigkeiten, mit denen die einzelnen Gewichtsklassen von einem Händler an einem Markttag verkauft werden, lassen sich graphisch in geeigneter Form darstellen durch:

A: Lorenzkurve

B: Streuungsdiagramm

C: Stabdiagramm

D: Histogramm

LÖSUNG:

Das Merkmal "Gewichtsklasse" ist qualitativ. Zur Darstellung der relativen Häufigkeiten eignet sich deshalb nur das Stabdiagramm.

Falls die Klasseneinteilung

Gewichtsklasse	Gewicht in Gramm von...bis unter...
7	40 - 45
6	45 - 50
5	50 - 55
4	55 - 60
3	60 - 65
2	65 - 70
1	70 und mehr

bekannt ist, können die relativen Häufigkeiten - nach geeigneter Abschließung der offenen Klasse - auch als Histogramm dargestellt werden. Bei Kenntnis der Klassengrenzen läßt sich auch die Lorenzkurve konstruieren; aus ihr lassen sich relative Häufigkeiten jedoch nur indirekt ablesen.

LITERATUR: [2] B1.1 , B1.5 , B2.3

ERGEBNIS: Die relativen Häufigkeiten lassen sich durch das in C angegebene Stabdiagramm darstellen.

AUFGABE D4

Für eine Grundgesamtheit vom Umfang $N = 2\,000$ ergab sich für die Häufigkeitsverteilung des Untersuchungsmerkmals folgende graphische Darstellung (gruppierte Daten mit Klassenbreiten c_i) , vgl. Abb.1 :

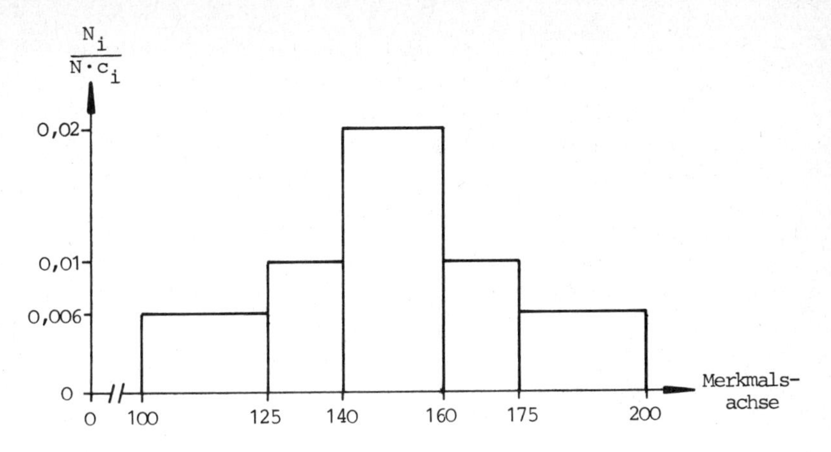

Abb. 1

Welche Aussagen sind dann richtig ?

A: Die relativen Häufigkeiten N_i/N sind gleich den Flächeninhalten der Rechtecke.

B: Die Darstellung ist ein Histogramm.

C: Die Häufigkeitsverteilung der gruppierten Daten ist symmetrisch.

D: Der Zentralwert ist für die gruppierten Daten aus der Abb. 1 ablesbar.

E: Die Rechteckhöhen sind proportional zu den absoluten Häufigkeiten N_i.

F: Es gilt: $N_2 = 15$.

LÖSUNG:

Aussage A ist richtig. Das Rechteck über Klasse i besitzt die Breite c_i , die Höhe $\frac{N_i}{N \cdot c_i}$ und somit die Fläche

$$\frac{N_i}{N \cdot c_i} c_i = \frac{N_i}{N} .$$

Aussage B ist richtig, denn ein Histogramm ist eine flächenproportionale Darstellung von (absoluten oder relativen) Häufigkeiten.

Aussage C ist richtig, denn die gezeichnete Häufigkeitsverteilung ist symmetrisch zum Merkmalswert 150.

Aussage D ist richtig. Da die Rechtecksflächen in Abb. 1 relative Häufigkeiten darstellen, liegen offenbar 50 % der Merkmalswerte links bzw. rechts von 150. Damit ist $z = 150$ der Zentralwert der gruppierten Häufigkeitsverteilung.

Aussage E ist falsch. In einem Histogramm sind die Rechteckshöhen nur dann proportional zu N_i, wenn alle Klassen gleich breit sind.

Aussage F ist falsch. Aus Abb.1 entnimmt man

$$\frac{N_2}{N \cdot c_2} = 0{,}01 \;, \quad c_2 = 140 - 125 = 15 \,.$$

Damit folgt:

$$N_2 = 0{,}01 \cdot N \cdot c_2 = 0{,}01 \cdot 2000 \cdot 15 = 300 \,.$$

LITERATUR: [2] B 1.1

ERGEBNIS: Die Aussagen A,B,C und D sind richtig.

AUFGABE D5

Um eine Häufigkeitsverteilung gruppierter Daten graphisch darzustellen, trägt jemand für Klasse i über dem Klassenintervall der Länge c_i Rechtecke der Höhe N_i (= Klassenhäufigkeit) ab. Unter welchen Voraussetzungen entsteht dabei ein Histogramm der Häufigkeitsverteilung?

A: Alle Klassen sind gleich breit.

B: Innerhalb der Klassen müssen sich die Merkmalsausprägungen gleichmäßig über die gesamte Klassenbreite verteilen.

C: Es darf keine Klasse unbesetzt sein.

D: Die Klassenhäufigkeiten müssen alle gleich sein.

LÖSUNG:

Aussage A ist richtig. Ein Histogramm ist eine flächenproportionale Darstellung der Klassenhäufigkeiten N_i. Die gezeichneten Rechtecke haben den Inhalt $N \cdot c_i$. Dieser ist für

c_i = konst. proportional zu N_i .

Aussage B ist für die Beantwortung der Frage bedeutungslos, da durch die Verwendung gruppierter Daten die Information über die Verteilung der Merkmalswerte innerhalb der Klassen verlorengeht.

Die Aussagen C und D haben zwar Einfluß auf die Gestalt des Histogramms, sind aber für die interessierende Fragestellung bedeutungslos.

LITERATUR: [2] B 1.1

ERGEBNIS: Ein Histogramm der Häufigkeitsverteilung erhält man unter der in A angegebenen Voraussetzung.

AUFGABE D6

Eine vor mehreren Jahren durchgeführte Befragung von 30 Arbeitern eines Betriebes ergab für die Stundenlöhne in DM folgende Liste:

8,35	8,80	7,75	8,95	8,20	9,10	8,64	10,00	8,45	9,25
9,10	8,50	7,55	9,25	8,60	7,45	9,86	8,50	9,95	8,80
10,45	8,05	7,90	8,20	9,20	7,15	9,40	8,60	9,10	8,50

a) Berechnen Sie für die angegebenen Stundenlöhne das arithmetische Mittel, die Varianz, den Variationskoeffizienten und den Zentralwert.

b) Lösen Sie a) unter der Annahme, daß mittlerweile jeder Stundenlohn um 5,00 DM gestiegen ist.

c) Für die Löhne der obigen Liste wurden folgende Lohngruppen gebildet:

DM 7,00 bis unter DM 8,00
" 8,00 " " " 8,50
" 8,50 " " " 9,00
" 9,00 " " " 9,50
" 9,50 " " " 10,50 .

Berechnen Sie für die gruppierten Daten das arithmetische Mittel, die Varianz, den Variationskoeffizienten und den Zentralwert.

LÖSUNG:

a) Bezeichnet man die 30 einzelnen Stundenlöhne mit x_i, $(i = 1, \ldots, 30)$, so erhält man:

arithmetisches Mittel $\mu_x = \frac{1}{N} \Sigma x_i = \frac{1}{30} 261{,}6 = 8{,}72$;

Varianz $\sigma_x^2 = \frac{1}{N} \Sigma x_i^2 - \mu_x^2 = \frac{1}{30} 2298{,}7892 - 8{,}72^2 = 0{,}5879$;

Variationskoeffizient $\sigma_x / \mu_x = \frac{\sqrt{0{,}5879}}{8{,}72} = 0{,}0879$.

Um den Zentralwert z_x zu berechnen, ordnet man die Stundenlöhne ihrer Größe nach an und erhält so eine Zahlenfolge $z_1 \leq z_2 \leq \ldots \leq z_{30}$. Im vorliegenden Fall kann jede Zahl zwischen z_{15} und z_{16} als Zentralwert gewählt werden, üblicherweise setzt man $z_x = \frac{1}{2}(z_{15} + z_{16})$. Wegen

$$z_1 = 7{,}15 \,;\; z_2 = 7{,}45 \,;\; \ldots \,;\; z_{15} = 8{,}60 \,;\; z_{16} = 8{,}64 \;\ldots$$

gilt also

$$z_x = 8{,}62 \,.$$

b) Bezeichnet man für $i = 1, \ldots, 30$ mit

x_i den "alten" Stundenlohn des i-ten Merkmalsträgers,

y_i den "neuen" Stundenlohn des i-ten Merkmalsträgers,

so gilt:

$$y_i = x_i + 5 \,.$$

Mit der Erhöhung jedes einzelnen Stundenlohnes um 5 DM steigen die beiden Durchschnittswerte ebenfalls um 5 DM:

$$\mu_y = \mu_x + 5 = 8{,}72 + 5 = 13{,}72$$

$$z_y = z_x + 5 = 8{,}62 + 5 = 13{,}62 \,.$$

Der Wert der Varianz basiert auf den Differenzen von Merkmalswerten und zugehörigem arithmetischen Mittel. Diese Differenzen ändern sich aber im vorliegenden Fall nicht:

$$y_i - \mu_y = (x_i + 5) - (\mu_x + 5) = x_i - \mu_x \qquad i = 1, \ldots, 30 \,.$$

Also gilt:

$$\sigma_y^2 = \sigma_x^2 = 0{,}5879 ;$$

$$\frac{\sigma_y}{\mu_y} = \frac{\sqrt{0{,}5879}}{13{,}72} = 0{,}0559 .$$

Bei einer Erhöhung aller Stundenlöhne um den gleichen Betrag wird der Variationskoeffizient also kleiner, denn als "relatives" Streuungsmaß mißt er die "Streuung" im Verhältnis zum "Mittelwert".

c) Für die angegebene Klasseneinteilung erhält man folgende Arbeitstabelle (wobei zu beachten ist, daß die Klassen die untere Klassengrenze jeweils einschließen, die obere aber nicht) :

Tab. 1

		(1)	(2)		(3)	(4)	(5)
Klasse i	Klassengrenzen von ... bis unter ... DM	Klassenhäufigkeit N_i	$K_i = N_1+\ldots+N_i$	Klassenmitte $\hat{x}_i$	$\hat{x}_i \cdot N_i$	$\hat{x}_i^2 \cdot N_i$	$\frac{K_i}{N}100$ (%)
1	7,0 - 8,0	5	5	7,50	37,50	281,2500	$16,\overline{6}$
2	8,0 - 8,5	5	10	8,25	41,25	340,3125	$33,\overline{3}$
3	8,5 - 9,0	9	19	8,75	78,75	689,0625	$63,\overline{3}$
4	9,0 - 9,5	7	26	9,25	64,75	598,9375	$86,\overline{6}$
5	9,5 - 10,5	4	30	10,00	40,00	400,0000	100,0
		N = 30			262,25	2 309,5625	

Mit der Klassenbildung verzichtet man auf die Information über die Verteilung der Merkmalswerte innerhalb der Klassen. Alle aus den gruppierten Daten berechneten Lage- und Streuungsmaße sind daher Näherungswerte. Man erhält:

arithmetisches Mittel $\mu = \frac{1}{N} \Sigma \hat{x}_i N_i = \frac{1}{30} 262{,}25 \approx 8{,}74$;

Varianz $\frac{1}{N} \Sigma \hat{x}_i^2 N_i - \mu^2 = \frac{1}{30} 2309{,}5625 - 8{,}74^2 \approx 0{,}5978$;

Variationskoeffizient $\frac{\sqrt{0{,}5978}}{8{,}74} \approx 0{,}0885$.

Bei Häufigkeitsverteilungen mit gruppierten Daten bestimmt man den Zentralwert aus dem Streckenzug der relativen kumulierten Häufigkeiten (Summenkurve), vgl. Abb. 1 bzw. Spalte (5) in Tab. 1. Unter der Annahme, daß sich die Merkmalswerte in Klasse 3 gleichmäßig verteilen, liest man aus Abb. 1 ab: Zentralwert ≈ 8,77.

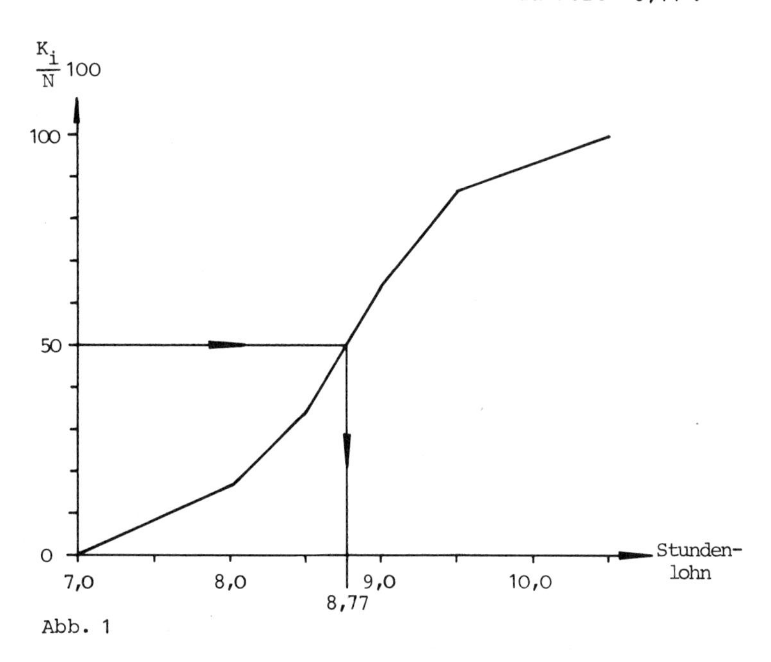

Abb. 1

BEMERKUNG: Die Tatsache, daß in b) $\sigma_y/\mu_y < \sigma_x/\mu_x$ ist, hat für die Tarifpolitik folgende Bedeutung: Die Vereinbarung eines einheitlichen Sockelbetrages bewirkt, daß der Durchschnittslohn steigt und sich gleichzeitig die relativen Abweichungen der Einzellöhne verringern.

LITERATUR: [2] B 1.2, B 1.3

ERGEBNIS:

Ergebnis zu	arithmetisches Mittel	Varianz	Variationskoeffizient	Zentralwert
a)	8,72	0,5879	0,0879	8,62
b)	13,72	0,5879	0,0559	13,62
c)	8,74	0,5978	0,0885	8,77

AUFGABE D7

In einem Industriebetrieb beträgt der Zentralwert aller dort gezahlten Gehälter 2400.- DM, das arithmetische Mittel beträgt 2600.- DM. Aufgrund einer Vereinbarung wird das Gehalt aller leitenden Angestellten um 12 % erhöht. Auf diese Gruppe entfielen vor der Gehaltserhöhung die 20 % höchsten Gehälter bzw. 40 % der gesamten Gehaltssumme. Wie hoch sind der Zentralwert bzw. das arithmetische Mittel nach der Gehaltserhöhung, wenn man unterstellt, daß der Kreis der Gehaltsempfänger sich weder anteils- noch strukturmäßig geändert hat ?

LÖSUNG:

Die 80 % niedrigsten Gehälter werden laut Angabe nicht erhöht; damit bleibt der Zentralwert unverändert.

Mit E_1 bzw. E_2 bezeichnen wir die Summe aller Gehälter vor bzw. nach der Gehaltserhöhung, N sei die Zahl der Gehaltsempfänger. Dann ist

$$E_1 = 0{,}6 \cdot E_1 + 0{,}4 \cdot E_1$$

$$E_2 = 0{,}6 \cdot E_1 + 1{,}12 \cdot 0{,}4 \cdot E_1 = 1{,}048 \cdot E_1 .$$

Damit ergibt sich für das arithmetische Mittel nach der Gehaltserhöhung:

$$\frac{E_2}{N} = 1{,}048 \cdot \frac{E_1}{N} = 1{,}048 \cdot 2600 = 2\,724{,}80 \text{ DM.}$$

LITERATUR: [2] B 1.2 , B 1.3

ERGEBNIS: Nach der Gehaltserhöhung betragen der Zentralwert 2 400.- DM und das arithmetische Mittel 2 724,80 DM.

AUFGABE D8

Die Pkw - Haftpflichtabteilungen zweier großer Versicherungsunternehmen geben für das abgelaufene Geschäftsjahr stark differierende durchschnittliche Schadenssummen (arithmetische Mittel) an. Erläutern Sie, in welchem Sinne diese Diskrepanz mit unterschiedlicher Mittelwertbildung erklärt werden kann.

LÖSUNG:

Das arithmetische Mittel ist definiert als

$$\frac{\text{Gesamtschadenssumme}}{\text{Anzahl der Merkmalsträger}} .$$

Möglicherweise bezieht jedes der beiden Versicherungsunternehmen seine Gesamtschadenssumme auf eine andere Gruppe von Merkmalsträgern. Je nach Fragestellung können z.B. folgende Gruppen von Merkmalsträgern sinnvoll sein:

alle Versicherungsnehmer, die im Geschäftsjahr einen Schaden gemeldet haben (N_1);

die Zahl der im Geschäftsjahr gemeldeten Schäden (N_2);

alle Versicherungsnehmer (N_3).

N_3 ist im Normalfall erheblich größer als N_2 oder N_1. N_2 ist größer als N_1, und zwar in dem Ausmaß, wie Versicherte im Geschäftsjahr mehr als einen Schaden melden.

ERGEBNIS: Siehe Lösung.

AUFGABE D9

Ein Großunternehmen veröffentlicht folgende Angaben über die Verteilung der Jahresbruttolöhne seiner Lohnempfänger:

Klasse i	Jahresbruttolohn von ... bis unter ... DM	Anzahl der Lohnempfänger N_i	$K_i = N_1+\ldots+N_i$
1	unter 2 400	1 550	1 550
2	2 400 - 4 800	1 096	2 646
3	4 800 - 7 200	851	3 497
4	7 200 - 9 600	868	4 365
5	9 600 - 12 000	910	5 275
6	12 000 - 16 000	1 835	7 110
7	16 000 - 20 000	2 410	9 520
8	20 000 - 25 000	3 189	12 709
9	25 000 - 36 000	4 681	17 390
10	36 000 und mehr	2 509	19 899

Arithmetisches Mittel = 21 215 DM

Zentralwert = 20 720 DM .

Bei der nächsten Tarifverhandlung wird folgendes vereinbart: Alle Lohnempfänger erhalten 4 % mehr Bruttolohn, zusätzlich erhalten alle Lohnempfänger mit bisherigem Bruttolohn bis unter 9 600 DM einen Festbetrag von jährlich 600 DM mehr.

Welche der folgenden Aussagen über das arithmetische Mittel μ_n bzw. den Zentralwert z_n <u>nach</u> der Lohnerhöhung sind richtig, wenn Sie davon ausgehen, daß außer der vereinbarten Tarifänderung keine weiteren Änderungen (Zahl und Struktur der Lohnempfänger, Klasseneinteilung) eingetreten sind?

A: $\mu_n = 1{,}04 \cdot 21215$ DM

B: $\mu_n = 1{,}04 \cdot 21215 + 600$ DM

C: $\mu_n = 1{,}04 \cdot (21215 + 600)$ DM

D: $\mu_n = 1{,}04 \cdot 21215 + \frac{4365}{19899} \cdot 600$ DM

E: $z_n = 1{,}04 \cdot 20720$ DM

F: $z_n = 1{,}04 \cdot 20720 + 600$ DM

LÖSUNG:

Aussage A wäre richtig, wenn für jeden Lohnempfänger nur eine 4%ige Lohnerhöhung vereinbart wäre.

Aussage B wäre richtig, wenn <u>jeder</u> Lohnempfänger 4 % plus 600 DM mehr erhielte.

Aussage C wäre richtig, wenn <u>jeder</u> Lohnempfänger zunächst 600 DM mehr erhielte und dieses neue Einkommen um 4 % erhöht würde.

Aussage D ist richtig. Nach der Tarifänderung gilt für die Lohnsumme L des Unternehmens:

$$L = 1{,}04 \cdot 21215 \cdot 19899 + 600 \cdot 4365 .$$

Bei Division von L durch $N = 19899$ ergibt sich Aussage D.

Aussage E ist richtig. Betrachtet man zunächst nur die Erhöhung aller Löhne um 4 %, so steigt auch der Zentralwert um 4 %, also auf $1{,}04 \cdot 20720$ DM = 21548,80 DM. Höchstens 50 % der Löhne sind demnach niedriger bzw. höher als 21 548,80 DM. Löhne aus den Klassen 1 bis 4 werden zusätzlich um 600 DM erhöht. Dadurch erreichen sie maximal den Betrag $1{,}04 \cdot 9600 + 600$ DM $= 10\,584$ DM. Diese Grenze bleibt unter 21 548,80 DM. Folglich liegen nach wie vor höchstens 50 % der Löhne unter bzw. über 21 548,80 DM. Deshalb ist $z_n = 1{,}04 \cdot 20720$ DM $= 21\,548{,}80$ DM.

Da Aussage E richtig ist, muß Aussage F falsch sein.

LITERATUR: [2] B 1.2, B 1.3

ERGEBNIS: Die Aussagen D und E sind richtig.

AUFGABE D10

Die folgende Tabelle gibt die Preise in DM an, die für fünf Waschmittelsorten gleicher Menge und vergleichbarer Qualität in den Jahren 1980 und 1981 ermittelt wurden.

Wasch-mittel i	Preis in DM 1980	1981
1	3,10	3,70
2	3,50	3,80
3	5,00	5,20
4	5,10	5,80
5	7,50	6,50

Berechnen Sie für die Differenz der Preise von 1981 und 1980 das arithmetische Mittel und den Zentralwert.

LÖSUNG:

Bezeichnet man für 1980 bzw. 1981 die Preise mit x_i bzw. y_i $(i = 1,\ldots,5)$, so ist die Preisdifferenz $d_i = y_i - x_i$. Man hat

$$d_1 = 0{,}60\,;\ d_2 = 0{,}30\,;\ d_3 = 0{,}20\,;\ d_4 = 0{,}70\,;\ d_5 = -1{,}00.$$

Als arithmetisches Mittel der Preisdifferenzen ergibt sich

$$\frac{1}{5}(d_1 + \ldots + d_5) = 0{,}16\,.$$

Dasselbe Ergebnis erhält man aus den arithmetischen Mitteln der beiden Preisreihen:

$$\frac{1}{5}\Sigma d_i = \frac{1}{5}\Sigma (y_i - x_i) = \frac{1}{5}\Sigma y_i - \frac{1}{5}\Sigma x_i = 5{,}00 - 4{,}84 = 0{,}16.$$

Das arithmetische Mittel der Preisdifferenzen ist also gleich der Differenz der arithmetischen Mittel der beiden Preisreihen.

Diese letzte Berechnungsart läßt sich beim Zentralwert nicht anwenden. Man hat vielmehr:

Zentralwert der Preisdifferenzen: 0,30;
Zentralwert der Preise im Jahre 1980: 5,00;
Zentralwert der Preise im Jahre 1981: 5,20.

Der Zentralwert der Differenzen ist also nicht gleich der Differenz der Zentralwerte.

LITERATUR: [2] B 1.2 , B 1.3

ERGEBNIS: Das arithmetische Mittel der Preisdifferenzen ist 0,16; der Zentralwert der Preisdifferenzen ist 0,30.

AUFGABE D11

An einem bestimmten Streckenabschnitt einer Bundesstraße liegen die vier Tankstellen T_1, T_2, T_3 und T_4. Die Entfernung von T_1 bis T_2 beträgt 20 km, die von T_2 bis T_3 beträgt 40 km und die von T_3 bis T_4 beträgt 70 km. Zur Belieferung der vier Tankstellen soll an der Bundesstraße ein Tanklager angelegt werden. Jede Tankstelle muß wöchentlich einmal von einem vollen Tanklastzug angefahren werden. An welcher Stelle x der Bundesstraße sollte man das Tanklager anlegen, wenn die Summe der Transportwege von x zu den Tankstellen so kurz wie möglich sein soll?

LÖSUNG:

Die vier Tankstellen sind entlang des Streckenabschnitts in den angegebenen Entfernungen voneinander angeordnet (vgl. Abb. 1).

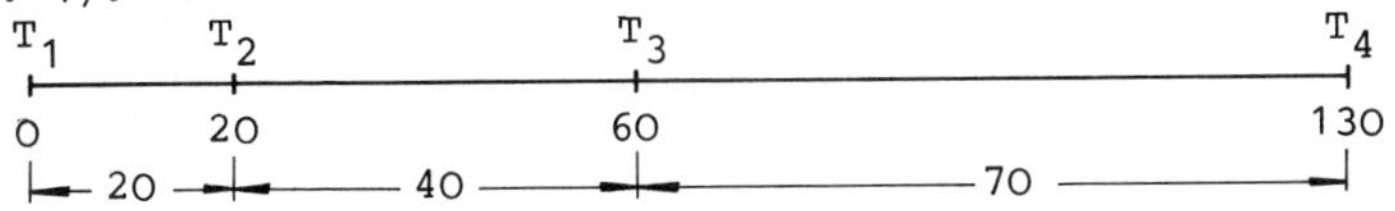

Abb. 1

Bezeichnet x_i die von T_1 aus gemessenen Entfernungen zu T_i $(i = 1,\ldots,4)$, so gilt $x_1 = 0$, $x_2 = 20$, $x_3 = 60$, $x_4 = 130$. Die Entfernung von Tankstelle T_i zu einer festen Stelle x beträgt $|x_i - x|$. Befindet sich das Tanklager in x, so ist $\Sigma|x_i - x|$ die Summe der wöchentlichen Transportwege. Für das Tanklager ist also der Ort x zu wählen, der $\Sigma|x_i - x|$ minimiert. Man weiß, daß $\Sigma|x_i - x|$ minimal wird, wenn man für x den Wert eines Zentralwertes einsetzt (Minimaleigenschaft des Zentralwertes). Zentralwerte sind hier alle Orte zwischen T_2 und T_3 (beide eingeschlossen). Dieses Ergebnis wird also durch die unterschiedlichen Entfernungen zwischen den Tankstellen nicht beeinflußt.

LITERATUR: [4] S. 70

ERGEBNIS: Das Tanklager sollte bei T_2 oder bei T_3 oder an einem Ort dazwischen angelegt werden.

AUFGABE D12

In Aufgabe D 11 werde nunmehr angenommen, daß die Tankstellen T_1, T_2 und T_3 jede Woche einen vollen Tanklastzug benötigen, Tankstelle T_4 aber wöchentlich 2 Tanklastzüge. An welcher Stelle x sollte das Tanklager in diesem Fall errichtet werden ?

LÖSUNG:

Denkt man sich die Tankstelle T_4 durch 2 Tankstellen $T_{4.1}$ und $T_{4.2}$ (beide am Ort von T_4 gelegen) mit je einem Wochenbedarf von einem Tanklastzug ersetzt, so erhält man die geordnete Folge $T_1, T_2, T_3, T_{4.1}, T_{4.2}$, deren Zentralwert T_3 ist.

ERGEBNIS: Das Tanklager sollte bei der Tankstelle T_3 angelegt werden.

AUFGABE D13

Die bei der Herstellung eines Produktes entstehenden Gesamtkosten lassen sich folgenden Kostengruppen zuordnen:

Kostengruppe	Anteil an den Gesamtkosten (%)	Kostenänderung in %
Material	20	15
Hilfs- und Betriebsstoffe	10	0
Löhne	40	10
Gemeinkosten	30	10

Um wieviel Prozent ändern sich die Gesamtkosten, wenn sich die Kosten in den einzelnen Gruppen wie angegeben ändern ?

LÖSUNG:

Da die Kostengruppen mit unterschiedlichen Anteilen an den Gesamtkosten beteiligt sind, ist die Gesamtkostenänderung als mit den Kostengruppenanteilen gewogener Durchschnitt der Kostenänderungen zu berechnen:

$$(0{,}2\cdot 15+0{,}1\cdot 0+0{,}4\cdot 10+0{,}3\cdot 10)\,\% = 10\,\% .$$

LITERATUR: [2] B 1.2

ERGEBNIS: Die Gesamtkosten steigen um 10 %.

AUFGABE D14

Im Katalog eines amerikanischen Reiseveranstalters sind für fünf Pauschalreisen folgende Preise (in $) angegeben:

$$600\ ,\ 680\ ,\ 720\ ,\ 760\ ,\ 840\ .$$

Die Standardabweichung dieser fünf Preise beträgt 80$.
Wie groß ist die Standardabweichung der zugehörigen DM-Preise, wenn man einen Umrechnungskurs von $1\$ = 2{,}50$ DM zugrundelegt ?

LÖSUNG:

Der Wert des Streuungsmaßes "Standardabweichung" hängt davon ab, in welchen Einheiten die Merkmalsausprägungen gemessen werden. Bezeichnet man für $i = 1,\ldots,5$ mit

x_i den $-Preis der i-ten Reise und mit

y_i den DM-Preis der i-ten Reise,

so ist $y_i = a \cdot x_i$, wobei a den Umrechnungskurs - hier also a = 2,50 [DM/$] - bezeichnet. Dann gilt

für die Mittelwerte $\mu_y = a \cdot \mu_x$ und

für die Varianzen $\sigma_y^2 = \frac{1}{N} \Sigma (y_i - \mu_y)^2$

$$= \frac{1}{N} \Sigma (ax_i - a\mu_x)^2 = a^2 \cdot \frac{1}{N} \Sigma (x_i - \mu_x)^2$$

$$= a^2 \cdot \sigma_x^2$$

und damit

$$\sigma_y = |a| \cdot \sigma_x = 2{,}50[\text{DM}/\$] \cdot 80[\$] = 200[\text{DM}].$$

Den Lösungsweg, die fünf $-Preise in DM-Preise umzurechnen und für diese die Standardabweichung zu bestimmen, sollte man nicht beschreiten, da er aufwendiger ist.

LITERATUR: [2] B 1.2

ERGEBNIS: Die Standardabweichung beträgt 200 DM .

AUFGABE D15

Gegeben sind die beiden Zahlenreihen

Reihe 1 : 1, 3, 5, 7, 9;

Reihe 2 : 12, 13, 14, 15, 16.

Es bezeichne σ_i die Standardabweichung und v_i den Variationskoeffizienten für Reihe i, i = 1,2.

Welche der folgenden Aussagen sind richtig?

A: $\sigma_1 = \sigma_2$

B: $\sigma_1 > \sigma_2$

C: $\sigma_1 < \sigma_2$

D: $v_1 = v_2$

E: $v_1 > v_2$

F: $v_1 < v_2$

LÖSUNG:

Die Aufgabe ist ohne Rechnung lösbar. Man sieht, daß für die arithmetischen Mittel aus Symmetriegründen gilt: $\mu_1 = 5$ und $\mu_2 = 14$, d.h. $\mu_1 < \mu_2$. Da bei Reihe 1 die Zahlenwerte von ihrem arithmetischen Mittel stärker abweichen als bei Reihe 2, ist $\sigma_2^2 < \sigma_1^2$ und daher auch $\sigma_2 < \sigma_1$. (Es ist $\sigma_1^2 = 8$, $\sigma_2^2 = 2$.) Dann ist $v_2 < v_1$, da

$v_1 = \frac{\sigma_1}{\mu_1}$ einen größeren Zähler und einen kleineren Nenner besitzt als $v_2 = \frac{\sigma_2}{\mu_2}$.

LITERATUR: [2] B 1.2

ERGEBNIS: Die Aussagen B und E sind richtig.

AUFGABE D16

Bei einer Testreihe, die den Benzinverbrauch eines Autotyps erfaßte, erhielt man folgende Daten:

arithmetisches Mittel: 8 [Liter/100 km]

Standardabweichung: 0,4 [Liter/100 km].

Für den Export in die USA müssen die Verbrauchsdaten in Gallonen/Meile angegeben werden (1 Gallone = 3,785 Liter; 1 Meile = 1,609 km). Welchen Wert hat der Variationskoeffizient v, wenn der Benzinverbrauch in Gallonen/Meile gemessen wird?

LÖSUNG:

Da arithmetisches Mittel μ und Standardabweichung σ die gleiche Dimension besitzen, ist der Variationskoeffizient $v = \sigma/\mu$ dimensionslos. Daher ändert die Umrechnung von Litern in Gallonen und Kilometern in Meilen den Wert des Variationskoeffizienten nicht. Es ist also $v = 0{,}4/8 = 0{,}05$.

BEMERKUNG: Üblicherweise kennzeichnet man den Benzinverbrauch eines Autos in den USA in der Form: zurückgelegte Meilen je Gallone. Der Variationskoeffizient für diese Größe läßt sich aus den angegebenen Daten nicht berechnen. Denn die deutschen Verbrauchsangaben beziehen sich auf variable Literzahlen je feste Wegstrecke (100 km), die Angaben "Meilen je Gallone" dagegen auf unterschiedliche Wegstrecken bei konstanter Benzinmenge (1 Gallone). Zur Berechnung des entsprechenden Variationskoeffizienten benötigt man die Testergebnisse für jedes einzelne Auto.

LITERATUR: [2] B 1.2

ERGEBNIS: Der Variationskoeffizient hat den Wert 0,05.

AUFGABE D17

Welche der folgenden Aussagen über die Auswirkung von Tarifänderungen auf die von den Beschäftigten eines Wirtschaftszweigs erzielten Bruttoeinkommen sind richtig, wenn unterstellt wird, daß außer den angegebenen Einkommensänderungen keine weiteren Veränderungen stattfinden?

Eine Erhöhung des monatlichen Bruttoeinkommens jedes Beschäftigten um

A: 5 % erhöht das durchschnittliche monatliche Bruttoeinkommen (arithmetisches Mittel) um 5 %.

B: 5 % erhöht die Standardabweichung der monatlichen Bruttoeinkommen um 5 %.

C: 5 % erhöht den Variationskoeffizienten der monatlichen Bruttoeinkommen.

D: 5 % plus 50 DM erhöht das durchschnittliche monatliche Bruttoeinkommen (arithmetisches Mittel) um 50 DM.

E: 5 % plus 50 DM verändert die Standardabweichung der monatlichen Bruttoeinkommen nicht.

F: 5 % plus 50 DM erhöht die Standardabweichung der monatlichen Bruttoeinkommen um 5 %.

G: 5 % plus 50 DM verringert den Variationskoeffizienten der monatlichen Bruttoeinkommen.

LÖSUNG:

Bezeichnet man für $i = 1,\ldots,N$ (= Zahl der betrachteten Einkommensbezieher) mit

x_i das monatliche Bruttoeinkommen vor der Tarifänderung,

y_i das monatliche Bruttoeinkommen nach der Tarifänderung,

so ist

$y_i = 1{,}05 \cdot x_i$, wenn sich die monatlichen Bruttoeinkommen um 5 % erhöhen und

$y_i = 1{,}05 \cdot x_i + 50$, wenn sich die monatlichen Bruttoeinkommen um 5 % plus 50 DM erhöhen.

Im Falle $y_i = 1{,}05 \cdot x_i$ gilt für die

Mittelwerte: $\mu_y = 1{,}05\,\mu_x$ (Aussage A);

Standardabweichungen: $\sigma_y = 1{,}05\,\sigma_x$ (Aussage B);

Variationskoeffizienten: $v_y = \dfrac{\sigma_y}{\mu_y} = \dfrac{1{,}05\,\sigma_x}{1{,}05\,\mu_x} = \dfrac{\sigma_x}{\mu_x} = v_x$.

Demnach sind die Aussagen A und B richtig, Aussage C ist falsch.

Im Falle $y_i = 1{,}05 \cdot x_i + 50$ hat man für die

Mittelwerte: $\mu_y = 1{,}05\,\mu_x + 50$;

Standardabweichungen: $\sigma_y = 1{,}05\,\sigma_x$ (Aussage F);

Variationskoeffizienten: $v_y = \dfrac{\sigma_y}{\mu_y} = \dfrac{1{,}05\,\sigma_x}{1{,}05\,\mu_x + 50} < \dfrac{\sigma_x}{\mu_x} = v_x$

(Aussage G).

Demnach sind die Aussagen D und E falsch und die Aussagen F und G richtig.

LITERATUR: [2] B 1.2

ERGEBNIS: Die Aussagen A , B , F und G sind richtig.

AUFGABE D18

Ein Autofahrer tankt auf einer Reise N mal, und zwar beim i-ten Mal die Menge q_i [Liter] zum Preis p_i [DM/Liter]. Wie groß ist der mittlere Benzinpreis p [DM/Liter]

a) auf der Reise ?

b) wenn er - zu möglicherweise verschiedenen Preisen p_i - jedesmal die gleiche Menge q tankt ?

c) wenn er jedesmal für den gleichen Geldbetrag b tankt ?

LÖSUNG:

a) Der Autofahrer tankt auf der Reise insgesamt die Menge $Q = \Sigma q_i$ und gibt dafür den Geldbetrag $\Sigma q_i p_i$ aus. Für den mittleren Preis p gilt dann:

$$p = \frac{\Sigma q_i p_i}{Q} = \sum \left(\frac{q_i}{Q}\right) p_i \; .$$

p hat also folgende Bedeutung: Hätte der Autofahrer jede der Mengen $q_1, \ldots, q_N$ zum mittleren Liter-Preis p getankt, so hätte er für Q ebenfalls den Betrag $\Sigma p_i q_i = p\,Q$ ausgegeben.

Gemäß $p = \Sigma(q_i/Q)p_i$ ist p das mit den Mengenanteilen q_i/Q gewogene arithmetische Mittel der Preise p_i.

b) Für $q_i = q \quad (i = 1, \ldots, N)$ ist $Q = N \cdot q$ und aus der obigen Formel für p folgt

$$p = \frac{\Sigma\, q\, p_i}{N\, q} = \frac{1}{N} \Sigma p_i \; ,$$

d.h. im Fall gleicher Mengen ist p das arithmetische Mittel der Preise p_i.

c) Für $p_i q_i = b \quad (i = 1, \ldots, N)$ gilt $\Sigma p_i q_i = N\,b$ und wegen $q_i = b/p_i$ ist $Q = \Sigma(b/p_i)$. Somit ist

$$p = \frac{N\,b}{\Sigma(b/p_i)} = \frac{N}{\Sigma(1/p_i)} = \frac{1}{\frac{1}{N}\Sigma(1/p_i)} \; .$$

$N/\Sigma(1/p_i)$ nennt man den *harmonischen Mittelwert* der p_i.

LITERATUR: [4] S. 48 - 52 , S. 61 - 63

ERGEBNIS:

a) $p = \Sigma p_i q_i / \Sigma q_i$

b) $p = \Sigma p_i / N$

c) $p = N / \Sigma (1/p_i)$

AUFGABE D19

Ein Betrieb stellt drei Erzeugnisse völlig getrennt voneinander her. Die folgende Tabelle enthält u.a. die auf eine Zeiteinheit (z.B. eine Woche) bezogenen Kapazitäten und die in dieser Zeiteinheit gefertigten Mengen.

Erzeugnis i	Kapazität K_i	Erzeugte Mengen q_i	Verkaufspreis p_i
1	400 [t]	80 [t]	200 [DM/t]
2	1 200 [Stück]	900 [Stück]	500 [DM/Stück]
3	500 [m^2]	400 [m^2]	20 [DM/m^2]

a) Wie groß sind die Kapazitätsausnutzungsgrade G_i $(i = 1,2,3)$ für die drei Fertigungsprozesse ?

b) Kann der Ausnutzungsgrad des Gesamtbetriebes durch das Verhältnis $(\Sigma q_i)/(\Sigma K_i)$ beschrieben werden ?

c) Ist es sinnvoll, den Ausnutzungsgrad des Gesamtbetriebes durch das arithmetische Mittel $\overline{G} = (G_1 + G_2 + G_3)/3$ zu beschreiben ?

d) Ist die Größe $I = (\Sigma q_i p_i)/(\Sigma K_i p_i)$ geeignet, den Ausnutzungsgrad des Gesamtbetriebes zu beschreiben ?

LÖSUNG:

a) Für Fertigungsprozeß i berechnet man den Kapazitätsausnutzungsgrad sinnvollerweise gemäß $G_i = q_i/K_i$, $i = 1,2,3$. Somit ist

$$G_1 = 80/400 = 0,2 \hat{=} 20\,\%$$

$$G_2 = 900/1200 = 0,75 \hat{=} 75\,\%$$

$$G_3 = 400/500 = 0,8 \hat{=} 80\,\% .$$

b) Σq_i und ΣK_i können hier wegen der unterschiedlichen Dimensionen der Summanden nicht berechnet werden.

c) Anders als in b) spricht die Dimensionsbetrachtung nicht gegen die Berechnung von $\overline{G}$. Jedoch werden in $\overline{G}$ alle Kapazitätsausnutzungsgrade gleich gewichtet; diese Gewichtung muß aber nicht der ökonomischen Bedeutung der drei Erzeugnisse für den Betrieb entsprechen.

d) Zahlenmäßig ergibt sich für I:

$$I = \frac{\Sigma q_i p_i}{\Sigma K_i p_i} = \frac{80 \cdot 200 + 900 \cdot 500 + 400 \cdot 20}{400 \cdot 200 + 1200 \cdot 500 + 500 \cdot 20} = \frac{474\,000}{690\,000} = 0{,}687 .$$

Im Nenner von I steht der Gesamtwert $W = \Sigma K_i p_i$ der drei Erzeugnisse bei voller Kapazitätsauslastung, im Zähler von I der Wert der drei Erzeugnisse bei der gegebenen Kapazitätsauslastung. Der Wert $I = 0{,}687$ besagt demnach, daß der Betrieb in der betrachteten Woche "nur" 68,7 % der möglichen Produktion - in DM bewertet - erzielt hat. Für I gilt

$$I = \frac{\Sigma q_i p_i}{W} = \sum q_i \frac{p_i}{W} = \sum \frac{q_i}{K_i} \frac{K_i p_i}{W} = \sum G_i \frac{K_i p_i}{W} .$$

Im Gegensatz zu $\overline{G}$ ist I das mit den Wertanteilen der Erzeugnisse an der Gesamtproduktion bei voller Kapazitätsauslastung gewogene arithmetische Mittel der G_i. I ist also offensichtlich geeignet, den Kapazitätsausnutzungsgrad des Gesamtbetriebes zu beschreiben.

LITERATUR: [2] B 1.2

ERGEBNIS:

a) Man erhält: $G_1 = 0{,}2$; $G_2 = 0{,}75$; $G_3 = 0{,}8$.

b) Die Berechnung von $(\Sigma q_i)/(\Sigma K_i)$ ist nicht möglich.

c) Die Berechnung von $\overline{G}$ ist hier nicht sinnvoll.

d) Die Größe I ist geeignet, den Ausnutzungsgrad des Gesamtbetriebes zu beschreiben.

AUFGABE D20

Ein Unternehmen stellt für seine im Laufe eines Jahres erhaltenen Aufträge folgende Daten zusammen:

Tab. 1

Klasse i	Auftragswert von ... DM bis unter ... DM	N_i = Zahl der Aufträge in Klasse i	A_i = Gesamtwert der Aufträge in Klasse i (in 1000 DM)
1	0 - 10	2 400	10
2	10 - 20	2 900	50
3	20 - 50	2 100	100
4	50 - 100	1 500	120
5	100 - 200	800	120
6	200 - 600	300	100
		10 000 = N	500 = A

a) Zeichnen Sie für die relativen Häufigkeiten der Auftragswerte und für die Auftragswertanteile die Summenkurven.

b) Wieviel Prozent der Aufträge haben einen Mindestwert von 75 DM ?

c) Wieviel Prozent des Gesamtauftragswertes entfallen auf Aufträge über 75 DM ?

d) Zeichnen Sie die Lorenzkurve.

e) Wie groß ist der Anteil der 90 % kleinsten Aufträge am Gesamtauftragswert ?

f) Wie groß ist x, wenn auf die x % größten Aufträge 50 % des Gesamtauftragswertes entfallen ?

g) Im darauffolgenden Jahr zeigt sich, daß auf die 10 % größten Aufträge 77 % des Gesamtauftragswertes entfallen. Hat sich der Gini-Koeffizient geändert ?

LÖSUNG:

a) Aus den Werten N_i bzw. A_i der Tab.1 erstellt man Tab.2 .

Tab. 2

Klasse i	Klassengrenzen	N_i	$K_i = N_1+\ldots+N_i$	K_i/N	A_i	$B_i = A_1+\ldots+A_i$	B_i/A
1	0 - 10	2 400	2 400	0,24	10	10	0,02
2	10 - 20	2 900	5 300	0,53	50	60	0,12
3	20 - 50	2 100	7 400	0,74	100	160	0,32
4	50 - 100	1 500	8 900	0,89	120	280	0,56
5	100 - 200	800	9 700	0,97	120	400	0,80
6	200 - 600	300	10 000	1,00	100	500	1,00
		10 000 = N			500 = A		

Zeichnet man in ein rechtwinkliges Koordinatensystem die Punkte mit dem Abszissenwert: obere Grenze von Klasse i und dem Ordinatenwert: K_i/N bzw. B_i/A und verbindet diese Punkte durch einen Streckenzug, so erhält man die gesuchten Summenkurven, vgl. Abb. 1

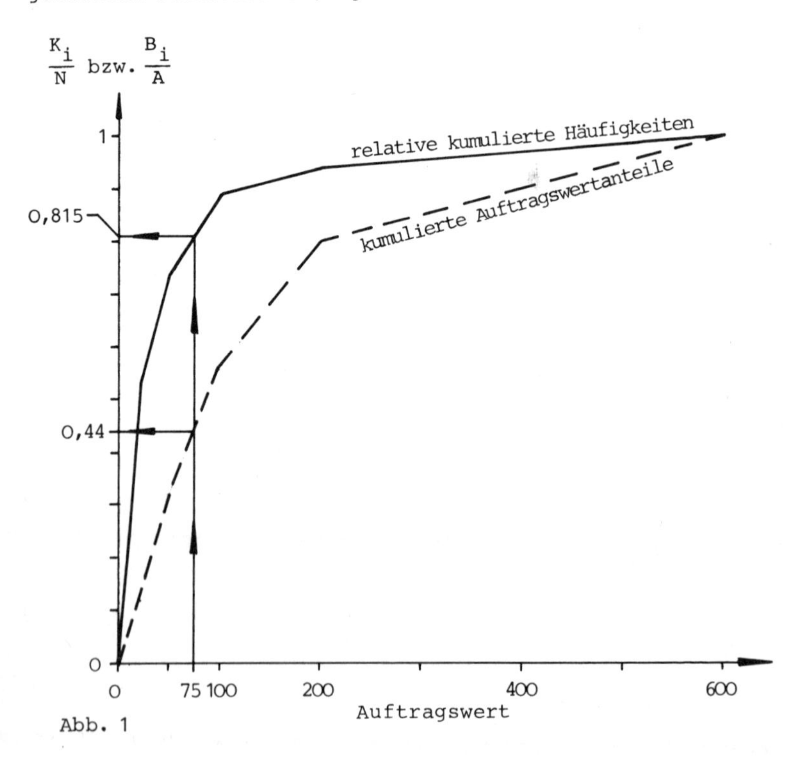

Abb. 1

b) Der Anteil der Aufträge mit einem Mindestwert von 75 DM läßt sich nur näherungsweise bestimmen, da die exakte Auftragswertverteilung innerhalb der Klassen unbekannt ist. Den in Abb.1 gezeichneten Streckenzügen liegt die Annahme zugrunde, daß sich die Auftragswerte innerhalb der Klassen gleichmäßig verteilen; für den Anteil der Aufträge mit Wert bis zu 75 DM liest man 0,815 ≙ 81,5 % ab. Der Anteil der Aufträge mit Mindestwert 75 DM ist dann 18,5 %.

c) Unter der in b) formulierten Annahme liest man aus Abb.1 ab, daß 44 % des Gesamtauftragswertes auf Aufträge bis zu 75 DM entfallen. Also entfallen 56 % des Gesamtauftragswertes auf Aufträge über 75 DM.

d) Die Lorenzkurve erhält man, wenn die Werte K_i/N und B_i/A aus Tab.2 paarweise in ein rechtwinkliges Koordinatensystem eingetragen und benachbarte Punkte durch Strecken verbunden werden, vgl. Abb.2.

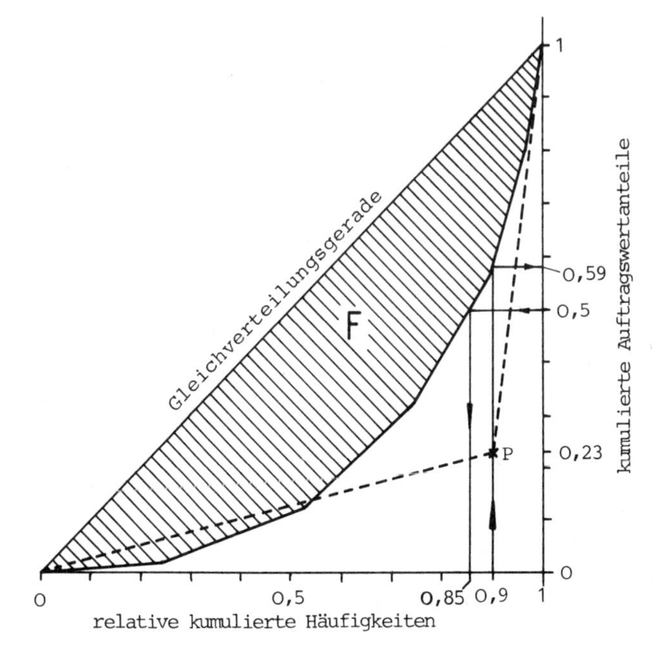

Abb.2

Mit der Verbindung der Punkte durch Strecken wird unterstellt, daß in jeder Klasse alle Aufträge denselben Auftragswert besitzen.

e) Aus Abb.2 liest man ab, daß auf die 90 % kleinsten Aufträge (abzulesen auf der Abszisse) 59 % des Gesamtauftragswertes (abzulesen auf der Ordinate) entfällt.

f) Aus Abb.2 liest man ab, daß 50 % des Gesamtauftragswertes auf die 85 % kleinsten Aufträge und entsprechend die andere Hälfte des Gesamtauftragswertes auf die $x = 15$ % größten Aufträge entfällt.

g) Der Gini-Koeffizient ist definitionsgemäß der doppelte Inhalt der Fläche zwischen Lorenzkurve und Gleichverteilungsgerade. Nach Annahme verläuft die Lorenzkurve des Folgejahres durch den Punkt P in Abb.2 . Daraus kann zwar nicht geschlossen werden, daß die Lorenzkurve des Folgejahres generell unterhalb der gezeichneten Lorenzkurve verläuft. Da aber die Steigung einer Lorenzkurve nicht abnehmen kann, verläuft die Lorenzkurve für das Folgejahr jedenfalls nicht oberhalb des in Abb.2 gestrichelten Streckenzuges, der (0,0) , P und (1,1) verbindet. Damit ist aber klar, daß die Fläche, welche die Lorenzkurve des Folgejahres mit der Gleichverteilungsgeraden einschließt, größer ist als die Fläche F in Abb.2 . Der Gini-Koeffizient wird also größer.

LITERATUR: [2] B 1.1 , 1.5

ERGEBNIS:

a) Siehe Abb.1

b) 18,5 % der Aufträge haben einen Mindestwert von 75 DM .

c) 56 % des Gesamtauftragswertes entfallen auf Aufträge über 75 DM.

d) Siehe Abb.2

e) Der Anteil der 90 % kleinsten Aufträge am Gesamtauftragswert beträgt 59 % .

f) 50 % des Gesamtauftragswertes entfallen auf die $x = 15$ % größten Aufträge.

g) Der Gini-Koeffizient wird größer.

AUFGABE D21

Ein Wirtschaftszweig umfaßt 50 Betriebe. Am Gesamtumsatz des Wirtschaftszweiges sind 40 Kleinbetriebe mit je 0,5 %, 8 Mittelbetriebe mit je 5 % und 2 Großbetriebe mit je 20 % beteiligt.

a) Zeichnen Sie zu den gegebenen Daten die Lorenzkurve.

b) Welche der folgenden Lorenzkurven ergibt sich für den Fall, daß die 40 Kleinbetriebe schließen, ihr Anteil am Gesamtumsatz sich gleichmäßig auf die Mittelbetriebe verteilt und die beiden Großbetriebe nach wie vor mit je 20 % am Gesamtumsatz beteiligt sind?

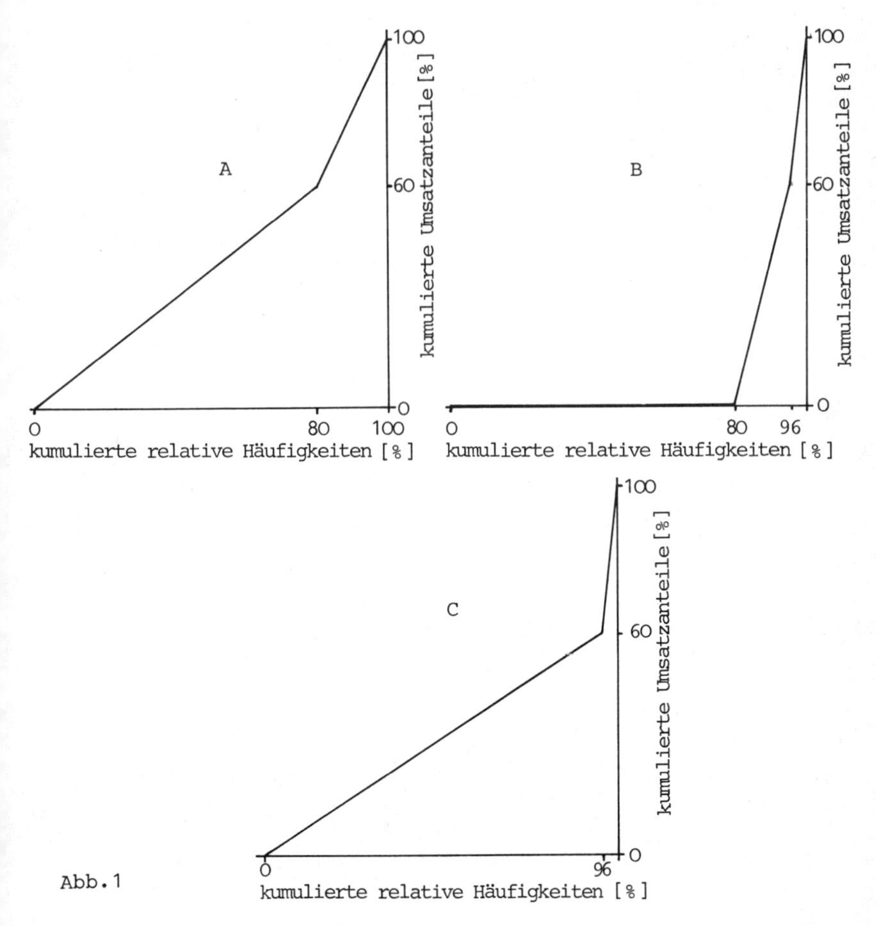

Abb.1

c) Vergleichen Sie die absolute Konzentration in den Fällen a) und b), gemessen für die jeweils 6 umsatzstärksten Betriebe.

LÖSUNG:

a) Da jeder Kleinbetrieb mit 0,5 % am Gesamtumsatz beteiligt ist, entfallen auf die 40 Kleinbetriebe 20 % des Gesamtumsatzes. Entsprechend entfallen auf die Mittelbetriebe 40 % und auf die beiden Großbetriebe 40 % des Gesamtumsatzes. Damit erhält man folgende Arbeitstabelle:

Betriebsgrößenklasse	Häufigkeiten absolut	Häufigkeiten relativ in %	Häufigkeiten kumuliert relativ in %	Umsatzanteil der Betriebe in %	Umsatzanteil der Betriebe kumuliert in %
Kleinbetriebe	40	80	80	20	20
Mittelbetriebe	8	16	96	40	60
Großbetriebe	2	4	100	40	100
insgesamt	50	100		100	

Aus den kumulierten relativen Häufigkeiten und den kumulierten Umsatzanteilen ergibt sich die Lorenzkurve in Abb.2 .

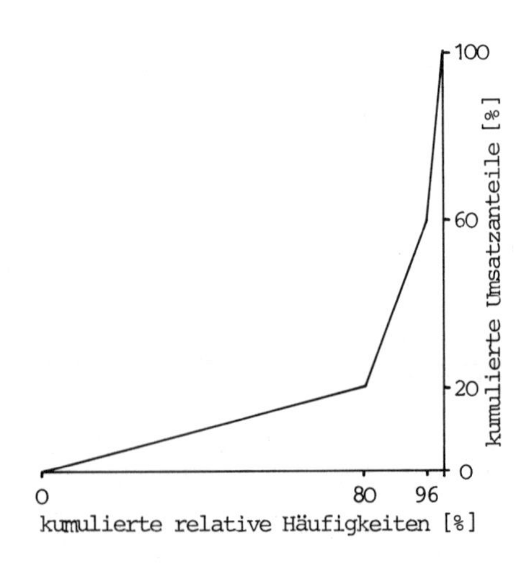

Abb.2

b) Aus den Angaben von b) erstellt man folgende Arbeitstabelle:

Betriebsgrößenklasse	Häufigkeiten absolut	relativ in %	kumuliert relativ in %	Umsatzanteil der Betriebe in %	kumuliert in %
Mittelbetriebe	8	80	80	60	60
Großbetriebe	2	20	100	40	100
	10	100		100	

Aus den kumulierten relativen Häufigkeiten und den kumulierten Umsatzanteilen ergibt sich die unter A gezeichnete Lorenzkurve. Die relative Konzentration der Umsätze auf die Betriebe ist also für b) kleiner als für a), d.h. der Gesamtumsatz verteilt sich im Falle b) gleichmäßiger auf die Betriebe als im Falle a). Denn das Ausscheiden der Kleinbetriebe und die Übernahme ihrer Umsatzanteile durch die Mittelbetriebe hat das "Umsatzgefälle" zwischen den verbleibenden Betrieben verringert.

Die in B gezeichnete Lorenzkurve wäre richtig, wenn die 40 Kleinbetriebe bestehen blieben und mit je 0 %, die 8 Mittelbetriebe mit je 7,5 % und die 2 Großbetriebe mit je 20 % am Gesamtumsatz beteiligt wären. (In der Aufgabenstellung ist aber vorausgesetzt, daß die 40 Kleinbetriebe nicht mehr existieren und nur noch die 10 Mittel- und Großbetriebe am Markt beteiligt sind.)

Die in C gezeichnete Lorenzkurve wäre richtig, wenn der Umsatzanteil der Klein- und Mittelbetriebe gleichmäßig auf alle 48 Klein- und Mittelbetriebe verteilt würde.

c) Auf die 6 umsatzstärksten Betriebe entfallen im Falle a) 60 % des Gesamtumsatzes, im Falle b) dagegen 70 %. Die absolute Konzentration - gemessen für die jeweils 6 umsatzstärksten Betriebe - ist also im Falle b) größer als im Falle a).

LITERATUR: [2] B 1.5

ERGEBNIS:

a) Siehe Abb.2

b) Es ergibt sich die in A gezeichnete Lorenzkurve.

c) Die absolute Konzentration - gemessen für die jeweils 6 umsatzstärksten Betriebe - ist im Falle b) größer als im Falle a).

AUFGABE D22

In den Landkreisen A und B ermittelte man 1970 und 1980 folgende Anzahlen landwirtschaftlicher Betriebe (vgl. Tab.1):

Tab.1

Jahr	Anzahl der landwirtschaftlichen Betriebe im Landkreis A	B
1970	150	200
1980	50	100

Für die Anbauflächen ergaben sich folgende Lorenzkurven:

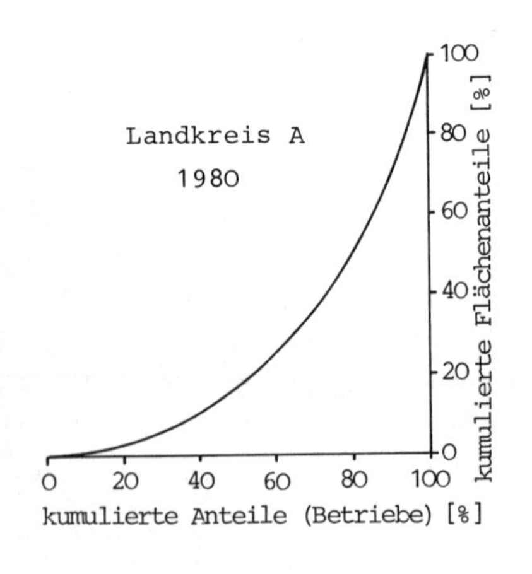

Abb. 1

Landkreis B
1980
1970
0
20
40
60
80
100
kumulierte Anteile (Betriebe) [%]
kumulierte Flächenanteile [%]

Abb. 2

Welche der folgenden Aussagen sind richtig ?

A: Im Landkreis B entfiel 1980 auf die 80 % kleinsten Betriebe weniger als 30 % der Anbaufläche.

B: Im Landkreis B entfiel 1970 auf die 20 % größten Betriebe mehr als 50 % der Anbaufläche.

C: Im Landkreis B ist von 1970 bis 1980 der Anteil der jeweils 10 % größten Betriebe an der Anbaufläche gestiegen.

D: 1980 hatten die 10 % größten Betriebe im Landkreis B einen größeren Anteil an der Anbaufläche von B als die 10 % größten Betriebe im Landkreis A an der Anbaufläche von A.

E: 1980 war die absolute Konzentration der Anbaufläche - gemessen für die jeweils 10 größten Betriebe - im Landkreis A größer als im Landkreis B.

F: Im Landkreis B war die absolute Konzentration der Anbaufläche - gemessen für die jeweils 10 größten Betriebe - 1980 größer als 1970.

LÖSUNG:

Die Aussagen A bis D betreffen die relative Konzentration der Anbaufläche auf die Betriebe. Alle vier Aussagen sind richtig, wie man den gezeichneten Lorenzkurven direkt entnimmt.

Aussage E ist falsch. Gemäß Tab.1 gab es 1980 im Landkreis A 50, im Landkreis B 100 Betriebe. 10 Betriebe entsprechen also

20 % der Betriebe im Landkreis A und
10 % der Betriebe im Landkreis B.

Hiermit liest man aus den Abb.1 und 2 ab, daß 1980

im Landkreis A auf die 20 % größten Betriebe ca. 50 % der Anbaufläche entfielen,

im Landkreis B auf die 10 % größten Betriebe ca. 65 % der Anbaufläche entfielen.

Die absolute Konzentration - gemessen für die jeweils 10 größten Betriebe - war also 1980 im Landkreis B größer als im Landkreis A.

Entsprechend überlegt man sich, daß Aussage F richtig ist.

LITERATUR: [2] B 1.5

ERGEBNIS: Die Aussagen A , B , C , D und F sind richtig.

AUFGABE D23

Ein Wirtschaftszweig umfaßte 1970 100 Betriebe, und zwar 96 Klein- und 4 Großbetriebe. Auf die 4 Großbetriebe entfielen 70 % des Gesamtumsatzes. Zwischen 1970 und 1980 mußten alle 96 Kleinbetriebe schließen. Die 4 verbleibenden Großbetriebe waren 1980 mit je einem Viertel am Gesamtumsatz beteiligt.

Vergleichen Sie für die Jahre 1970 und 1980 die relative bzw. die absolute Umsatzkonzentration - letztere gemessen für die 4 umsatzstärksten Betriebe.

LÖSUNG:

Die relative Umsatzkonzentration war 1980 kleiner als 1970 (1980 herrscht Gleichverteilung!). Die absolute Konzentration - gemessen für die 4 umsatzstärksten Betriebe - war 1980 größer als 1970: auf die 4 umsatzstärksten Betriebe entfielen 1980 100 % des Gesamtumsatzes, 1970 nur 70 % .

LITERATUR: [2] B 1.5

ERGEBNIS: Die relative Umsatzkonzentration war 1980 kleiner als 1970. Die absolute Umsatzkonzentration - gemessen für die 4 umsatzstärksten Betriebe - war 1980 größer als 1970.

AUFGABE D24

Die folgende Tabelle enthält die Umsatzzahlen der Unternehmen eines Wirtschaftszweigs für die Jahre 1970 und 1980. Die Unternehmen sind nach Umsatzhöhe geordnet und in Gruppen zusammengefaßt.

Gruppe	1970 Anzahl der Unternehmen	1970 Gruppenumsatz in Mill. DM	1980 Anzahl der Unternehmen	1980 Gruppenumsatz in Mill. DM
I	6	10	3	24
II	9	20	2	24
III	5	70	5	72

Vergleichen Sie für 1970 und 1980 die absolute Konzentration, gemessen für die jeweils 5 umsatzstärksten Unternehmen.

LÖSUNG:

Die absolute Konzentration gibt an, wieviel Prozent des Gesamtumsatzes auf eine bestimmte Anzahl (hier: 5) der umsatzstärksten Unternehmen entfallen. 1970 hatten die 5 umsatzstärksten Unternehmen einen Anteil von 70/100 $\triangleq$ 70 % am Gesamtumsatz, 1980 einen Anteil von 72/120 $\triangleq$ 60 %, also weniger als im Jahr 1970.

LITERATUR: [2] B 1.5

ERGEBNIS: Die absolute Konzentration - gemessen für die 5 umsatzstärksten Unternehmen, ist 1980 geringer als 1970.

AUFGABE D25

Die Schiffe einer Handelsflotte sind nach ihrer Größe (gemessen in Bruttoregistertonnen ≡ BRT) klassifiziert. Tab.1 enthält die Angaben über Anzahl und Tonnage der Schiffe.

Tab.1

Größenklasse (BRT)	kumulierte relative Häufigkeiten	kumulierte Tonnageanteile
bis unter 500	0,75	0,15
500 bis unter 1500	0,85	0,30
1500 bis unter 5000	0,93	0,60
mindestens 5000	1,00	1,00

Welche der folgenden Aussagen sind richtig ?

A: 18 % der Schiffe gehören in die Größenklasse von mindestens 500 bis unter 5 000 BRT.

B: 30 % der Gesamttonnage entfallen auf die Schiffe der Größenklasse von mindestens 1 500 bis unter 5 000 BRT.

C: 70 % der Gesamttonnage entfallen auf die Schiffe mit mindestens 1 500 BRT.

D: Auf die 7 % größten Schiffe entfallen 40 % der Gesamttonnage.

LÖSUNG:

Geht man von den kumulierten relativen Häufigkeiten bzw. den kumulierten Tonnageanteilen der Tab.1 über zu den relativen Häufigkeiten bzw. Tonnageanteilen, so ergibt sich Tab.2, aus der sich die Richtigkeit der Aussagen A, B, C und D entnehmen läßt.

Tab.2

Größenklasse (BRT)	relative Häufigkeiten	Tonnageanteile
bis unter 500	0,75	0,15
500 bis unter 1 500	0,10	0,15
1 500 bis unter 5000	0,08	0,30
mindestens 5000	0,07	0,40

LITERATUR: [2] B 1.5

ERGEBNIS: Die Aussagen A, B, C und D sind richtig.

AUFGABE D26

Die absolute Konzentration der Werte $x_1, \ldots, x_N$ eines quantitativen Merkmals mit nur positiven Ausprägungen wird häufig durch den HERFINDAHL-Index

$$H = \sum_{i=1}^{N} \left(\frac{x_i}{x}\right)^2 \quad \text{mit} \quad x = \sum_{i=1}^{N} x_i$$

gemessen. Welchen Wert nimmt H an bei

a) Gleichverteilung

b) vollständiger Konzentration des Gesamtmerkmalsbetrages auf einen Merkmalsträger ?

LÖSUNG:

a) Bei Gleichverteilung entfällt auf jeden Merkmalsträger derselbe Merkmalsbetrag c, d.h. es gilt $x_i = c$ für $i = 1,\ldots,N$. Dann ist $x = \sum_{i=1}^{N} x_i = N\cdot c$ und weiter

$$H = \sum_{i=1}^{N}\left(\frac{c}{N\cdot c}\right)^2 = \sum_{i=1}^{N}\left(\frac{1}{N}\right)^2 = N\cdot\frac{1}{N^2} = \frac{1}{N}\ .$$

b) Entfällt z.B. der gesamte Merkmalsbetrag x auf den Merkmalsträger Nr. 1, d.h. $x_1 = x$, $x_2 = \ldots = x_N = 0$, so folgt:

$$H = \sum_{i=1}^{N}\left(\frac{x_i}{x}\right)^2 = \left(\frac{x}{x}\right)^2 + \left(\frac{0}{x}\right)^2 + \ldots + \left(\frac{0}{x}\right)^2 = 1.$$

LITERATUR: [4] S. 140

ERGEBNIS:

a) $H = 1/N$

b) $H = 1$.

AUFGABE D27

Man läßt 5 Personen, die sich für eine ausgeschriebene Stelle beworben haben, jeweils die beiden Intelligenztests I und II durchlaufen und erhält folgende Punktzahlen:

Person Nr. i	Punktzahl der Person i bei Test I	Test II
1	95	109
2	110	126
3	121	117
4	87	89
5	105	81

Berechnen Sie den Wert des Rangkorrelationskoeffizienten nach SPEARMAN.

LÖSUNG:

Der Rangkorrelationskoeffizient nach SPEARMAN ρ_S ist definiert als (PEARSONscher) Korrelationskoeffizient der Rangzahlen. Diese erhält man, wenn bei beiden Tests jeweils die niedrigste Punktzahl durch die Zahl 1, die jeweils zweitniedrigste durch die Zahl 2 usw. ersetzt wird. Man erhält so folgende Arbeitstabelle:

Person Nr. i	Rangzahl bei Test I	Test II	D_i^2
1	2	3	1
2	4	5	1
3	5	4	1
4	1	2	1
5	3	1	4
			8

Da bei keinem der beiden Tests eine Punktzahl mehrfach auftritt (also keine "Bindungen" vorliegen), läßt sich ρ_S statt nach der Definitionsgleichung einfacher gemäß

$$\rho_S = 1 - \frac{6\,\Sigma\,D_i^2}{N(N^2 - 1)}$$

berechnen. Dabei bezeichnen D_i die Differenz der Rangzahlen bei Person i und N die Zahl der Datenpaare.

Es ergibt sich:

$$\rho_S = 1 - \frac{6 \cdot 8}{5(25 - 1)} = 0{,}6 \,.$$

BEMERKUNG: Man gelangt zum gleichen Ergebnis, wenn man in beiden Tests der jeweils höchsten Punktzahl die Rangzahl 1, der zweithöchsten die Rangzahl 2 usw. zuordnet. Falsch ist es aber, die Rangzahlen bei dem einen Test nach aufsteigender, bei dem anderen nach absteigender Punktzahl zuzuordnen.

LITERATUR: [2] B 2.6 , B 2.8.5

ERGEBNIS: Der Rangkorrelationskoeffizient nach SPEARMAN hat den Wert 0,6.

AUFGABE D28

Die Fertigungsplanung einer Firma setzt folgenden Zusammenhang zwischen Schweißnahtlänge X in cm und Schweißzeit Y in min an:

Tab.1

x_i	5	10	15	20	25	30
y_i	5,0	8,5	12,0	15,5	19,0	22,5

a) Bestimmen Sie den Korrelationskoeffizienten nach PEARSON und nach SPEARMAN.

b) Von welcher Annahme über den Zusammenhang zwischen X und Y geht die Fertigungsplanung aus ?

Bei einer Zeiterfassung während der Fertigung werden folgende Wertepaare (x_i,y_i) beobachtet:

Tab.2

x_i	5	10	15	20	25	30
y_i	6,0	9,5	12,0	14,5	17,0	19,0

c) Welchen Wert besitzen die Korrelationskoeffizienten nach PEARSON und nach SPEARMAN für die beobachteten Wertepaare ?

d) Vergleichen Sie die Ergebnisse von a) und c) und interpretieren Sie die Unterschiede.

LÖSUNG:

a) In Abb.1 ist das Streuungsdiagramm der 6 Punkte (x_i,y_i) aus Tab.1 dargestellt. Die Punkte liegen offensichtlich alle auf einer Geraden mit positiver Steigung. Der Korrelationskoeffizient nach PEARSON besitzt daher den Wert +1, ebenso der Rangkorrelationskoeffizient nach SPEARMAN.

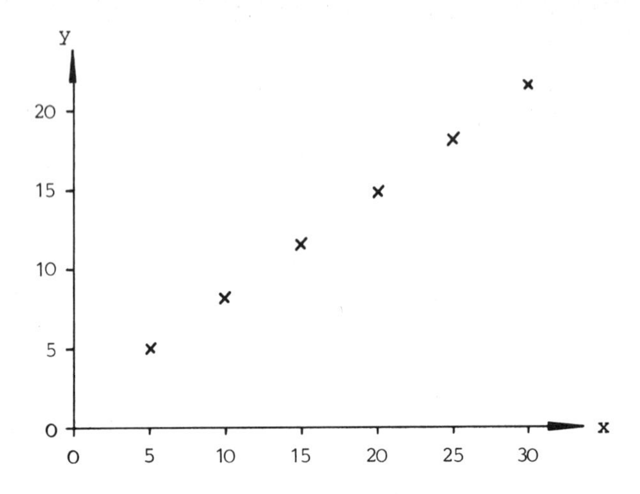

Abb.1

b) Die Fertigungsplanung geht davon aus, daß zwischen X und Y ein funktionaler linearer Zusammenhang $y = \beta_0 + \beta_1 x$ besteht (Planzeitgerade). Für jede Einheit, um die sich x ändert, ändert sich also der Wert von y um β_1 Einheiten. Wenn beispielsweise x von 5 auf 10 um 5 Einheiten wächst, so wächst y von 5,0 auf 8,5 , also um 3,5 Einheiten. Demnach ist $\beta_1 = 3{,}5/5 = 0{,}7$. Da der Punkt (10;8,5) auf der Geraden $y = \beta_0 + 0{,}7 \cdot x$ liegt, hat man $8{,}5 = \beta_0 + 0{,}7 \cdot 10$ und daher $\beta_0 = 1{,}5$. Die Planzeitgerade lautet also

$$y = 1{,}5 + 0{,}7 \cdot x \ .$$

Sie ist wie folgt zu interpretieren: Für $x = 0$ ist $y = 1{,}5$; d.h. unabhängig von der Schweißnahtlänge x wird ein Zeitbedarf von 1,5 Minuten beispielsweise zur Vorbereitung der Schweißung angesetzt. Hinzu kommen 0,7 Minuten je cm Schweißnahtlänge.

c) In Abb.2 ist das Streuungsdiagramm der 6 Wertepaare (x_i, y_i) aus Tab.2 dargestellt.

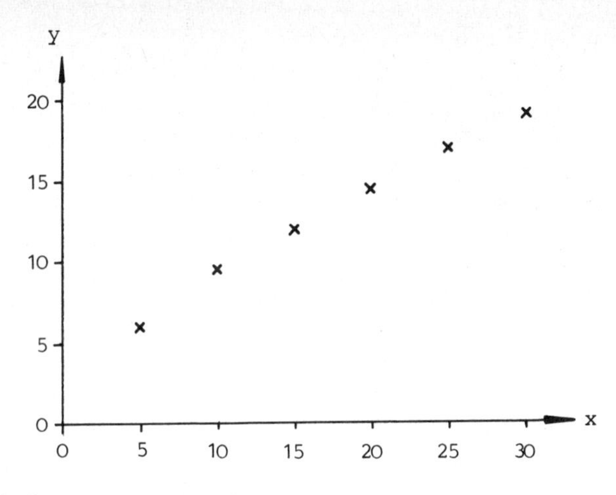

Abb.2

Die Punkte streuen - wenn auch nur geringfügig - um eine Gerade mit positiver Steigung, weshalb für den PEARSON-schen Korrelationskoeffizienten

$$\rho_{xy} = \frac{\Sigma x_i y_i - N\mu_x\mu_y}{\sqrt{[\Sigma x_i^2 - N\mu_x^2][\Sigma y_i^2 - N\mu_y^2]}} \quad \text{mit} \quad \mu_x = \frac{1}{N}\Sigma x_i \text{ und } \mu_y = \frac{1}{N}\Sigma y_i$$

ein Wert knapp unter 1 zu erwarten ist. Mit der folgenden Arbeitstabelle

i	x_i	y_i	$x_i \cdot y_i$	x_i^2	y_i^2
1	5	6,0	30	25	36,00
2	10	9,5	95	100	90,25
3	15	12,0	180	225	144,00
4	20	14,5	290	400	210,25
5	25	17,0	425	625	289,00
6	30	19,0	570	900	361,00
	105	78,0	1 590	2 275	1 130,50

erhält man:

$\mu_x = 17{,}5$; $\mu_y = 13{,}0$;

$$\rho_{xy} = \frac{1590 - 6\cdot 17{,}5\cdot 13}{\sqrt{(2275 - 6\cdot 17{,}5^2)(1130{,}5 - 6\cdot 13^2)}} = 0{,}9966.$$

Zur Bestimmung des Rangkorrelationskoeffizienten nach SPEARMAN ρ_S ersetzt man die Wertepaare (x_i, y_i) durch ihre Rangzahlen. Da die Zahlenwerte der beiden Reihen monoton ansteigend verlaufen, entspricht dem Wertepaar (x_i, y_i) das Rangzahlpaar (i,i), falls die Rangzahlen aufsteigend zugeordnet werden. Somit ist $\rho_S = 1$.

d) Während man bei der Planung für die Merkmale X und Y den funktionalen linearen Zusammenhang $y = 1{,}5 + 0{,}7\cdot x$ unterstellt, ergeben sich bei der Fertigung Abweichungen von der geplanten Zeit. Nach Abb.2 liegen die beobachteten Wertepaare (x_i, y_i) augenscheinlich nahezu auf einer Geraden. Berechnet man für die Wertepaare nach der Methode der kleinsten Quadrate die Ausgleichsgerade $y = b_o + b_1 x$, so ergibt sich:

$$b_1 = \frac{\Sigma x_i y_i - N\mu_x\mu_y}{\Sigma x_i^2 - N\mu_x^2} = \frac{1590 - 6\cdot 17{,}5\cdot 13}{2275 - 6\cdot 17{,}5^2} = 0{,}5143 \; ;$$

$$b_o = \mu_y - b_1\mu_x = 13 - 0{,}5143\cdot 17{,}5 = 4{,}0 \; .$$

Man sieht, daß die Ausgleichsgerade $y = 4{,}0 + 0{,}5143\cdot x$ erheblich von der Planzeitgeraden $y = 1{,}5 + 0{,}7\cdot x$ abweicht. Der hohe Wert des Korrelationskoeffizienten nach PEARSON besagt lediglich, daß für die beobachteten Wertepaare ein strenger linearer Zusammenhang besteht, nicht aber, daß die Ausgleichsgerade mit der Planzeitgeraden gut übereinstimmt.

BEMERKUNG: $\rho_{xy} = 1$ bedeutet, daß alle Punkte des Streuungsdiagramms auf einer Geraden mit positiver Steigung liegen. $\rho_S = 1$ bedeutet, daß alle Punkte des Streuungsdiagramms auf einer streng monoton steigenden Kurve liegen. Aus $\rho_{xy} = 1$ folgt daher $\rho_S = 1$. Die Umkehrung ist aber falsch, wie auch das Beispiel c) zeigt.

LITERATUR: [2] B 2.3 bis B 2.6

ERGEBNIS:

a) Der Korrelationskoeffizient nach PEARSON und der Rangkorrelationskoeffizient nach SPEARMAN haben beide den Wert 1.

b) Die Fertigungsplanung beschreibt den Zusammenhang zwischen X und Y durch die funktionale lineare Beziehung $y = 1{,}5 + 0{,}7 \cdot x$.

c) Der Korrelationskoeffizient nach PEARSON hat den Wert 0,9966; der Rangkorrelationskoeffizient nach SPEARMAN hat den Wert 1.

d) Siehe Lösung.

AUFGABE D29

Bei einem Gebrauchtwagenhändler werden für 10 Wagen desselben Typs Preis und Alter festgestellt (vgl. Tab.1):

Tab.1

Wagen Nr. i	1	2	3	4	5	6	7	8	9	10
Alter in Jahren	1,5	4	7	1	2	1	6	2,5	5	3
Preis in 1000 DM	6	3	2	7,5	4	9,5	1,5	4	2,5	4

a) Berechnen Sie den Korrelationskoeffizienten nach PEARSON.

b) Berechnen Sie den Rangkorrelationskoeffizienten nach SPEARMAN.

c) Interpretieren Sie die Ergebnisse.

LÖSUNG:

a) Bezeichnet man für Wagen Nr. i das Alter in Jahren mit x_i und den Preis (in 1000 DM) mit y_i, so erhält man mit

$$\Sigma x_i = 33; \ \Sigma y_i = 44; \ \Sigma x_i y_i = 103{,}5; \ \Sigma x_i^2 = 149{,}5; \ \Sigma y_i^2 = 252$$

$$\rho_{xy} = \frac{N\Sigma x_i y_i - \Sigma x_i \Sigma y_i}{\sqrt{[N\Sigma x_i^2 - (\Sigma x_i)^2][N\Sigma y_i^2 - (\Sigma y_i)^2]}}$$

$$= \frac{10 \cdot 103{,}5 - 33 \cdot 44}{\sqrt{[10 \cdot 149{,}5 - 33^2][10 \cdot 252 - 44^2]}}$$

$$= \frac{-417}{\sqrt{406 \cdot 584}} = -0{,}856 \,.$$

b) Ordnet man - jeweils in aufsteigender Weise - x_i die Rangzahl r_i und y_i die Rangzahl s_i zu, so ergibt sich folgende Arbeitstabelle

Wagen Nr. i	1	2	3	4	5	6	7	8	9	10
r_i	3	7	10	1,5	4	1,5	9	5	8	6
s_i	8	4	2	9	6	10	1	6	3	6

Da in Tab.1 bei beiden Merkmalen Merkmalsausprägungen mehrfach auftreten ("Bindungen") und somit mittlere Rangzahlen vergeben werden, läßt sich ρ_S nicht nach der Formel

$$1 - \frac{6\Sigma(r_i - s_i)^2}{N(N^2 - 1)}$$

berechnen. Vielmehr muß für ρ_S die Definitionsgleichung

$$\rho_S = \frac{\sigma_{rs}}{\sigma_r \cdot \sigma_s}$$

verwendet werden. Mit

$$\Sigma r_i = \Sigma s_i = 55; \; \Sigma r_i s_i = 223{,}5; \; \Sigma r_i^2 = 384{,}5; \; \Sigma s_i^2 = 383$$

erhält man

$$\rho_S = \frac{N\Sigma r_i s_i - \Sigma r_i \Sigma s_i}{\sqrt{[N\Sigma r_i^2 - (\Sigma r_i)^2][N\Sigma s_i^2 - (\Sigma s_i)^2]}}$$

$$= \frac{10 \cdot 223{,}5 - 55 \cdot 55}{\sqrt{[10 \cdot 384{,}5 - 55^2][10 \cdot 383 - 55^2]}} = \frac{-790}{\sqrt{820 \cdot 805}} = -0{,}972 \,.$$

c) Das Streuungsdiagramm der Punkte (x_i, y_i) ist in Abb.1 dargestellt.

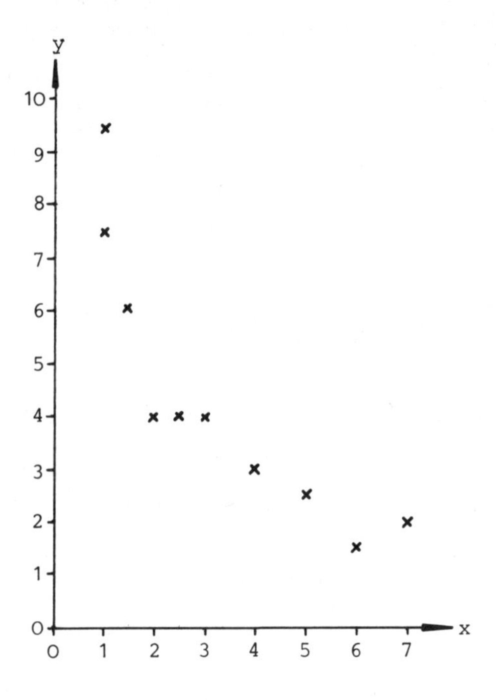

Abb.1

Das negative Vorzeichen von ρ_{xy} bzw. ρ_S rührt daher, daß mit wachsendem Alter eines Wagens der Preis im allgemeinen abnimmt. Da die in Abb.1 gezeichnete Punktwolke fast streng monoton fällt, hat ρ_S einen Wert nahe bei -1. Abweichungen vom monotonen Verhalten rühren daher, daß die Preise von Wagen eines bestimmten Alters noch durch andere - hier nicht erfaßte - Größen, wie z.B. Ausstattung, km-Stand, TÜV-Termin, beeinflußt werden.

Daß ρ_{xy} stärker von -1 abweicht als ρ_S liegt daran, daß der Zusammenhang zwischen Alter und Preis durch eine Gerade nur ungenau wiedergegeben wird, da Autos in den ersten Jahren einen stärkeren Wertverlust erleiden als in den Jahren danach.

LITERATUR: [2] B 2.5 , B 2.6

ERGEBNIS:

a) Der Korrelationskoeffizient nach PEARSON hat den Wert -0,856.

b) Der Korrelationskoeffizient nach SPEARMAN hat den Wert -0,972.

c) Siehe Lösung.

AUFGABE D30

Welche der Abhängigkeitsmaße

K^2 = mittlere quadratische Kontingenz,

ρ_S = Rangkorrelationskoeffizient nach SPEARMAN,

ρ = Korrelationskoeffizient nach PEARSON

lassen sich jeweils für die folgenden Merkmalspaare berechnen ?

A: Studienfach und Anfangsgehalt in DM bei den Absolventen einer Hochschule;

B: Einstellungsalter in Jahren und Anfangsgehalt in DM bei den Absolventen einer Hochschule;

C: Verdienst in DM und ausgeübter Beruf;

D: Examensnote und Studiendauer in Semestern;

E: Studienfach und Geschlecht;

F: Intelligenzquotient und Anfangsgehalt in DM.

LÖSUNG:

Um K^2 zu berechnen, benötigt man lediglich die absoluten Häufigkeiten, mit denen die Ausprägungskombinationen der beiden Merkmale auftreten; ob es sich dabei um quantitative oder qualitative Merkmale handelt, ist unerheblich.

ρ_S läßt sich nur berechnen, wenn die Ausprägungen beider Merkmale eine natürliche Rangordnung aufweisen. Die Berechnung von ρ_S kommt also nicht in Frage, wenn eines der beiden

Merkmale oder beide qualitativ ohne Rangordnung sind.

Die Berechnung von ρ ist nur möglich, wenn beide Merkmale quantitativ sind.

Die in A bis F genannten Merkmale sind wie folgt einzustufen:

- qualitativ ohne Rangordnung: Studienfach, ausgeübter Beruf, Geschlecht;
- qualitativ mit Rangordnung: Examensnote, Intelligenzquotient;
- quantitativ: Anfangsgehalt in DM, Einstellungsalter in Jahren, Verdienst in DM, Studiendauer in Semestern.

Demnach lassen sich folgende Abhängigkeitsmaße berechnen:

Tab.1

Im Fall	geeignetes Abhängigkeitsmaß
A	K^2
B	K^2, ρ_S, ρ
C	K^2
D	K^2, ρ_S
E	K^2
F	K^2, ρ_S

LITERATUR: [2] B 2.1 bis B 2.6

ERGEBNIS: Siehe Tab.1

AUFGABE D31

Es sei $y = b_o + b_1 x$ die den Punkten (x_i, y_i) $i = 1, \dots, N$ nach der Methode der kleinsten Quadrate am besten angepaßte Gerade. Welchen Wert nimmt die Gerade für $x = \mu_x$ an?

LÖSUNG:

Da gilt

$$b_o = \mu_y - b_1 \mu_x ,$$

läßt sich für die Gerade schreiben:

$$y = \underbrace{\mu_y - b_1\mu_x}_{b_o} + b_1 x \; .$$

Man hat also

$$y(\mu_x) = \mu_y \; ,$$

d.h. der "Schwerpunkt" (μ_x, μ_y) liegt auf der Geraden $y = b_o + b_1 x$.

LITERATUR: [2] B 2.4.3 , B 2.8.4

ERGEBNIS: Für $x = \mu_x$ nimmt die Gerade $y = b_o + b_1 x$ den Wert $y = \mu_y$ an.

AUFGABE D32

Gegeben sind die 5 Zahlenpaare (x_i, y_i):

$$(0;0) \; , (8;0) \; , (0;8) \; , (8;4) \; , (4;8) .$$

Unter den in Abb.1 gezeichneten Geraden befindet sich die Gerade $y = b_o + b_1 x$, die den angegebenen Punkten nach der Methode der kleinsten Quadrate am besten angepaßt ist. Welche ist es ?

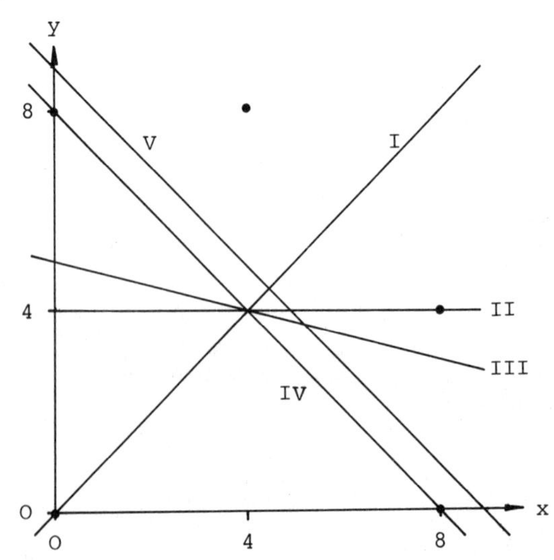

Abb.1

LÖSUNG:

Aus den angegebenen Zahlenpaaren (x_i, y_i) berechnet man:

$$\mu_x = 4;\ \mu_y = 4;\ \Sigma x_i^2 = 144;\ \Sigma x_i y_i = 64$$

und damit

$$\sigma_{xy} = \frac{1}{N}\Sigma x_i y_i - \mu_x\mu_y = \frac{1}{5}\cdot 64 - 4\cdot 4 = -\frac{16}{5}$$

$$\sigma_x^2 = \frac{1}{N}\Sigma x_i^2 - \mu_x^2 = \frac{1}{5}\cdot 144 - 4^2 = \frac{64}{5}\ .$$

Man erhält für b_1 bzw. b_o

$$b_1 = \frac{\sigma_{xy}}{\sigma_x^2} = \frac{-16/5}{64/5} = -\frac{1}{4}\ ,$$

$$b_o = \mu_y - b_1\mu_x = 4 - (-\frac{1}{4})\cdot 4 = 5$$

und damit für die gesuchte Gerade

$$y = 5 - \frac{1}{4}x\ .$$

Dies ist die Gerade III aus Abb.1 .

BEMERKUNG: Da die Gerade V nicht durch den Punkt $(\mu_x, \mu_y) = (4;4)$ verläuft, scheidet sie nach Aufgabe D 31 als Lösung aus. Der Versuch, die Lösung weiter durch Augenschein zu finden, unterliegt der Gefahr, den Abstand der Punkte zu den Geraden nicht in Ordinatenrichtung zu betrachten. So scheinen die Punkte besonders nah bei der Geraden IV zu liegen, denn 2 der Punkte liegen auf ihr und der - lotrecht zu IV gemessene - Abstand der übrigen 3 Punkte ist auch "nicht groß".

LITERATUR: [2] B 2.4

ERGEBNIS: Die gesuchte Gerade ist III .

AUFGABE D33

Zu den Zeitpunkten t_i beobachtet man Zeitreihenwerte y_i, $i = 1,\ldots,N$. Mit der Transformation

(1) $\quad \hat{t} = c + dt$

geht man zu einer "neuen Zeitrechnung" über. Durch (1) wird dem Zeitpunkt t_i der Zeitpunkt $\hat{t}_i = c + dt_i$ zugeordnet. Mit

$$y(t) = b_o + b_1 t$$

sei die den Punkten (t_i, y_i) und mit

$$\hat{y}(\hat{t}) = \hat{b}_o + \hat{b}_1 \hat{t}$$

sei die den Punkten $(\hat{t}_i, y_i)$ nach der Methode der kleinsten Quadrate ermittelte Trendgerade (Ausgleichsgerade) bezeichnet.

Zeigen Sie, daß $y(t) = \hat{y}(\hat{t})$ gilt.

LÖSUNG:

Für die lineare Transformation (1) hat man (vgl. auch Aufgabe D 6,b und Aufgabe D 14)

$$\mu_{\hat{t}} = c + d\mu_t$$

$$\hat{t} - \mu_{\hat{t}} = c + dt - (c + d\mu_t) = d(t - \mu_t)$$

$$\sigma_{\hat{t}}^2 = d^2 \sigma_{\hat{t}}^2 \ .$$

Entsprechend gilt für die Kovarianzen

$$\sigma_{y\hat{t}} = d\sigma_{yt} \ .$$

Da für die Koeffizienten der Trendgeraden gilt

$$b_o = \mu_y - b_1 \mu_t \ , \quad b_1 = \frac{\sigma_{yt}}{\sigma_t^2}$$

$$\hat{b}_o = \mu_y - \hat{b}_1 \mu_{\hat{t}} \ , \quad \hat{b}_1 = \frac{\sigma_{y\hat{t}}}{\sigma_{\hat{t}}^2}$$

folgt dann

$$\hat{y}(\hat{t}) = \mu_y + \hat{b}_1 (\hat{t} - \mu_{\hat{t}})$$

$$= \mu_y + \frac{\sigma_{y\hat{t}}}{\sigma_{\hat{t}}^2} (\hat{t} - \mu_{\hat{t}})$$

$$= \mu_y + \frac{d\sigma_{yt}}{d^2 \sigma_t^2} d(t - \mu_t)$$

$$= \mu_y + \frac{\sigma_{yt}}{\sigma_t^2}(t - \mu_t)$$

$$= b_o + b_1 t$$

$$= y(t) .$$

ERGEBNIS: Siehe Lösung.

AUFGABE D34

Die Anlageinvestitionen aller Wirtschaftsbereiche in der Bundesrepublik entwickelten sich zwischen 1975 und 1981 wie folgt (Quelle: [22] S. 544):

Jahr t	1975	1976	1977	1978	1979	1980	1981
Anlageinvestitionen in Mrd. DM	81,6	89,8	99,3	110,2	123,4	132,1	134,6

Welchen Wert besitzt die nach der Methode der kleinsten Quadrate ermittelte Trendgerade für das Jahr 1982 ?

LÖSUNG:
In Abb.1 ist das Streuungsdiagramm der Punkte (t_i, y_i) , $i = 1,...,7$, dargestellt, wobei auf der Abszisse die Jahreszahlen und auf der Ordinate die zugehörigen Anlageinvestitionen abgetragen sind.

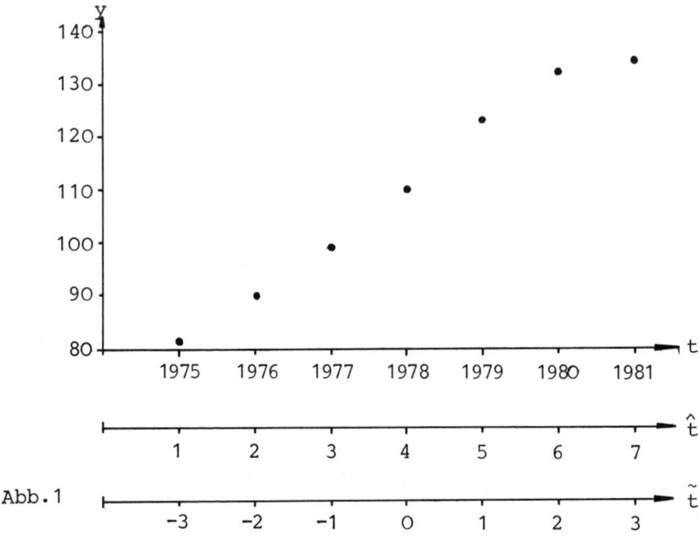

Abb.1

Für die Koeffizienten der gesuchten Trendgeraden $y = b_o + b_1 t$ gilt:

$$(1) \quad b_1 = \frac{\Sigma t_i y_i - N\mu_t \mu_y}{\Sigma t_i^2 - N\mu_t^2} \;, \quad b_o = \mu_y - b_1 \mu_t \;.$$

Die Rechnung mit den Jahreszahlen $t_1 = 1975$, $t_2 = 1976$, ... ist recht aufwendig. Sie vereinfacht sich wesentlich, wenn man stattdessen z.B. die neue Zeitskala $\hat{t} = t - 1974$ verwendet und die Koeffizienten $\hat{b}_o$ und $\hat{b}_1$ der Trendgeraden $\hat{y}(\hat{t}) = \hat{b}_o + \hat{b}_1 \hat{t}$ berechnet. Dann gilt nach Aufgabe D 33 : $y(1982) = \hat{y}(1982 - 1974) = \hat{y}(8)$. Für die Koeffizienten $\hat{b}_o$ und $\hat{b}_1$ gilt:

$$\hat{b}_1 = \frac{\Sigma \hat{t}_i y_i - N\mu_{\hat{t}} \mu_y}{\Sigma \hat{t}_i^2 - N\mu_{\hat{t}}^2} \;, \quad \hat{b}_o = \mu_y - \hat{b}_1 \mu_{\hat{t}} \;.$$

Mit der folgenden Arbeitstabelle

i	y_i	$\hat{t}_i$	$y_i \hat{t}_i$	$\hat{t}_i^2$
1	81,6	1	81,6	1
2	89,8	2	179,6	4
3	99,3	3	297,9	9
4	110,2	4	440,8	16
5	123,4	5	617,0	25
6	132,1	6	792,6	36
7	134,6	7	942,2	49
	771,0	28	3 351,7	140

erhält man:

$$\hat{b}_1 = \frac{3351{,}7 - 7 \cdot 4 \cdot 110{,}14}{140 - 7 \cdot 4^2} = 9{,}56$$

$$\hat{b}_o = 110{,}14 - 9{,}56 \cdot 4 = 71{,}9$$

und damit

$$y(1982) = \hat{y}(8) = 71{,}9 + 9{,}56 \cdot 8 = 148{,}4 \;.$$

BEMERKUNG: Bei umfangreicherem Datenmaterial kann es vorteilhaft sein, die t_i-Werte so geschickt zu transformieren, daß sich (1) noch weiter vereinfacht. Für die Transformation $\tilde{t} = t - \mu_t$ hat man: $\mu_{\tilde{t}} = \frac{1}{N}\Sigma\tilde{t}_i = 0$. Damit ergibt sich für die Koeffizienten der von den $\tilde{t}_i$-Werten abhängigen Trendgeraden $\tilde{y}(\tilde{t}) = \tilde{b}_o + \tilde{b}_1\tilde{t}$

$$\tilde{b}_1 = \frac{\Sigma\tilde{t}_i y_i}{\Sigma\tilde{t}_i^2} \quad , \quad \tilde{b}_o = \mu_y \ .$$

Mit den Zahlen unseres Beispiels ergibt sich bei dieser Transformation folgende Arbeitstabelle:

i	y_i	$\tilde{t}_i$	$\tilde{t}_i y_i$	$\tilde{t}_i^2$
1	81,6	-3	-244,8	9
2	89,8	-2	-179,6	4
3	99,3	-1	- 99,3	1
4	110,2	0	0	0
5	123,4	1	123,4	1
6	132,1	2	264,2	4
7	134,6	3	403,8	9
	771,0	0	267,7	28

Daraus erhält man:

$$\tilde{b}_1 = 267{,}7/28 = 9{,}56 \ , \quad \tilde{b}_o = 771/7 = 110{,}14$$

und für die gesuchte Trendgerade

$$\tilde{y}(\tilde{t}) = 110{,}14 + 9{,}56 \cdot \tilde{t} \ .$$

Damit hat man

$$y(1982) = \tilde{y}(1982 - 1978) = \tilde{y}(4)$$

$$= 110{,}14 + 9{,}56 \cdot 4 = 148{,}4 \ .$$

LITERATUR: [2] B 3.3.1

ERGEBNIS: Nach der Methode der kleinsten Quadrate ergibt sich für 1982 der Trendwert 148,4 Mrd. DM.

AUFGABE D35

Die folgende Tabelle enthält die Werte des Auftragseingangsindex im Hochbau für Baden-Württemberg zur Basis 1976 (=100). (Quelle: [23])

Jahr	Quartal I	II	III	IV
1979	162,2	193,7	180,1	165,5
1980	190,4	188,6	190,1	174,1

Wie groß ist der aktuellste gleitende Durchschnittswert, der sich aus den angegebenen Daten berechnen läßt, wenn man die saisonale Schwankung ausgleichen will ?

LÖSUNG:

Die Periodenlänge der Saisonschwankung beträgt 4 Quartale, ist also geradzahlig. Für ein bestimmtes Quartal berechnet man daher den gleitenden Durchschnitt aus dem Quartalswert selbst und den beiden vorangehenden sowie den beiden nachfolgenden Quartalswerten. Als aktuellster gleitender Durchschnitt läßt sich der für das II. Quartal 1980 berechnen. Für ihn ergibt sich

$$\frac{1}{4}\left(\frac{165{,}5}{2} + 190{,}4 + 188{,}6 + 190{,}1 + \frac{174{,}1}{2}\right) = 184{,}725.$$

LITERATUR: [2] B 3.3.2

ERGEBNIS: Der aktuellste gleitende Durchschnittswert ist der für das II. Quartal 1980. Er beträgt 184,725.

AUFGABE D36

Ein Versorgungsunternehmen stellt fest, daß bei seinen täglichen Absatzmengen im Wochenverlauf eine periodische Schwankung auftritt. In der folgenden Tabelle sind die täglichen Absatzmengen in der 7. und 8. Kalenderwoche 1984 angegeben.

Kalender-woche i	Absatzmengen am ... Tag der i-ten Kalenderwoche Mo	Di	Mi	Do	Fr	Sa	So
7	26	28	21	28	31	20	14
8	28	29	23	28	32	19	16

Berechnen Sie zur Ausschaltung der Schwankungskomponente - soweit möglich - gleitende Durchschnitte.

LÖSUNG:

Entsprechend der Periodenlänge der auszuschaltenden periodischen Schwankungskomponente berechnet man gleitende 7-Tages-Durchschnitte. Beispielsweise erhält man für den Donnerstag der 7. Kalenderwoche als gleitenden Durchschnitt:

$$\frac{1}{7}(26+28+21+28+31+20+14) = 24 .$$

Entsprechend ergeben sich die Werte für Freitag (7. Kalenderwoche) bis Donnerstag (8. Kalenderwoche). Für die anderen Tage lassen sich aus den angegebenen Daten gleitende 7-Tages-Durchschnitte nicht berechnen.

LITERATUR: [2] B 3.3.2

ERGEBNIS:

Kalender-woche i	Gleitender Durchschnittswert am ... Tag der i-ten Kalenderwoche Mo	Di	Mi	Do	Fr	Sa	So
7	-	-	-	24,0	24,3	24,4	24,7
8	24,7	24,9	24,7	25,0	-	-	-

AUFGABE D37

In der Bundesrepublik Deutschland entwickelte sich der Staatsverbrauch (in Mrd. DM) wie folgt:

Tab.1

Quartal	Jahr 1975	1976	1977	1978	1979	1980	1981	1982
I	46,8	51,2	53,2	57,6	62,0	66,8	74,2	76,8
II	51,7	54,1	56,9	59,7	65,8	72,6	75,0	77,2
III	51,7	53,8	57,1	62,3	67,0	73,8	77,1	79,1
IV	65,1	68,1	72,2	77,6	83,1	88,3	93,4	-

a) Berechnen Sie als Näherung für die glatte Komponente die gleitenden Durchschnitte jeweils für das IV. Quartal der Jahre 1975 bis 1981.

b) Im IV. Quartal 1982 betrug der Staatsverbrauch 97,2 Mrd. DM. Bestimmen Sie unter der Annahme

   - additiver
   - multiplikativer

   Komponentenverknüpfung den Wert der saisonbereinigten Reihe im IV. Quartal 1982.

LÖSUNG:

a) Als Näherung für die glatte Komponente der IV. Quartale bildet man auf Grund der Periodenlänge der auszuschaltenden Saisonschwankung gleitende Quartalsdurchschnitte gemäß Tab.2

Tab.2

IV. Quartal des Jahres	gleitender Durchschnitt
1975	(51,7/2 + 51,7 + 65,1 + 51,2 + 54,1/2)/4 = 55,2250
1976	(54,1/2 + 53,8 + 68,1 + 53,2 + 56,9/2)/4 = 57,6500
1977	(56,9/2 + 57,1 + 72,2 + 57,6 + 59,7/2)/4 = 61,3000
1978	(59,7/2 + 62,3 + 77,6 + 62,0 + 65,8/2)/4 = 66,1625
1979	(65,8/2 + 67,0 + 83,1 + 66,8 + 72,6/2)/4 = 71,5250
1980	(72,6/2 + 73,8 + 88,3 + 74,2 + 75,0/2)/4 = 77,5250
1981	(75,0/2 + 77,1 + 93,4 + 76,8 + 77,2/2)/4 = 80,8500

b) Für das IV. Quartal des Jahres t bezeichne

   u_{tIV} den Zeitreihenwert

   g_{tIV} den Wert der glatten Komponente

   s_{tIV} den Wert der Saisonkomponente

   r_{tIV} den Wert der Restkomponente.

   Dann gilt bei

   - additiver Komponentenverknüpfung:

$$u_{tIV} = g_{tIV} + s_{tIV} + r_{tIV} \qquad (1)$$

- multiplikativer Komponentenverknüpfung

$$u_{tIV} = g_{tIV} \cdot s_{tIV} \cdot r_{tIV} \; . \qquad (2)$$

Für t = 1982 soll aus (1) bzw. (2) die Saisonkomponente $s_{1982;IV}$ eliminiert werden.

Bei additiver Komponentenverknüpfung hat man

$$\frac{1}{7}\sum_{t=1975}^{1981}(u_{tIV} - g_{tIV}) = \frac{1}{7}\sum_{t=1975}^{1981}(s_{tIV} + r_{tIV})$$

$$= \frac{1}{7}\sum_{t=1975}^{1981} s_{tIV} + \frac{1}{7}\sum_{t=1975}^{1981} r_{tIV} \, .$$

Da im additiven Modell unterstellt wird, daß die Saisonkomponente für das IV. Quartal für alle Jahre t praktisch einen konstanten Wert s_{IV} annimmt und das arithmetische Mittel der Restkomponente praktisch Null ist, gilt

$$\frac{1}{7}\sum_{t=1975}^{1981} s_{tIV} \approx s_{IV}$$

$$\frac{1}{7}\sum_{t=1975}^{1981} r_{tIV} \approx 0 \, .$$

Daher ist es naheliegend, für $s_{1982;IV}$ den Näherungswert

$$\frac{1}{7}\sum_{t=1975}^{1981}(u_{tIV} - g_{tIV})$$

zu verwenden.

Tab.3

Jahr t	(1) u_{tIV}	(2) g_{tIV}	$s_{tIV}+r_{tIV}$ (1) - (2)	$s_{tIV} \cdot r_{tIV}$ (1)/(2)
1975	65,1	55,2250	9,8750	1,1788
1976	68,1	57,6500	10,4500	1,1813
1977	72,2	61,3000	10,9000	1,1778
1978	77,6	66,1625	11,4375	1,1729
1979	83,1	71,5250	11,5750	1,1618
1980	88,3	77,5250	10,7750	1,1390
1981	93,4	80,8500	12,5500	1,1552
		insgesamt	77,5625	8,1668

Mit Tab.3 folgt

$$s_{IV} \approx \frac{1}{7} \cdot 77,5625 \approx 11,1 .$$

Für den Wert der saisonbereinigten Reihe im IV. Quartal 1982 erhält man also

$$u_{1982;IV} - s_{IV} \approx 97,2 - 11,1 = 86,1 .$$

Entsprechend ergibt sich bei multiplikativer Verknüpfung

$$\frac{1}{7} \sum_{1975}^{1981} \frac{u_{tIV}}{g_{tIV}} = \frac{1}{7} \sum_{1975}^{1981} s_{tIV} \cdot r_{tIV} \approx \frac{1}{7} \sum_{1975}^{1981} s_{tIV} .$$

Dabei wird vorausgesetzt, daß die Werte der Restkomponente r_{tIV} so um die Zahl 1 streuen, daß sie auf die Mittelung der Saisonkomponente praktisch keinen systematischen Einfluß haben. Mit Tab.3 folgt

$$s_{IV} \approx \frac{1}{7} \sum_{1975}^{1981} s_{tIV} \approx \frac{1}{7} \cdot 8,1668 \approx 1,167 .$$

Im multiplikativen Modell ergibt sich für das IV. Quartal 1982 der saisonbereinigte Wert

$$\frac{u_{1982;IV}}{s_{IV}} \approx \frac{97,2}{1,167} \approx 83,3 .$$

LITERATUR: [2] B 3.3.3

ERGEBNIS:

a)

IV. Quartal des Jahres	gleitender Durchschnittswert
1975	55,2250
1976	57,6500
1977	61,3000
1978	66,1625
1979	71,5250
1980	77,5250
1981	80,8500

b) Der Wert der saisonbereinigten Reihe beträgt im IV. Quartal 1982 bei

- additiver Komponentenverknüpfung: 86,1 Mrd. DM ;
- multiplikativer Komponentenverknüpfung: 83,3 Mrd. DM.

AUFGABE D38

Die Jahreseinkommen (in 1000 DM) der drei erwerbstätigen Mitglieder I, II und III eines Haushalts entwickeln sich von 1980 bis 1983 wie folgt:

Haushalts-mitglied	Jahr 1980	1981	1982	1983
I	20	21	21	22
II	9	12	12	9
III	4	4	6	5

Welche der folgenden Aussagen sind richtig ?

A: Im Jahre 1980 hatten die drei Personen ein Durchschnittseinkommen von 11 000 DM.

B: Das Jahreseinkommen von I ist von 1980 bis 1983 pro Jahr im Durchschnitt um

$$\left(\sqrt[3]{\frac{22}{20}} - 1\right) \cdot 100\ \%$$

gewachsen.

C: Das Jahreseinkommen von II ist von 1980 bis 1983 durchschnittlich pro Jahr um

$$\left[\frac{\frac{12}{9} + \frac{12}{12} + \frac{9}{12}}{3} - 1\right] \cdot 100\ \%$$

gewachsen.

D: Das Jahreseinkommen des Haushalts ist von 1980 bis 1983 durchschnittlich pro Jahr um

$$\left(\sqrt[3]{\frac{36}{33}} - 1\right) \cdot 100\ \%$$

gewachsen.

LÖSUNG:

Aussage A ist richtig. Das Durchschnittseinkommen beträgt

$\frac{1}{3}(20\,000 + 9\,000 + 4\,000) = 11\,000$ DM.

Aussage B ist richtig. Bezeichnet man mit E_i das Einkommen im Jahre i, so ist E_{i+1}/E_i der Wachstumsfaktor des Einkommens von Jahr i + 1 bezüglich Jahr i. Für den Wachstumsfaktor des Einkommens 1983 , bezogen auf 1980, hat man also:

$$\frac{E_{1981}}{E_{1980}} \cdot \frac{E_{1982}}{E_{1981}} \cdot \frac{E_{1983}}{E_{1982}} = \frac{E_{1983}}{E_{1980}} .$$

Für die durchschnittliche Wachstumsrate w der Jahre 1981 bis 1983 muß also gelten:

$$(1 + w)^3 \cdot E_{1980} = E_{1983} ,$$

d.h.

$$w = \sqrt[3]{\frac{E_{1983}}{E_{1980}}} - 1 = \left(\sqrt[3]{\frac{E_{1983}}{E_{1980}}} - 1\right) \cdot 100\,\% .$$

Aussage C ist falsch. Das Einkommen von II ist 1980 und 1983 gleich 9 000 DM; daraus folgt $w = 0\,\%$.
Für das in C angegebene arithmetische Mittel μ der Wachstumsfaktoren (jeweils gegenüber dem Vorjahr) ergibt sich jedoch: $\frac{1}{3}(12/9 + 12/12 + 9/12) = 1{,}02\overline{7}$. Dieser Wert ist deshalb größer als 1, weil die Einkommenserhöhung von 9 000 DM auf 12 000 DM einer Wachstumsrate von $33{,}\overline{3}\,\%$, die Einkommensänderung von 12 000 DM auf 9 000 DM aber einer Wachstumsrate von (nur) $-25\,\%$ entspricht.

Mit den gleichen Überlegungen wie zu Aussage B ergibt sich, daß auch Aussage D richtig ist.

LITERATUR: [4] S. 58 - 61

ERGEBNIS: Die Aussagen A , B und D sind richtig.

AUFGABE D39

Für das Bruttoinlandsprodukt (BIP) der Bundesrepublik hat man folgende Werte (Quelle: [21] S. 511 f.):

Jahr	Bruttoinlandsprodukt in Mrd. DM in jeweiligen Preisen	in Preisen von 1970
1970	679	679
1975	1 034	752
1979	1 391	875

Wie groß waren die durchschnittlichen jährlichen Wachstumsraten des BIP in jeweiligen Preisen bzw. in Preisen von 1970

a) für die Jahre 1971 bis 1975 ?

b) für die Jahre 1976 bis 1979 ?

LÖSUNG:

Wächst eine Größe, ausgehend von einem Anfangswert x_o, innerhalb von N Zeitabschnitten auf den Wert x_N an, so hat man für die durchschnittliche Wachstumsrate w je Zeitabschnitt:

$$w = \sqrt[N]{x_N/x_o} - 1 .$$

Danach ergibt sich

a) für die Jahre 1971 bis 1975

- in jeweiligen Preisen: $w = \sqrt[5]{1034/679} - 1 = 0{,}088 \triangleq 8{,}8\%$
- in Preisen von 1970 : $w = \sqrt[5]{752/679} - 1 = 0{,}021 \triangleq 2{,}1\%$

b) für die Jahre 1976 bis 1979

- in jeweiligen Preisen: $w = \sqrt[4]{1391/1034} - 1 = 0{,}077 \triangleq 7{,}7\%$
- in Preisen von 1970 : $w = \sqrt[4]{875/752} - 1 = 0{,}039 \triangleq 3{,}9\%$.

LITERATUR: [4] S. 58 - 61

ERGEBNIS: Die durchschnittliche jährliche Wachstumsrate des BIP betrug

im Zeitraum	in jeweiligen Preisen	in Preisen von 1970
1971 - 1975	8,8 %	2,1 %
1976 - 1979	7,7 %	3,9 %

AUFGABE D40

In wieviel Jahren verdoppelt sich jeweils die Weltbevölkerung, wenn man eine jährliche Wachstumsrate von 2 % zugrunde legt ?

LÖSUNG:

Bei einer jährlichen Wachstumsrate von 2% wächst die Weltbevölkerung ausgehend von einem Stand x_o

- nach einem Jahr auf $x_o \cdot (1+0{,}02) = 1{,}02 \cdot x_o$,
- nach zwei Jahren auf $(1{,}02 \cdot x_o)(1+0{,}02) = 1{,}02^2 \cdot x_o$

usw.

Gesucht ist also die Zahl N, für die gilt

$$x_o \cdot (1{,}02)^N = 2 \cdot x_o \quad \text{bzw.} \quad (1{,}02)^N = 2 \,.$$

Durch Logarithmieren erhält man:

$$\log 2 = \log (1{,}02)^N = N \cdot \log (1{,}02)$$

und damit

$$N = \log 2 / \log 1{,}02 = 0{,}30103/0{,}00860 \approx 35 \,.$$

LITERATUR: [4] S. 58 - 61

ERGEBNIS: Bei einer jährlichen Wachstumsrate von 2 % verdoppelt sich die Weltbevölkerung innerhalb von 35 Jahren.

AUFGABE D41

Die Zulassungszahlen eines Pkw-Typs auf einem bestimmten Markt waren

- 1980 um 8 % höher als 1979 ;
- 1983 um 92 % höher als 1980.

Wie groß war die durchschnittliche jährliche Wachstumsrate der Zulassungszahlen in den Jahren 1980 bis 1983 ?

LÖSUNG:

Bezeichnet man die Zulassungszahl von 1979 mit x_o, die von 1980 mit x_1 usw., so ist

$$x_1 = 1{,}08 \cdot x_o ,$$

$$x_4 = 1{,}92 \cdot x_1 = 1{,}92 \cdot 1{,}08 \cdot x_o ,$$

$$x_4/x_o = 1{,}92 \cdot 1{,}08 = 2{,}0736 .$$

Da sich dieses Wachstum im Lauf von 4 Jahren vollzieht, ergibt sich für die durchschnittliche jährliche Wachstumsrate

$$w = \sqrt[4]{x_4/x_o} - 1 = \sqrt[4]{2{,}0736} - 1 = 0{,}2 .$$

LITERATUR: [4] S. 58 - 61

ERGEBNIS: Die durchschnittliche jährliche Wachstumsrate beträgt 20 %.

AUFGABE D42

Ein Restaurant in einem Ausflugsgebiet beobachtet für den Umsatz folgende monatliche Wachstumsraten (jeweils gegenüber Vormonat):

Monat	monatliche Wachstumsrate in %
Januar	- 50
Februar	+ 25
März	+ 25

Wie groß muß die Wachstumsrate für April sein, damit der April-Umsatz die Höhe des Dezember-Umsatzes wieder erreicht?

LÖSUNG:

Bezeichnet man den Dezember-Umsatz mit x_o, den Januar-Umsatz mit x_1 usw., so gilt gemäß den Zahlenangaben der Tabelle

$$x_1 = 0{,}5 \cdot x_o$$

$$x_2 = 1{,}25 \cdot x_1 = 1{,}25 \cdot 0{,}5 \cdot x_o$$

$$x_3 = 1{,}25 \cdot x_2 = 1{,}25^2 \cdot 0{,}5 \cdot x_o = 0{,}78125 \cdot x_o$$

$$x_4 = (1 + w_4) \cdot x_3 = (1 + w_4) \cdot 0{,}78125 \cdot x_o$$

Dabei ist w_4 so zu bestimmen, daß $x_4 = x_o$ gilt. Man erhält:

$$w_4 = \frac{1}{0,78125} - 1 = 0,28 .$$

BEMERKUNG: Man beachte, daß der Umsatzrückgang im Januar um 50 % noch nicht durch eine zweimalige Steigerung um jeweils 25 % in den Monaten Februar und März kompensiert ist, sondern erst durch eine nochmalige Steigerung um 28 % im April. (Sollte der 50 %ige Umsatzrückgang im Januar allein durch einen Umsatzzuwachs im Februar kompensiert werden, so müßte dieser Zuwachs - im Vergleich zu Januar - offenbar 100 % betragen.)

LITERATUR: [4] S. 58 - 61

ERGEBNIS: Der April-Umsatz muß um 28 % höher sein als der März-Umsatz, damit der Dezember-Umsatz wieder erreicht wird.

AUFGABE D43

Welche der folgenden Verhältniszahlen ist eine Beziehungs-, Meß- bzw. Gliederungszahl ?

A = Umsatz pro m^2 Verkaufsfläche

B = Einwohner pro km^2

C = Anteile der Beschäftigten eines Unternehmens in den einzelnen Altersklassen

D = Beschäftigtenstand eines Unternehmens zum 30.9.1983 in v.H. des Beschäftigtenstandes des Unternehmens am 31.12.1980

E = Bilanzsumme eines Unternehmens im Zeitraum von 1970 bis 1983, jeweils in v.H. der Bilanzsumme von 1970

F = Anteile des Anlage- bzw. Umlaufvermögens eines Unternehmens in v.H. der Bilanzsumme

G = Anzahl der 1983 von Müttern im Alter 25 Lebendgeborenen bezogen auf die Anzahl der Frauen im Alter 25 im Jahre 1983

H = Wertanteile der gebuchten Reisen eines Reiseveranstalters nach Reisegebieten

I = Prozentuale Aufteilung der Erwerbstätigen in der Bundesrepublik nach Wirtschaftsbereichen

LÖSUNG:

Wenn man eine Gesamtheit bzw. eine Gesamtgröße unterteilt, nennt man die zugehörigen Anteilswerte Gliederungszahlen. Meßzahlen entstehen, wenn man die Werte gleichartiger Größen auf einen gemeinsamen Vergleichswert - bei Zeitreihen der Zeitreihenwert der Basisperiode - bezieht. Gliederungs- und Meßzahlen sind dimensionslos.

Beziehungszahlen entstehen, wenn man Zahlen, die verschiedenartige Größen repräsentieren, zueinander in Beziehung setzt. Beziehungszahlen sind i.a. nicht dimensionslos.

Von den obengenannten Verhältniszahlen sind also C, F, H und I Gliederungszahlen, D und E Meßzahlen sowie A, B und G Beziehungszahlen.

LITERATUR: [2] B 4.1

ERGEBNIS: Von den obengenannten Verhältniszahlen sind

Gliederungszahlen: C, F, H und I;
Meßzahlen: D und E;
Beziehungszahlen: A, B und G.

AUFGABE D44

Berechnen Sie aus den folgenden Preis- und Mengenangaben für die Basisperiode o und die Berichtsperiode t die Preisindizes nach PAASCHE und LASPEYRES.

Periode	Preis des Gutes			Menge des Gutes		
	A	B	C	A	B	C
o	2	6	4	12,5	10	10
t	10	5	8	4	12	5

LÖSUNG:

Vorbemerkung: In den Formeln der Indexrechnung bezeichnet man üblicherweise mit p_o bzw. p_t die Preise der Güter in der Basis- bzw. Berichtsperiode und entsprechend mit q_o bzw. q_t die Mengen der Güter in der Basis- bzw. Berichtsperiode. Dabei verzichtet man auf Summationsindizes und -grenzen. Diese Größen sind aus dem jeweiligen Zusammenhang zu ergänzen. Beispielsweise bedeutet $\Sigma p_t q_t$, daß man für jedes Gut des Warenkorbes - hier also die Güter A, B und C - Preis und Menge der Berichtsperiode multipliziert, d.h. also, für jedes Gut den Umsatz der Berichtsperiode bildet, und diese Produkte (Umsätze) über alle Güter summiert. $\Sigma p_t q_t$ ist demnach der Wert (oder Umsatz) aller Güter in der Berichtsperiode.

Für den Preisindex nach PAASCHE hat man:

$$\frac{\Sigma p_t q_t}{\Sigma p_o q_t} = \frac{10 \cdot 4 + 5 \cdot 12 + 8 \cdot 5}{2 \cdot 4 + 6 \cdot 12 + 4 \cdot 5} = \frac{140}{100} = 1{,}40 \ .$$

Für den Preisindex nach LASPEYRES ergibt sich:

$$\frac{\Sigma p_t q_o}{\Sigma p_o q_o} = \frac{10 \cdot 12{,}5 + 5 \cdot 10 + 8 \cdot 10}{2 \cdot 12{,}5 + 6 \cdot 10 + 4 \cdot 10} = \frac{255}{125} = 2{,}04 \ .$$

Der große Unterschied der beiden Indexwerte darf nicht überraschen, da die Mengen sich von o bis t stark verändert haben; bei unveränderten Mengen (d.h. $p_t = p_o$) sind die Preisindizes nach PAASCHE und LASPEYRES identisch.

LITERATUR: [2] B 4.1 , B 4.2

ERGEBNIS: Preisindex nach PAASCHE: 1,40 ≙ 140 % ;

Preisindex nach LASPEYRES: 2,04 ≙ 204 % .

AUFGABE D45

Eine Familie beobachtet, daß sich die Ausgaben für ihre Lebenshaltung im Mai 1984 gegenüber den entsprechenden Ausgaben im Mai 1980 erheblich erhöht haben.

a) Mit Hilfe welcher Indizes lassen sich für Mai 1984 im Vergleich zu Mai 1980 folgende Fragen beantworten?

   1. Um wieviel Prozent haben sich die Lebenshaltungskosten geändert?

   2. Um wieviel Prozent haben sich im Durchschnitt die Preise geändert, wenn man die Verbrauchsgewohnheiten von Mai 1980 zugrunde legt?

   3. Um wieviel Prozent haben sich im Durchschnitt die Preise geändert, wenn man die Verbrauchsgewohnheiten von Mai 1984 zugrunde legt?

   4. Um wieviel Prozent weicht der mengenmäßige Verbrauch von Mai 1984 gegenüber dem von Mai 1980 ab?

b) Welche Schwierigkeiten ergeben sich möglicherweise bei der Berechnung dieser Indizes?

LÖSUNG:

Im folgenden bezeichnet t den Berichtszeitpunkt Mai 1984 bzw. o den Basiszeitpunkt Mai 1980.

a) Die Lebenshaltungskosten betragen im Mai 1984 $\Sigma p_t q_t$, im Mai 1980 $\Sigma p_o q_o$. Folglich läßt sich Frage 1 mit Hilfe des Wertindex

$$\frac{\Sigma p_t q_t}{\Sigma p_o q_o} 100$$

beantworten, dessen Differenz zu 100 die gefragte prozentuale Veränderung angibt.

Die Fragen 2 und 3 lassen sich mit Hilfe eines Preisindex

$$(1) \qquad \frac{\Sigma p_t q}{\Sigma p_o q} 100$$

beantworten. Legt man die Verbrauchsgewohnheiten von Mai 1980 bzw. 1984 zugrunde, so ist in (1) $q = q_o$ bzw. $q = q_t$ zu setzen. Also läßt sich Frage 2 mit Hilfe eines LASPEYRES-Preisindex beantworten, Frage 3 mit Hilfe eines PAASCHE-Preisindex.

Frage 4 ist mit Hilfe eines Mengenindex

$$\frac{\Sigma q_t p}{\Sigma q_o p} 100$$

zu beantworten. Allerdings ist Frage 4 nicht hinreichend präzise formuliert; es bleibt offen, welche Preise für p einzusetzen sind. Speziell für $p = p_o$ bzw. $p = p_t$ ergäbe sich ein Mengenindex nach LASPEYRES bzw. PAASCHE.

b) Schwierigkeiten bei der Berechnung der obigen Indizes können entstehen, wenn die "Warenkörbe" der beiden Zeitpunkte bezüglich der darin enthaltenen Waren<u>arten</u> nicht mehr übereinstimmen; sei es, daß der "Warenkorb" von 1984 neue Waren und Leistungen enthält, die 1980 noch keine Rolle spielten, sei es, daß im "Warenkorb" von 1980 noch vertretene Waren und Leistungen im "Warenkorb" von 1984 nicht mehr - bzw. nicht mehr in der ursprünglichen Art und Qualität - enthalten sind. Für den Preisindex nach LASPEYRES $\Sigma p_t q_o / \Sigma p_o q_o$ müßte der Preis p_t für ein Gut aus dem "Warenkorb" der Basisperiode bestimmt werden, das es in t (in dieser Form) nicht mehr gibt; entsprechend hat man beim Preisindex nach PAASCHE $\Sigma p_t q_t / \Sigma p_o q_t$ den Preis p_o eines Gutes zu bestimmen, das zwar im aktuellen "Warenkorb" des Zeitpunktes t enthalten ist, das es aber (in dieser Form) in der Basisperiode nicht gegeben hat. In der Praxis der Indexberechnung hilft man sich hier mit Näherungslösungen (vgl. [11] S. 72 - 74; [24] S. 342).

LITERATUR: [2] B 4.2

ERGEBNIS:

a) 1. Wertindex
   2. Preisindex nach LASPEYRES
   3. Preisindex nach PAASCHE
   4. Mengenindex

b) Siehe Lösung.

AUFGABE D46

Zur Berechnung eines Preisindex nach LASPEYRES P_L benötigt man für die Güter $i = 1,\dots,I$ die Preise p_{ti} bzw. p_{oi} der Berichts- bzw. Basisperiode und die Mengen q_{oi} der Basisperiode. Für $i = 1,\dots,I$ nennt man p_{ti}/p_{oi} das Preisverhältnis des Gutes i.

Stellen Sie P_L als gewogenes arithmetisches Mittel der Preisverhältnisse dar. Wie lauten die Gewichte ?

LÖSUNG:

Sind $x_1,x_2,\dots,x_I$ reelle Zahlen und $g_1,g_2,\dots,g_I$ positive reelle Zahlen mit der Eigenschaft $\Sigma g_i = 1$, so nennt man $\Sigma x_i g_i$ das mit den Gewichten g_i gewogene arithmetische Mittel der Zahlen $x_1,x_2,\dots,x_I$ (vgl. auch Aufgaben D13 und D18).

Mit $\Sigma p_{oi}q_{oi} = w$ hat man

$$P_L = \frac{\Sigma p_{ti}q_{oi}}{w} = \sum p_{ti}\frac{q_{oi}}{w} = \sum \frac{p_{ti}}{p_{oi}}\frac{p_{oi}q_{oi}}{w} \quad .$$

LITERATUR: [2] B 4.2.2

ERGEBNIS: Der Preisindex nach Laspeyres ist das gewogene arithmetische Mittel der Preisverhältnisse $\frac{p_{ti}}{p_{oi}}$, mit den Verbrauchsanteilen $\frac{p_{oi}q_{oi}}{\Sigma p_{oi}q_{oi}}$ der Basisperiode als Gewichten $(i = 1,2,\dots,I)$.

AUFGABE D47

Der Preisindex für die Lebenshaltung eines Landes wird als LASPEYRES-Index zur Basis 1980 berechnet. Im Jahre 1980 entfielen 15 % des Warenkorbwertes auf Kosten für Wohnungsmiete und 4 % auf Kosten für Elektrizität.

Um wieviel Prozent hat sich der Index im Jahre 1983 gegenüber 1980 dadurch erhöht, daß bis 1983 die Wohnungsmieten um 30 % und die Preise für Elektrizität um 80 % gestiegen sind und die Preise der übrigen Güter konstant geblieben sind?

LÖSUNG:

In Aufgabe D 46 wurde gezeigt, daß der Preisindex nach LASPEYRES das mit den Verbrauchsanteilen der Basisperiode gewogene arithmetische Mittel der Preisverhältnisse ist. Als Indexwert für 1983 ergibt sich also:

$$1{,}3 \cdot 15\,\% + 1{,}8 \cdot 4\,\% + 1{,}0 \cdot (100 - 15 - 4)\% = 107{,}7\,\%\,.$$

Die Steigerung beträgt demnach 7,7 %.

Die Lösung zeigt, daß man die Steigerungsrate auch direkt als gewogenen Durchschnitt der Preissteigerungsraten erhält:

$$0{,}3 \cdot 15\,\% + 0{,}8 \cdot 4\,\% + 0{,}0 \cdot (100 - 15 - 4)\% = 7{,}7\,\%\,.$$

BEMERKUNG: Der Zahlenwert 7,7 % darf nicht ohne weiteres als Steigerung der Lebenshaltungskosten interpretiert werden. Der Zahlenwert besagt lediglich, daß der "Warenkorb" des (Basis-)Jahres 1980 im Jahre 1983 um 7,7 % teurer ist. Dieser "Warenkorb" ist aber möglicherweise 1983 nicht mehr aktuell.

LITERATUR: [2] B 4.2

ERGEBNIS: Der Index hat sich 1983 gegenüber 1980 um 7,7 % erhöht.

AUFGABE D48

Über die Produkte A, B, C eines Unternehmens liegen für die Jahre 1980 bzw. 1983 folgende Daten vor:

Tab. 1

Produkt	(1) Umsatz 1980 in DM	(2) Preisänderung in % $100(p_{83}-p_{80})/p_{80}$	(3) Mengenänderung in % $100(q_{83}-q_{80})/q_{80}$
A	600 000	+ 10	+ 50
B	300 000	+ 20	- 30
C	100 000	- 10	+ 10

Berechnen Sie für die Berichtsperiode 1983 zur Basisperiode 1980 die Preis- bzw. Mengenindizes nach LASPEYRES und PAASCHE sowie den Umsatzindex.

LÖSUNG:

Die gesuchten Indizes sind

$$\frac{\Sigma p_{83}q_{80}}{\Sigma p_{80}q_{80}}, \quad \frac{\Sigma p_{83}q_{83}}{\Sigma p_{80}q_{83}}, \quad \frac{\Sigma p_{80}q_{83}}{\Sigma p_{80}q_{80}}, \quad \frac{\Sigma p_{83}q_{83}}{\Sigma p_{83}q_{80}}, \quad \frac{\Sigma p_{83}q_{83}}{\Sigma p_{80}q_{80}}.$$

Den Gesamtumsatz der Basisperiode erhält man als Summe der Umsätze in Spalte (1) von Tab.1: $\Sigma p_{80}q_{80}$ = 1 000 000. Nicht direkt gegeben sind die Summanden in: $\Sigma p_{80}q_{83}$, $\Sigma p_{83}q_{80}$, $\Sigma p_{83}q_{83}$. Man ermittelt sie durch Erweitern in der Form:

$$p_{80}q_{83} = p_{80}q_{80}\,\frac{q_{83}}{q_{80}}, \quad p_{83}q_{80} = p_{80}q_{80}\,\frac{p_{83}}{p_{80}}, \quad p_{83}q_{83} = p_{80}q_{80}\,\frac{p_{83}}{p_{80}}\,\frac{q_{83}}{q_{80}}.$$

Die hier vorkommenden Preis- bzw. Mengenverhältnisse, also p_{83}/p_{80} bzw. q_{83}/q_{80}, berechnet man aus den in Spalte (2) bzw. (3) von Tab.1 angegebenen Preis- bzw. Mengenänderungen. Beispielsweise erhält man in Spalte (2) bei Produkt A aus $100(p_{83} - p_{80})/p_{80} = +10$ das Preisverhältnis $p_{83}/p_{80} = 1{,}1$. Auf diese Weise kann man folgende Arbeitstabelle erstellen:

Produkt	$p_{80}q_{80}$	p_{83}/p_{80}	q_{83}/q_{80}	$p_{80}q_{83}$	$p_{83}q_{80}$	$p_{83}q_{83}$
A	600 000	1,1	1,5	900 000	660 000	990 000
B	300 000	1,2	0,7	210 000	360 000	252 000
C	100 000	0,9	1,1	110 000	90 000	99 000
	1 000 000			1 220 000	1 110 000	1 341 000

Damit hat man für den

Preisindex nach LASPEYRES $\dfrac{\Sigma p_{83}q_{80}}{\Sigma p_{80}q_{80}} = \dfrac{1\,110\,000}{1\,000\,000} = 1{,}110$;

Preisindex nach PAASCHE $\dfrac{\Sigma p_{83}q_{83}}{\Sigma p_{80}q_{83}} = \dfrac{1\,341\,000}{1\,220\,000} = 1{,}099$;

Mengenindex nach LASPEYRES $\dfrac{\Sigma p_{80}q_{83}}{\Sigma p_{80}q_{80}} = \dfrac{1\,220\,000}{1\,000\,000} = 1{,}220$;

Mengenindex nach PAASCHE $\dfrac{\Sigma p_{83}q_{83}}{\Sigma p_{83}q_{80}} = \dfrac{1\,341\,000}{1\,110\,000} = 1{,}208$;

Umsatzindex $\frac{\Sigma p_{83}q_{83}}{\Sigma p_{80}q_{80}} = \frac{1\,341\,000}{1\,000\,000} = 1{,}341$.

LITERATUR: [2] B 4.1 , B 4.2

ERGEBNIS:

Preisindex nach LASPEYRES:	1,110 ≙ 111,0 %
Preisindex nach PAASCHE:	1,099 ≙ 109,9 %
Mengenindex nach LASPEYRES:	1,220 ≙ 122,0 %
Mengenindex nach PAASCHE:	1,208 ≙ 120,8 %
Umsatzindex:	1,341 ≙ 134,1 %

AUFGABE D49

Für jedes von N verschiedenen Gütern kennt man den Umsatz im Basisjahr und das Verhältnis der Mengen des Berichtsjahres zu den Mengen des Basisjahres. Welche Indizes kann man aus diesen Angaben berechnen?

A = Mengenindex nach LASPEYRES
B = Preisindex nach LASPEYRES
C = Mengenindex nach PAASCHE
D = Preisindex nach PAASCHE
E = Umsatzindex

LÖSUNG:

Laut Voraussetzung kennt man für Gut Nr. i

$$p_{oi}q_{oi} \quad \text{und} \quad q_{ti}/q_{oi} .$$

Daraus läßt sich

$$(p_{oi}q_{oi})\left(\frac{q_{ti}}{q_{oi}}\right) = p_{oi}q_{ti}$$

berechnen. Man kann also nur den Mengenindex nach LASPEYRES $(\Sigma p_{oi}q_{ti})/(\Sigma p_{oi}q_{oi})$ ermitteln.

Zur Berechnung der anderen genannten Indizes bräuchte man für jedes Gut zusätzlich zu den obigen Angaben das Preisverhältnis p_{ti}/p_{oi} .

LITERATUR: [2] B 4.2

ERGEBNIS: Aus den Angaben läßt sich nur der unter A genannte Mengenindex nach LASPEYRES berechnen.

AUFGABE D50

Ein Verband ermittelte für die Jahre 1980 bis 1983 folgende Jahresumsätze seiner Mitglieder sowie einen entsprechenden Mengenindex nach LASPEYRES zur Basis 1980.

Jahr	1980	1981	1982	1983
Jahresumsatz in Mill. DM	2 200	2 450	2 550	2 800
Mengenindex nach LASPEYRES	1,00	1,09	1,14	1,13

Welcher Umsatz würde sich für 1983 ergeben, wenn man die Preise von 1980 zugrunde legt ?

LÖSUNG:

Gesucht ist $\Sigma p_{80}q_{83}$. Man erhält diese Größe durch Multiplikation des Mengenindex 1983 zur Basis 1980 mit dem Umsatz des Basisjahres 1980:

$$\Sigma p_{80}q_{83} = \frac{\Sigma p_{80}q_{83}}{\Sigma p_{80}q_{80}} \Sigma p_{80}q_{80} = 1{,}13 \cdot 2200 \text{ Mill. DM}$$

$$= 2\,486 \text{ Mill. DM}.$$

BEMERKUNG: Die gesuchte Größe $\Sigma p_{80}q_{83}$ bezeichnet man als den zur Basis 1980 preisbereinigten Umsatz von 1983.

LITERATUR: [2] B 4.2

ERGEBNIS: Wenn man die Preise von 1980 zugrunde legt, würde sich für 1983 ein Umsatz von 2 486 Mill. DM ergeben.

AUFGABE D51

Der Index für die Wohnungsmieten insgesamt ist ein Preisindex nach LASPEYRES. Er setzt sich aus den beiden Teilindizes

für Altbauwohnungen
und für Neubauwohnungen

zusammen. Im Jahresdurchschnitt 1979 wurden folgende Indexwerte - jeweils zur Basis 1976 - angegeben (Vgl. [21] S.485):

Index insgesamt : 109,8
Index für Altbauwohnungen : 111,6
Index für Neubauwohnungen : 109,0 .

Welche Aussagen folgen aus diesen Indexangaben?

A: Im Jahresdurchschnitt 1979 sind die Wohnungsmieten für Altbauwohnungen höher als die Mieten für Neubauwohnungen.

B: Die Mieten für Altbauwohnungen sind von 1976 auf 1979 relativ stärker gestiegen als die Mieten für Neubauwohnungen.

C: Die Mieten für Altbauwohnungen sind von 1976 auf 1979 absolut stärker gestiegen als die Mieten für Neubauwohnungen.

D: Im Gesamtindex hat der Index für Altbauwohnungen ein größeres Gewicht als der Index für Neubauwohnungen.

LÖSUNG:

Die Aussagen A und C können nicht gefolgert werden, da (Preis-)Indizes als Meßzahlen nur relative (Preis-) Änderungen beschreiben, aber nicht das absolute (Preis-) Niveau. Dementsprechend kann Aussage B gefolgert werden.

Aussage D ist falsch. Stellt man den Gesamtindexwert 109,8 als gewogenes arithmetisches Mittel der beiden Teilindexwerte dar, so hat man:

$$(1) \quad 109{,}8 = 111{,}6 \cdot g + 109{,}0 \cdot (1-g) \; ,$$

wobei g das Gewicht (= Anteil der Mieten für Altbauwohnungen an den gesamten Mieten im Basisjahr 1976) des Index für Altbauwohnungen bezeichnet. Man erhält aus (1): $g = 0{,}3077$.

BEMERKUNG: Die Rückrechnung des Gewichts g aus den Teilindexwerten ist numerisch nicht sehr genau, da sich wegen der relativ dicht beieinanderliegenden Werte der Teilindizes deren Rundung auswirkt (vgl. [2] B 1.4). Innerhalb des Gewichtungsschemas des Preisindex für die Lebenshaltung (alle privaten Haushalte) werden als Gewichte für Alt- bzw. Neubauwohnungsmieten 42,25 ‰ bzw. 91,02 ‰ angegeben. Damit erhält man den genauen Wert

$$g = \frac{42{,}25}{42{,}25 + 91{,}02} = 0{,}3170 .$$

LITERATUR: [4] S. 168 - 171

ERGEBNIS: Aus den Indexangaben läßt sich Aussage B herleiten.

AUFGABE D52

Ein Unternehmen ermittelte für seine Produkte folgende Größen:

Umsatz 1983: 308 Mill. DM,
Umsatz 1980: 200 Mill. DM,
Preisindex nach LASPEYRES 1983 zur Basis 1980: 1,40

Welchen Wert besitzt der PAASCHE-Mengenindex für 1983 zur Basis 1980 ?

LÖSUNG:

Zwischen dem LASPEYRES-Preisindex P_L, dem PAASCHE-Mengenindex Q_P und dem Wertindex W besteht folgende Verknüpfung:

$$W = \frac{\Sigma p_t q_t}{\Sigma p_o q_o} = \frac{\Sigma p_t q_t}{\Sigma p_t q_o} \cdot \frac{\Sigma p_t q_o}{\Sigma p_o q_o} = Q_P \cdot P_L .$$

Folglich hat man für den PAASCHE-Mengenindex

$$Q_P = W/P_L .$$

Für $t \triangleq 1983$ und $o \triangleq 1980$ hat man

$$W = \frac{308}{200} = 1{,}54$$

und damit

$$Q_P = \frac{1{,}54}{1{,}40} = 1{,}10 .$$

BEMERKUNG: In der amtlichen Statistik werden zur Preisbereinigung Wertindizes häufig durch einen Preisindex nach LASPEYRES dividiert. Wie (1) zeigt, ergibt sich dabei ein Mengenindex nach PAASCHE. Dies gilt streng aber nur, wenn in der Basisperiode der "Warenkorb" des Preisindex mit dem des Wertindex übereinstimmt.

LITERATUR: [2] B 4.3

ERGEBNIS: Der PAASCHE-Mengenindex für 1983 zur Basis 1980 besitzt den Wert 1,10 .

AUFGABE D53

In einer Veröffentlichung der amtlichen Statistik ([20] S. 7) findet man folgende Aussage: "Soll ein Index für eine a n d e r e Zeitbasis berechnet werden, so braucht lediglich die Indexzahl in Prozent der Indexzahl für die gewünschte neue Basis ausgedrückt zu werden.
Um z.B. den Preisindex für die Lebenshaltung aller privaten Haushalte für Januar 1979 (Indexstand auf Basis 1976: 108,3) auf der Basis Januar 1977 (Indexstand auf Basis 1976: 102,2) zu berechnen, muß man 108,3 in Prozent von 102,2 ausdrücken:

$$(1) \qquad \frac{108{,}3 \cdot 100}{102{,}2} = 106{,}0 \,.$$

Der Index für Januar 1979 auf Basis Januar 1977 (= 100) beträgt also 106,0 ."

Ist der auf die beschriebene Weise berechnete Preisindex für die Lebenshaltung für Januar 1979 auf Basis Januar 1977 (=100) ein Preisindex nach LASPEYRES bzw. PAASCHE zur Basis Januar 1977 ?

LÖSUNG:

Der Preisindex für die Lebenshaltung ist ein LASPEYRES-Index, dessen Wert (108,3) für Januar 1979 zur Basis 1976 (= 100) aus einer Formel der Gestalt $(\Sigma p_{79}q_{76} / \Sigma p_{76}q_{76})\,100$ resultiert. Entsprechend ergibt sich der Indexwert (102,2) für Januar 1977 zur Basis 1976 (= 100) aus: $(\Sigma p_{77}q_{76} / \Sigma p_{76}q_{76})\,100$

Die Berechnungsweise (1) läßt sich dann formal schreiben als:

$$\frac{(\Sigma p_{79}q_{76} / \Sigma p_{76}q_{76})\ 100}{(\Sigma p_{77}q_{76} / \Sigma p_{76}q_{76})\ 100} \cdot 100 = \frac{\Sigma p_{79}q_{76}}{\Sigma p_{77}q_{76}} \cdot 100 .$$

Damit ist (1) zwar ein Preisindex, aber das Gewichtungsschema entspricht weder dem Vorgehen bei PAASCHE noch dem bei LASPEYRES, da die Mengen weder aus dem (neuen) Basisjahr 1977 noch aus dem Berichtsjahr 1979 stammen.

LITERATUR: [2] B 4.2 , B 4.5

ERGEBNIS: Der auf die beschriebene Weise berechnete Index ist zwar ein Preisindex, aber weder mit dem Gewichtungsschema von LASPEYRES noch dem von PAASCHE.

AUFGABE D54

Ein landwirtschaftlicher Betrieb exportierte in den Jahren 1980 und 1983 Gerste und Hafer; Mengen und Preise sind Tab.1 zu entnehmen:

Warengruppe	Ware	Menge (in 1 000 t) 1980	1983	Preis (DM/t) 1980	1983
Gerste	Saatgerste	50	60	600	650
	Braugerste	80	140	400	500
	andere Gerste	70	50	200	420
Hafer	Saathafer	20	40	350	425
	anderer Hafer	40	50	305	308

a) Um wieviel Prozent hat sich der Gesamtwert der exportierten 5 Waren von 1980 bis 1983 verändert ?

b) Um wieviel Prozent hat sich das Exportvolumen von 1980 bis 1983 verändert, wenn man die Preise von 1980 zugrunde legt ?

c) Um wieviel Prozent haben sich von 1980 bis 1983 die Preise der exportierten Waren im Durchschnitt verändert, wenn man die 1980 exportierten Mengen zugrunde legt ?

d) Berechnen Sie für die durchschnittliche Preisentwicklung der beiden Warengruppen den PAASCHE-Index der Durchschnittswerte für 1983 zur Basis 1980 .

LÖSUNG:

a) Der Gesamtwert der 1980 bzw. 1983 exportierten Waren ist

$$\Sigma p_{80}q_{80} = 600\cdot 50 + 400\cdot 80 + 200\cdot 70 + 350\cdot 20 + 305\cdot 40 = 95\,200\,,$$

$$\Sigma p_{83}q_{83} = 650\cdot 60 + 500\cdot 140 + 420\cdot 50 + 425\cdot 40 + 308\cdot 50 = 162\,400\,.$$

Zu berechnen ist also

$$\frac{\Sigma p_{83}q_{83} - \Sigma p_{80}q_{80}}{\Sigma p_{80}q_{80}}\,100 = \left(\frac{\Sigma p_{83}q_{83}}{\Sigma p_{80}q_{80}} - 1\right)100$$

$$= \left(\frac{162\,400}{95\,200} - 1\right)100 = 70{,}6\,.$$

b) Das Exportvolumen zu den Preisen von 1980 betrug im Jahre 1980 bzw. 1983

$\Sigma q_{80}p_{80} = 95\,200$ (siehe Lösung zu a));

$$\Sigma q_{83}p_{80} = 60\cdot 600 + 140\cdot 400 + 50\cdot 200 + 40\cdot 350 + 50\cdot 305 = 131\,250\,.$$

Die Veränderung beträgt also

$$\frac{\Sigma q_{83}p_{80} - \Sigma q_{80}p_{80}}{\Sigma q_{80}p_{80}}\,100 = \left(\frac{\Sigma q_{83}p_{80}}{\Sigma q_{80}p_{80}} - 1\right)100$$

$$= \left(\frac{131\,250}{95\,200} - 1\right)100 = 37{,}9\,.$$

c) Legt man die Mengen des Jahres 1980 zugrunde, so wird die durchschnittliche Preisentwicklung von 1980 bis 1983 durch den Preisindex nach LASPEYRES

$$P_L = \frac{\Sigma p_{83}q_{80}}{\Sigma p_{80}q_{80}}\,100$$

beschrieben. Mit

$$\Sigma p_{83}q_{80} = 650\cdot 50 + 500\cdot 80 + 420\cdot 70 + 425\cdot 20 + 308\cdot 40 = 122\,720\,,$$

$\Sigma p_{80}q_{80} = 95\,200$ (siehe Lösung zu a))

hat man

$$P_L = \frac{122\,720}{95\,200} 100 = 128{,}9 .$$

Die Veränderung beträgt also 28,9 %.

d) Der PAASCHE-Index der Durchschnittswerte ist definiert durch

$$\frac{\Sigma \bar{p}_{83} Q_{83}}{\Sigma \bar{p}_{80} Q_{83}} 100 .$$

Hierin sind

Q_{83} die Gesamtmenge je Warengruppe im Jahre 1983;

$\bar{p}_{80}$ bzw. $\bar{p}_{83}$ der Durchschnittspreis für 1 t der betreffenden Warengruppe im Jahre 1980 bzw. 1983.

Für die Warengruppe Gerste hat man:

$$Q_{83} = \Sigma q_{83} = 60 + 140 + 50 = 250 \text{ [t]} ,$$

$$\bar{p}_{80} = \frac{\Sigma p_{80} q_{80}}{\Sigma q_{80}} = \frac{600 \cdot 50 + 400 \cdot 80 + 200 \cdot 70}{50 + 80 + 70} = 380 \text{ [DM/t]} ,$$

$$\bar{p}_{83} = \frac{\Sigma p_{83} q_{83}}{\Sigma q_{83}} = \frac{650 \cdot 60 + 500 \cdot 140 + 420 \cdot 50}{60 + 140 + 50} = 520 \text{ [DM/t]} .$$

Entsprechend erhält man für die Warengruppe Hafer:

$$Q_{83} = 90 \text{ [t]} ; \quad \bar{p}_{80} = 320 \text{ [DM/t]} ; \quad \bar{p}_{83} = 360 \text{ [DM/t]} .$$

Damit ergibt sich

$$\frac{\Sigma \bar{p}_{83} Q_{83}}{\Sigma \bar{p}_{80} Q_{83}} 100 = \frac{520 \cdot 250 + 360 \cdot 90}{380 \cdot 250 + 320 \cdot 90} 100 = \frac{162\,400}{123\,800} 100 = 131{,}2 .$$

BEMERKUNG: Im Rahmen der Außenhandelsstatistik der Bundesrepublik werden neben LASPEYRES-Preisindizes der Ein- bzw. Ausfuhr auch PAASCHE-Indizes der Durchschnittswerte berechnet, und zwar der "Index der Einfuhrdurchschnittswerte" und der "Index der Ausfuhrdurchschnittswerte". Im Gegensatz zu den LASPEYRES-Preisindizes, die nur reine Preisänderungen erfassen sollen, werden in den PAASCHE-Durchschnittswertindizes die ständig wechselnden tatsächlich im- bzw. exportierten Mengen und preisbeeinflussende Faktoren wie z.B.

"- Qualitätsänderungen bei gleichartigen Produkten,
- Sortimentsänderungen innerhalb von Warenarten,
- durch Verschiebungen in der Länderstruktur bedingte Preis- und Transportkostenänderungen,
- Änderungen der Zahlungs- und Lieferbedingungen,
- Wechsel in den Handelsstufen der Kontrahenten" ([25]S.688)

wiedergegeben.

LITERATUR: [2] B 4.2 ; [24] S.344 - 346 ; [25]

ERGEBNIS: Die prozentualen Veränderungsraten betragen im Falle

a) 70,6 %
b) 37,9 %
c) 28,9 % .

d) Für den Index der Durchschnittswerte erhält man: 131,2 .

Bevölkerungs- und Wirtschaftsstatistik

AUFGABE B1

Für welche der folgenden Merkmale kommt die Erhebung bei den Haushalten bzw. den Haushaltsmitgliedern im Rahmen einer Volkszählung in Betracht?

A = Geschlecht der Haushaltsmitglieder

B = Alter der Haushaltsmitglieder

C = Familienstand der Haushaltsmitglieder

D = Art der religiösen Überzeugung der Haushaltsmitglieder

E = Anzahl der Auslandsreisen der Haushaltsmitglieder

F = Staatsangehörigkeit der Haushaltsmitglieder

G = Ausgeübter Beruf der Haushaltsmitglieder

H = Umfang der Erwerbstätigkeit der Haushaltsmitglieder

I = Stimmverhalten der Haushaltsmitglieder bei der letzten Bundestagswahl

J = Haushaltseinkommen

LÖSUNG:

Da ein öffentliches Interesse daran besteht, daß politische Entscheidungsträger Grundinformationen über wichtige Größen erhalten, besteht bei den meisten Befragungen der amtlichen Statistik Auskunftspflicht (wobei zugesichert wird, daß Einzelangaben geheimgehalten werden). Da solche Befragungen Eingriffe in verfassungsmäßig gesicherte persönliche Rechte darstellen, erfordern sie eine gesetzliche Grundlage. Diese enthält unter anderem die zu erhebenden Merkmale. Als

Erhebungsmerkmale kommen natürlich nur Merkmale in Betracht, für die sich ein hinreichend großes öffentliches Interesse begründen läßt. Das ist sicher für die Merkmale A, B, C, F, G und H gegeben.

Für Merkmal D muß ein berechtigtes öffentliches Interesse bestritten werden. Es bestehen auch Bedenken wegen des Eindringens in die Privatsphäre. Die amtliche Statistik beschränkt sich deshalb darauf, unter dem Merkmal "Religionszugehörigkeit" nur die rechtliche Zugehörigkeit zu einer Kirche, Religionsgesellschaft oder Weltanschauungsgemeinschaft zu erfassen (vgl. [22] S. 50). Dessenungeachtet würde bei Merkmal D schon die Festlegung von konkreten Merkmalsausprägungen prinzipielle Schwierigkeiten bereiten. Zudem wäre der Wahrheitsgehalt der Antworten fragwürdig.

Bei Merkmal E kann ein hinreichend großes öffentliches Interesse kaum begründet werden. Die Erhebung von I würde dem grundgesetzlich garantierten Recht auf geheime Wahl widersprechen.

Wegen der mit der Erhebung und Interpretation von J verbundenen Probleme erscheint J als Erhebungsmerkmal unzweckmäßig: Bruttoeinkommen sind infolge der unterschiedlichen Belastung der Haushalte durch Steuern und Sozialabgaben wenig aussagekräftig und die Höhe der Nettoeinkommen liegt zum Teil (gerade bei den höheren Einkommen) erst nach Jahren fest. Zudem ist zu befürchten, daß bestimmte Einkommensteile nicht angegeben werden.

LITERATUR: [2] A 3.1, A 3.5 bis A 3.7

ERGEBNIS: In Betracht kommen die Merkmale A, B, C, F, G und H, mit Einschränkungen auch J.

AUFGABE B2

Bei der Erhebung von Daten können Ziel- und Realgesamtheit, wie in Abb. 1 dargestellt, auseinanderfallen ("Coverage-Problem").

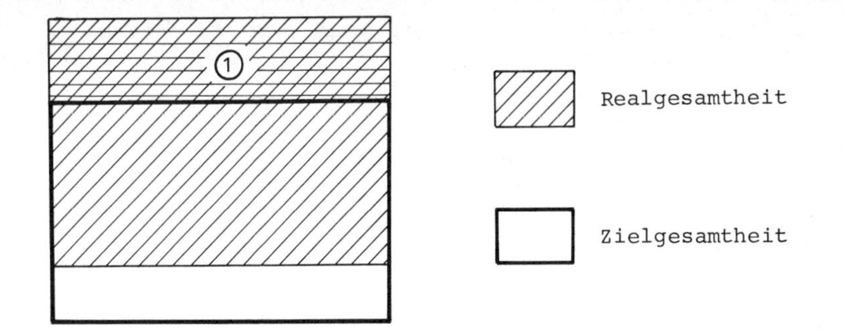

Abb.1

Der in Abb.1 mit (1) bezeichnete waagrecht schraffierte Teil der Realgesamtheit stellt dar:

A: Auslassungen im Erhebungsplan, d.h. konzeptgerechte Einheiten, die im Erhebungsplan nicht erfaßt sind

B: Ausfälle im Erhebungsprozeß

C: Tatsächlich erhobene konzeptgerechte Einheiten

D: Erfaßte Erhebungseinheiten, die nicht dem Konzept entsprechen

E: Doppelterfaßte konzeptgerechte Einheiten

LÖSUNG:

Zielgesamtheit einer Erhebung nennt man die Menge aller Einheiten, die nach dem Erhebungskonzept zu erheben sind. Die Realgesamtheit wird demgegenüber von den Einheiten gebildet, die tatsächlich erhoben werden.

In Abb.1 bezeichnet (1) offenbar genau die Einheiten der Realgesamtheit, die nicht zur Zielgesamtheit gehören. Diese Menge ist in Aussage D beschrieben.

A beschreibt die zur Zielgesamtheit, nicht jedoch zur Realgesamtheit gehörenden Einheiten. C beschreibt die sowohl zur Ziel- als auch zur Realgesamtheit gehörenden Einheiten. E ist eine Teilmenge von C. Die in A , C und E beschriebenen Einheiten gehören also alle zur Zielgesamtheit, können daher in (1) nicht auftreten.

Da ① nur Einheiten der Realgesamtheit - also nur tatsächlich erhobene Einheiten - enthält, kann keine der in B beschriebenen Einheiten zu ① gehören.

LITERATUR: [2] A 2.3

ERGEBNIS: Die mit ① bezeichneten Einheiten der Realgesamtheit werden in D beschrieben.

AUFGABE B3

Für die amtliche Statistik gilt in der Bundesrepublik überwiegend das Prinzip der "fachlichen Zentralisierung". Welche der folgenden Statistiken werden entgegen diesem Prinzip nicht von den Statistischen Ämtern geführt ?

A = Bankstatistische Gesamtrechnung

B = Arbeitslosenstatistik

C = Statistik der natürlichen Bevölkerungsbewegung

D = Statistik der Verbraucherpreise

E = Einkommens- und Verbrauchsstichprobe

F = Außenhandelsstatistik

G = Statistik des Kfz-Bestandes

LÖSUNG:

A wird von den Landeszentralbanken bzw. der Deutschen Bundesbank geführt.
B wird von den Arbeitsämtern bzw. der Bundesanstalt für Arbeit geführt.

C , D , E und F werden von Institutionen der amtlichen Statistik geführt.
G wird vom Kraftfahrt-Bundesamt geführt.

LITERATUR: [2] A 3.2

ERGEBNIS: Die unter A , B und G genannten Statistiken werden nicht von den Statistischen Ämtern geführt.

AUFGABE B4

Welche der folgenden Aussagen zu den Organisationsprinzipien der amtlichen Statistik der Bundesrepublik sind richtig ?

A: "Regionale Zentralisierung" besagt, daß für die Durchführung amtlicher statistischer Aufgaben - von der Registrierung eines Informationsbedarfs bis zu seiner Deckung - statistische Fachbehörden des Bundes und der Länder zuständig sind.

B: "Fachliche Zentralisierung" besagt, daß für jede statistische Erhebung eine zentrale gesetzliche Grundlage geschaffen werden muß.

C: "Fachliche Zentralisierung" begünstigt die Einheitlichkeit und Kombinierbarkeit der Statistik.

D: "Fachliche Dezentralisierung" erleichtert die Verwendung der Statistik durch die fachlichen Regierungs- und Verwaltungsorgane.

E: "Regionale Dezentralisierung" erleichtert es, regionalen Informationsbedarf zu decken.

F: Das "Legalitätsprinzip" besagt, daß private Organisationen Befragungen nur dann durchführen dürfen, wenn dafür eine gesetzliche Grundlage geschaffen wurde.

G: Das Prinzip der Geheimhaltung von Einzelangaben bedeutet, daß Daten für einzelne Einheiten veröffentlicht werden dürfen, allerdings ohne Nennung des Namens der Einheit.

LÖSUNG:

Aussage A ist falsch. In A wird das Prinzip der "fachlichen Zentralisierung" beschrieben. Dieses ist demnach durch Aussage B falsch wiedergegeben.

Die Aussagen C und D sind richtig. Bei fachlicher Zentralisierung lassen sich Statistiken verschiedener Bereiche leichter vereinheitlichen bzw. aufeinander abstimmen. Andererseits kann fachliche Zentralisierung dazu führen, daß der spezifische Informationsbedarf einzelner Behörden nicht mehr gedeckt wird. Bei fachlicher Dezentralisierung, d.h. wenn die einzelnen Regierungs- und Verwaltungsorgane ihren gesamten Informationsbedarf durch eigene statistische Abteilungen decken, besteht dieses Problem nicht.

Aussage E ist richtig. Die Vertrautheit der Statistischen Landesämter mit den jeweiligen örtlichen Gegebenheiten erleichtert die Befriedigung des regionalen Informationsbedarfs.

Aussage F ist falsch. Von privaten Organisationen durchgeführte Befragungen bedürfen keiner gesetzlichen Grundlage; es besteht aber auch keine Auskunftspflicht. Dagegen erfordert jede Erhebung der amtlichen Statistik nach dem Legalitätsprinzip eine gesetzliche Grundlage. Allerdings besteht bei Erhebungen der amtlichen Statistik fast immer Auskunftspflicht.

Aussage G ist falsch. Daten einzelner Merkmalsträger dürfen von der amtlichen Statistik nicht veröffentlicht werden. In den Veröffentlichungen der amtlichen Statistik finden sich nur die zusammengefaßten Daten von jeweils mindestens drei Merkmalsträgern. Namen dürfen in keinem Fall genannt werden.

LITERATUR: [2] A 3.1 bis A 3.7 ; [18] S.22 - 27; S. 399 - 415

ERGEBNIS: Die Aussagen C , D und E sind richtig.

AUFGABE B5

Das Statistische Bundesamt will für einen Wirtschaftszweig, in dem der Gesamtumsatz aller Unternehmen 2 000 Mill. DM beträgt, die absolute Konzentration der Umsätze für die 5 umsatzstärksten Unternehmen darstellen. Von diesen 5 Unternehmen erhält das Bundesamt folgende Daten (vgl. Tab.1):

Tab.1

Unternehmen Nr. i	Umsatz des Unternehmens Nr. i (in Mill. DM)
1	120
2	360
3	80
4	160
5	280
	1 000

Welche der folgenden Abbildungen stellt die absolute Umsatzkonzentration für den Bereich der 5 umsatzstärksten Unternehmen in einer zur Veröffentlichung durch das Statistische Bundesamt geeigneten Form dar ?

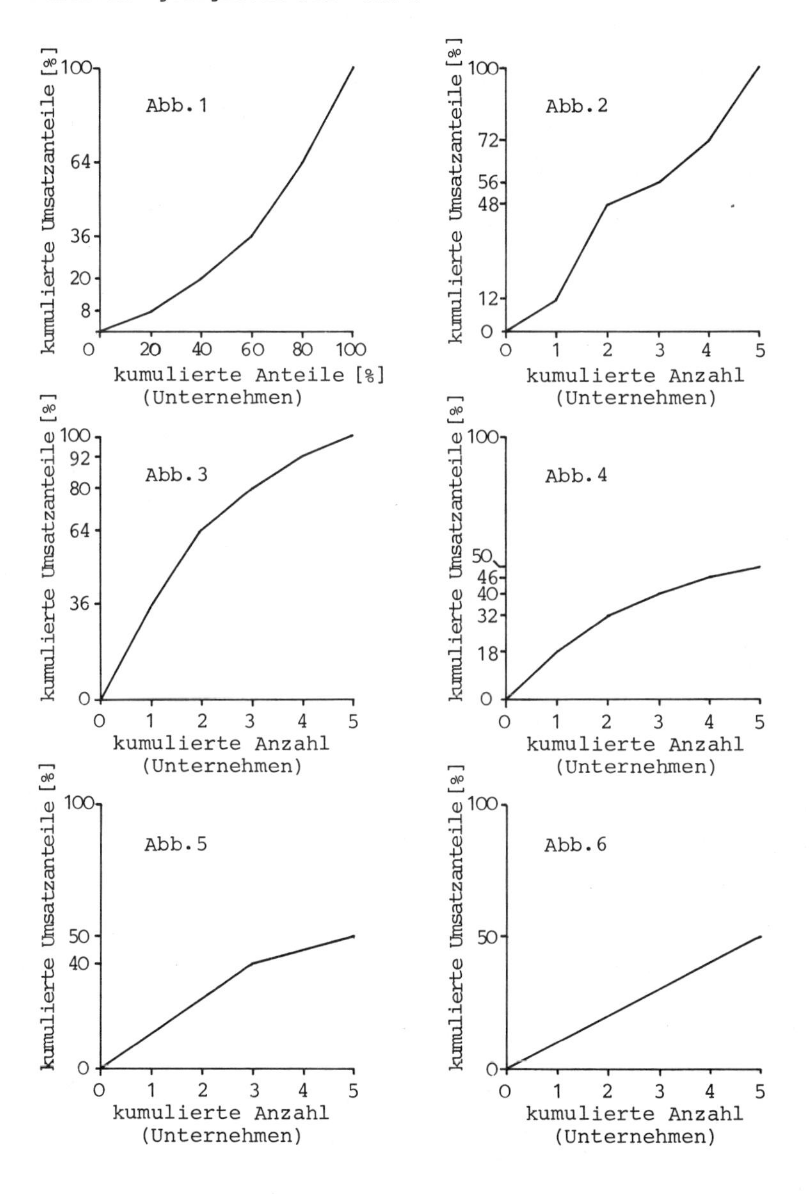

LÖSUNG:

Abb.1 zeigt die Lorenzkurve für den Umsatz der 5 Unternehmen. Sie stellt also die relative Umsatzkonzentration dieser 5 Unternehmen dar.

Demgegenüber findet man die Darstellung der absoluten Konzentration, indem man die Unternehmen zunächst nach absteigender Umsatzhöhe anordnet und dann die zugehörigen kumulierten Umsatzanteile (gemessen am Gesamtumsatz 2 000 Mill. DM des Wirtschaftszweigs) ermittelt, vgl. Tab.2 .

Tab.2

(1) Unternehmen Nr. i	(2) kumulierte Anzahl (Unternehmen)	(3) Umsatz	(4) kumulierter Umsatz	(5) kumulierte Umsatzanteile
2	1	360	360	0,18
5	2	280	640	0,32
4	3	160	800	0,40
1	4	120	920	0,46
3	5	80	1 000	0,50
⋮	⋮	⋮	⋮	⋮
		2 000		

Trägt man die Werte von Spalte (5) über den kumulierten Anzahlen der Spalte (2) auf, und verbindet die entsprechenden Punkte durch einen Streckenzug, so erhält man die Kurve der absoluten Konzentration für den Bereich der 5 umsatzstärksten Unternehmen, die in Abb.4 dargestellt ist.

Tab.2 zeigt, daß in diesem Wirtschaftszweig die 5 umsatzstärksten Unternehmen mit 50 % am Gesamtumsatz beteiligt sind, während alle anderen Unternehmen des Wirtschaftszweigs insgesamt ebenfalls 50 % des Gesamtumsatzes erzielen. Daher ist die Darstellung in Abb.3 falsch.

Abb.2 enthält zwei Fehler. Zum einen sind die Unternehmen nicht nach Umsatzhöhe geordnet, sondern gemäß der Numerierung in Tab.1 , zum anderen wird der Gesamtumsatz der 5 Unternehmen gleich 100 % gesetzt.

Gegenüber der Darstellung in Abb.4 sind in Abb.5 und Abb.6 nicht die (kumulierten) Umsatzanteile der einzelnen Unternehmen dargestellt, sondern zusammengefaßte Angaben.

Dabei sind in Abb.5 jeweils die Daten der drei umsatzstärksten und der beiden nächst umsatzstärksten Unternehmen zusammengefaßt und in Abb.6 die Daten der fünf umsatzstärksten Unternehmen.

Demnach geben die Abb.5 und 6 die absolute Konzentration im Bereich der 5 umsatzstärksten Unternehmen bis auf Informationsverluste über die Einzelwerte richtig wieder. Da von der amtlichen Statistik nur zusammengefaßte Daten von jeweils mindestens 3 Merkmalsträgern veröffentlicht werden dürfen (vgl. Aufgabe B4), kommt nur Abb.6, nicht aber Abb.4 oder Abb.5 zur Veröffentlichung in Frage.

LITERATUR: [2] B 1.5.7 ; [18] S.24 - 26

ERGEBNIS: Nur Abb.6 ist zur Veröffentlichung durch das Statistische Bundesamt geeignet.

AUFGABE B6

Welcher der Arbeitsgänge A bis E ist vor allen anderen durchzuführen, wenn eine Analyse der Verkehrsunfälle in Mannheim vorbereitet werden soll ?

A = Ausarbeitung eines Fragebogens

B = Festlegung des Zeitrahmens für die einzelnen Phasen der Untersuchung

C = Durchführung einer Erhebung zur Gewinnung von Datenmaterial

D = Konkretisierung der Aufgabenstellung in sachlicher, räumlicher und zeitlicher Hinsicht

E = Auswahl der für die Analyse nötigen Merkmale

LÖSUNG:

Der Arbeitsgang D ist vor allen anderen genannten durchzuführen, da alle anderen Arbeitsgänge D voraussetzen.

LITERATUR: [2] A 4.1 ; [18] S. 41 ff.

ERGEBNIS: Der Arbeitsgang D ist vor allen anderen genannten Arbeitsgängen durchzuführen.

AUFGABE B7

Die amtliche Statistik verwendet im Bereich des Produzierenden Gewerbes als Erhebungseinheiten unter anderem Unternehmen mit (20 und mehr Beschäftigten) sowie deren fachliche und örtliche Einheiten. Welche der folgenden Aussagen sind für diese Einheiten immer richtig ?

A: Die örtlichen Unternehmensteile sind die kleinsten rechtlich selbständigen, selbstbilanzierenden Einheiten.

B: Auf die Daten der Bilanz und der Gewinn- und Verlustrechnung der örtlichen Unternehmensteile kann für statistische Erhebungen zurückgegriffen werden.

C: Örtliche Unternehmensteile erbringen immer nur firmeninterne Lieferungen und Leistungen.

D: Örtliche Unternehmensteile werden durch Zusammenfassung gleichartiger Funktionen eines Unternehmens gebildet.

E: Für die Beschäftigtenzahl eines Wirtschaftszweigs erhält man das gleiche Ergebnis, unabhängig davon, ob man als Erhebungseinheiten fachliche oder örtliche Unternehmensteile wählt.

F: Für die Beschäftigtenzahl eines Wirtschaftszweigs erhält man das gleiche Ergebnis, unabhängig davon, ob man als Erhebungseinheiten Unternehmen oder örtliche Unternehmensteile wählt.

LÖSUNG:

Aussage A ist falsch. In A wird nicht die örtliche Einheit, sondern das Unternehmen beschrieben. A ist nur richtig im Fall des "Einbetriebsunternehmens", d.h. wenn örtliche Einheit und Unternehmen identisch sind.

Aussage B ist falsch. Örtliche Unternehmensteile, die nicht rechtlich selbständig sind, erstellen im allgemeinen keinen Jahresabschluß.

Aussage C ist falsch, denn örtliche Unternehmensteile können durchaus Marktlieferungen und -leistungen erbringen.

Aussage D ist falsch, da hier die sog. "fachlichen Unternehmensteile" beschrieben werden.

Aussage E ist falsch. Verwendet man die fachlichen Unternehmensteile als Erhebungseinheiten, so werden nur die Beschäftigten der fachlichen Einheit gezählt, die zu dem betreffenden Wirtschaftszweig gehören. Diese Beschäftigten sind also alle in dem betreffenden Wirtschaftszweig tätig. Verwendet man die örtlichen Unternehmensteile als Erhebungseinheiten, so ordnet man alle Beschäftigten des Unternehmensteils (Betrieb bzw. Arbeitsstätte) gemäß dem "Schwerpunktprinzip" demjenigen Wirtschaftszweig zu, in dem der Schwerpunkt der Wertschöpfung der örtlichen Einheit liegt.

Aussage F ist falsch. Für die beiden genannten Einheiten gilt, daß die Zuordnung zu einem Wirtschaftszweig nach dem Schwerpunktprinzip erfolgt. Es ist jedoch möglich, daß die Schwerpunkte der örtlichen Einheiten zumindest zum Teil vom Unternehmensschwerpunkt abweichen. Auf Betriebsebene werden auch industrielle Betriebe (mit mindestens 20 Beschäftigten) von Unternehmen außerhalb des Produzierenden Gewerbes erfaßt, deren Beschäftigte bei Erhebung auf Unternehmensebene im Produzierenden Gewerbe unberücksichtigt bleiben.

LITERATUR: [2] C 1.2 ; [15]

ERGEBNIS: Keine der Aussagen ist richtig.

AUFGABE B8

Welche der folgenden Aussagen sind richtig ?

Die "Systematik der Wirtschaftszweige"

A: soll bei den Volkszählungen eine sinnvolle Gliederung aller Erwerbstätigen nach Berufen ermöglichen;

B: dient als Grundsystematik für alle Statistiken, bei denen für alle oder einzelne Sektoren die am ökonomischen Prozeß beteiligten Institutionen erfaßt und gegliedert werden;

C: dient ausschließlich zur Gliederung des Sektors "Unternehmen" in den Volkswirtschaftlichen Gesamtrechnungen;

D: gliedert unter anderem auch die Sektoren "Gebietskörperschaften" und "Sozialversicherung";

E: dient zur Gliederung von Waren und Dienstleistungen;

F: wird bei den Statistiken im Produzierenden Gewerbe in einer für diesen Fachbereich geeigneten Form verwendet.

LÖSUNG:

Aussage A ist falsch. Einer Gliederung der Erwerbstätigen nach Berufen sollte sinnvollerweise eine entsprechende Systematik der Berufe zugrunde liegen.

Aussage B ist richtig. B umreißt den Zweck der Systematik der Wirtschaftszweige.

Aussage F ist richtig, denn in F wird die Systematik der Wirtschaftszweige, Fassung für die Statistik im Produzierenden Gewerbe - SYPRO - angesprochen.

Aussage C ist falsch, da die Anwendung der Systematik weder auf die Volkswirtschaftlichen Gesamtrechnungen noch auf die Unternehmen beschränkt ist.

Aussage D ist richtig, denn die Systematik der Wirtschaftszweige enthält die beiden genannten Sektoren unter Ziffer 9.

Aussage E ist falsch. Zur Gliederung von Waren und Dienstleistungen verwendet man entsprechende Systematiken wie z.B. das Systematische Güterverzeichnis für Produktionsstatistiken oder das Warenverzeichnis für die Außenhandelsstatistik.

LITERATUR: [2] A 2.4 , C 1.3

ERGEBNIS: Die Aussagen B , D und F sind richtig.

AUFGABE B9

In dem folgenden Ausschnitt aus einer Querschnitts-Sterbetafel bedeuten:

l_i : Überlebende im Alter i ;

d_i : Sterbefälle während eines Jahres im Alter i bis unter $i+1$;

q_i : Sterbewahrscheinlichkeit im Alter i bis unter $i+1$.

Vollendetes Alter i	l_i	d_i	q_i
0	100 000	2 600	0,02600
1	97 400	151	0,00155
2	97 249	97	0,00100
3	97 152	85	0,00088
4	97 067	78	0,00080
5	96 989	71	0,00073

Wie werden für $i=0,1,\ldots,5$ die Zahlen dieser 3 Spalten ermittelt ?

A: Die Zahlen der Spalte q_i sind empirisch ermittelt. Mit dem vorgegebenen $l_0 = 100\,000$ erhält man die übrigen Daten durch

$$d_i = l_i \cdot q_i \quad \text{und} \quad l_{i+1} = l_i - d_i \ ;$$

B: Die Zahlen der Spalte q_i sind empirisch ermittelt. Mit dem vorgegebenen $l_0 = 100\,000$ erhält man die übrigen Daten durch

$$d_i = l_i(1-q_i) \quad \text{und} \quad l_{i+1} = l_0 + d_i \cdot q_i \ ;$$

C: Vorgegeben sind l_i sowie q_0. Die übrigen Daten erhält man durch

$$q_i = q_0/l_i \quad \text{und} \quad d_i = l_i \cdot q_i \ ;$$

D: Vorgegeben sind l_i sowie q_0. Die übrigen Daten erhält man durch

$$q_i = l_i(1-q_0) \quad \text{und} \quad d_i = l_i \cdot q_i \ .$$

LÖSUNG:

Für die Erstellung von Querschnitts-Sterbetafeln werden aus den Sterbehäufigkeiten mehrerer Jahre zunächst die altersspezifischen Sterbewahrscheinlichkeiten q_i ermittelt. Mit diesen werden, ausgehend von 100 000 Lebendgeborenen, die Größen d_i bzw. l_i nach den in A angegebenen Beziehungen berechnet. Aussage A ist also richtig.

In Aussage B sind zwar die Vorgaben richtig, aber die angegebenen Beziehungen sind falsch.

In den Aussagen C und D stimmen die Vorgaben nicht.

LITERATUR: [2] C 2.4.2 ; [10] ; [13]

ERGEBNIS: Aussage A ist richtig.

AUFGABE B10

Um zu "echten" Sterbewahrscheinlichkeiten q_i $(i = 0,1,\ldots)$ zu gelangen, wird 1980 damit begonnen, abweichend vom sonst üblichen Prinzip der Querschnitts-Sterbetafel eine Längsschnitt- (also Kohorten-) Analyse der Sterblichkeit durchzuführen. Zu diesem Zweck wählt man im Jahr 1980 repräsentativ $l_o = 100\,000$ Lebendgeborene aus und ermittelt jeweils die Zahl d_i der Gestorbenen im Alter i bis unter i+1 $(i = 0,1,\ldots)$. Mit l_i = Zahl der Überlebenden im Alter i rechnet man nach den üblichen Rekursionsformeln

$$l_{i+1} = l_i - d_i \quad , \quad q_i = d_i/l_i \qquad i = 0,1,\ldots$$

Gehen Sie davon aus, daß die Tafel beendet werden kann, ohne daß die Kohorte durch außergewöhnliche Ereignisse (wie z.B. Katastrophen und Kriege) Sondereinflüssen bezüglich der Sterblichkeit unterliegt. Welche Schwierigkeiten ergeben sich nach Abschluß der Tafelrechnung bei der praktischen Verwendung der so gewonnenen Sterbetafel ?

LÖSUNG:

Das Hauptproblem bei der Verwendung der so gewonnenen Sterbewahrscheinlichkeiten besteht darin, daß zwischen Beginn und Abschluß der Rechnung ca. 100 Jahre liegen, die Tafel also erst etwa im Jahr 2080 abgeschlossen sein wird. Entnimmt man dieser Tafel im Jahr 2080 die Sterbewahrscheinlichkeit z.B. für 0jährige, so ist zu bedenken, daß dieser Wert das Sterblichkeitsrisiko von 0jährigen unter den Lebensbedingungen von 1980 wiedergibt. Ein 0jähriger des Jahres 2080 dürfte jedoch ganz anderen Lebensbedingungen unterliegen, so daß für die Einschätzung seines Sterberisikos die Daten von 1980 wenig Aussagekraft besitzen.

LITERATUR: [2] C 2.4.2.2

ERGEBNIS: Siehe Lösung

AUFGABE B11

Zur Berechnung einer Sterbetafel geht man von folgenden Sterbewahrscheinlichkeiten aus:

Vollendetes Alter i	q_i = Sterbewahrscheinlichkeit vom Alter i bis unter i+1
0	0,05
1	0,04
2	0,01
3	0,01

Bezeichne l_i die Zahl der Überlebenden im Alter i , $i = 0,1,...$
Wie groß ist l_3 , wenn man von $l_o = 100\,000$ ausgeht ?

LÖSUNG:

Es ist $l_i = l_o(1 - q_o) \dots (1 - q_{i-1})$. Demnach ist

$$l_3 = 100\,000 \cdot (1-0,05) \cdot (1-0,04) \cdot (1-0,01) = 90\,288 \; .$$

LITERATUR: [2] C 2.4.2.2

ERGEBNIS: l_3 hat den Wert 90 288 .

AUFGABE B12

Durchschnittlich wieviele von 100 000 Knaben mit vollendetem 5. Lebensjahr vollenden das 8. Lebensjahr, wenn man folgenden Sterbetafelausschnitt zugrunde legt ?

Vollendetes Alter i	Überlebende im Alter i	Gestorbene im Alter i bis unter i+1	Sterbewahrscheinlichkeit im Alter i bis unter i+1
0	100 000	2 600	0,02600
1	97 400	151	0,00155
2	97 249	97	0,00100
3	97 152	85	0,00088
4	97 067	78	0,00080
5	96 989	71	0,00073
6	96 918	64	0,00066
7	96 854	59	0,00061
8	96 795	54	0,00056
9	96 741	49	0,00051

A = 96 989

B = 96 795

C = $96\,989 \cdot (1 - 0{,}00073) \cdot (1 - 0{,}00066) \cdot (1 - 0{,}00061)$

D = $100\,000 \cdot (1 - 0{,}00073) \cdot (1 - 0{,}00066) \cdot (1 - 0{,}00061)$

E = $\frac{96\,795}{96\,989} \cdot 100\,000$

F = 96 989 - 71 - 64 - 59

G = 100 000 - 71 - 64 - 59

LÖSUNG:

A ist falsch; denn A gibt an, durchschnittlich wieviele von 100 000 lebendgeborenen Knaben das 5. Lebensjahr vollenden.

B ist falsch; denn B gibt an, durchschnittlich wieviele von 100 000 lebendgeborenen Knaben das 8. Lebensjahr vollenden bzw. durchschnittlich wieviele von 96 989 fünfjährigen Knaben das 8. Lebensjahr vollenden.

C ist falsch. $96\,989 \cdot (1 - 0{,}00073) = 96\,918$ gibt an, durchschnittlich wieviele von 96 989 fünfjährigen Knaben das 6. Lebensjahr vollenden. So fortfahrend sieht man, daß der Ausdruck C auf den in B angegebenen Wert 96 795 führt. Der Fehler in C besteht darin, daß man von der falschen Bezugsgröße 96 989 ausgeht; man kommt zum richtigen Ergebnis, wenn man stattdessen von 100 000 ausgeht. D ist also richtig.

Mit D ist auch E richtig; denn das Produkt der Wachstumsfaktoren, also $(1-0{,}00073)\cdot(1-0{,}00066)\cdot(1-0{,}00061)$, ist bekanntlich (vgl. Aufgabe D 38) gleich dem Quotienten aus End- und Anfangsbestand, hier: 96 795/96 989 .

F ist falsch. Vermindert man die Zahl 96 989 der Überlebenden im Alter 5 um die Zahl 71 der im Alter 5 bis unter 6 Gestorbenen, so erhält man die Zahl 96 918 der Überlebenden im Alter 6 usw.. Man erkennt so, daß der Ausdruck F zum Ergebnis B führt. F wäre richtig, wenn man den angegebenen Ausdruck mit dem Faktor 100 000/96 989 multiplizieren würde; vgl. Lösung zu E.

G ist falsch, da zwar die richtige Ausgangsgröße 100 000 verwendet wird, aber die "Abgangszahlen" nicht mit dem Faktor 100 000/96 989 korrigiert sind.

LITERATUR: [2] C 2.4.2

ERGEBNIS: Der gesuchte Zahlenwert ist durch D und E angegeben.

AUFGABE B13

Bezeichne l_i die Anzahl der Überlebenden im Alter i $(i=0,1,\ldots)$, ausgehend von $l_0 = 100\,000$ lebendgeborenen Knaben. Dann berechnet sich die durchschnittliche fernere Lebenserwartung E_x eines x-jährigen Mannes nach der Formel:

$$E_x = \frac{1}{l_x}\sum_{i=x+1}^{\infty} l_i + \frac{1}{2} .$$

Wie groß ist die durchschnittliche fernere Lebenserwartung eines 97jährigen Mannes gemäß folgendem Auszug aus einer Sterbetafel ?

i	95	96	97	98	99	100
l_i	600	378	200	102	42	26

$$\sum_{i=101}^{\infty} l_i = 40 .$$

LÖSUNG:

Man erhält für $x = 97$:

$$E_{97} = \frac{1}{200}(102 + 42 + 26 + 40) + \frac{1}{2} = 1{,}55 .$$

BEMERKUNG: Die angegebene Formel für die durchschnittliche fernere Lebenserwartung E_x kommt auf folgende Weise zustande:

Von den l_i Überlebenden im Alter i vollenden l_{i+1} das Alter i+1, d.h. $l_i - l_{i+1}$ sterben vor Vollendung des Alters i+1. Daher ist

$$l_{i+1} + \frac{1}{2}(l_i - l_{i+1}) = \frac{1}{2}(l_i + l_{i+1})$$

näherungsweise die Zahl der Jahre, die von den l_i Überlebenden im Alter i bis zum Alter $i+1$ durchlebt werden. Die von den l_x Überlebenden im Alter x insgesamt noch zu durchlebende Zahl von Jahren ist dann

$$(1) \quad \sum_{i=x}^{\infty} \frac{1}{2}(l_i + l_{i+1}) = \sum_{i=x+1}^{\infty} l_i + \frac{1}{2} l_x .$$

Dividiert man (1) durch l_x, so ergibt sich die Formel für E_x.

LITERATUR: [2] C 2.4.2.3

ERGEBNIS: Es gilt: $E_{97} = 1{,}55$ [Jahre].

AUFGABE B14

In einer Sterbetafel für Männer bezeichne für $i = 0, 1, \ldots$

l_i die Anzahl der Überlebenden im Alter i,

q_i die Sterbewahrscheinlichkeit von Alter i bis unter i+1.

Die durchschnittliche fernere Lebenserwartung E_x eines x-jährigen Mannes berechnet sich nach der Formel:

$$E_x = \frac{1}{l_x} \sum_{i=x+1}^{\infty} l_i + \frac{1}{2} .$$

Wie groß ist E_{98}, wenn man von folgenden Daten ausgeht:

$$l_{98} = 200 ;$$

i	98	99	100	101	102
q_i	0,50	0,50	0,52	0,75	1

LÖSUNG:

Mit den Gleichungen

$$d_i = l_i \cdot q_i$$

$$l_{i+1} = l_i - d_i = l_i(1 - q_i)$$

erhält man mit $l_{98} = 200$:

$$l_{99} = 200 \cdot (1 - 0{,}50) = 100 \ ,$$

$$l_{100} = 100 \cdot (1 - 0{,}50) = 50 \ ,$$

$$l_{101} = 50 \cdot (1 - 0{,}52) = 24 \ ,$$

$$l_{102} = 24 \cdot (1 - 0{,}75) = 6 \ ,$$

$$l_{103} = 6 \cdot (1 - 1) = 0 \ .$$

Mit der angegebenen Formel hat man:

$$E_{98} = \frac{1}{l_{98}} \left[l_{99} + \ldots + l_{103} \right] + \frac{1}{2}$$

$$= \frac{1}{200} \left[100 + 50 + 24 + 6 + 0 \right] + \frac{1}{2} = 1{,}4 \ .$$

LITERATUR: [2] C 2.4.2.3

ERGEBNIS: Die durchschnittliche fernere Lebenserwartung eines 98jährigen Mannes beträgt 1,4 Jahre.

AUFGABE B15

Nach der vom Statistischen Bundesamt veröffentlichten Sterbetafel von 1980 ([13] S.14) beträgt die durchschnittliche fernere Lebenserwartung eines 20jährigen Mannes $E_{20}=51{,}79$ Jahre. Diese Zahl wird beeinflußt durch

A: die 1980 beobachtete Sterblichkeit von 30jährigen Männern;

B: die Sterbewahrscheinlichkeit von im Jahre 1980 20jährigen Männern im Jahre 1990.

LÖSUNG:

Die angegebene Zahl E_{20} berechnet sich aus den Daten der Sterbetafel von 1980 gemäß Aufgabe B 13 . Da dieser Tafel

Sterbewahrscheinlichkeiten zugrunde liegen, die im Jahr 1980 für einen Bevölkerungsquerschnitt beobachtet wurden (vgl. Aufgabe B9), ist Aussage A richtig und Aussage B falsch. Ein 1980 20jähriger hat also eine durchschnittliche fernere Lebenserwartung von 51,79 Jahren nur dann, wenn die Sterbewahrscheinlichkeiten jeder Altersgruppe für sich in der Folgezeit so bleiben wie in der Tafel angegeben. Beispielsweise sollte die Sterbewahrscheinlichkeit in 1990 für 30jährige Männer (also den 20jährigen von 1980) genauso groß sein wie die 1980er Sterbewahrscheinlichkeit für 30-jährige Männer.

LITERATUR: [2] C 2.4.2.3

ERGEBNIS: Aussage A ist richtig.

AUFGABE B16

Eine Sterbetafel für Frauen enthält für die durchschnittliche fernere Lebenserwartung folgende Werte:

Vollendetes Alter i	Durchschnittliche fernere Lebenserwartung im Alter i
0	36,5
5	45,3
10	43,2
15	42,6
20	41,4
25	40,2

Die durchschnittliche Lebenserwartung einer Frau beträgt demnach 36,5 Jahre. Folgt daraus, daß Kinder, deren Mutter bei der Geburt 20 Jahre alt ist, durchschnittlich im Alter von 16,5 (=36,5 - 20) Jahren mütterlicherseits verwaist sind?

LÖSUNG:

Die Folgerung ist falsch. Die Lebenserwartung von 36,5 Jahren bezieht sich auf neugeborene Mädchen, die (wie man der Tabelle entnehmen kann) bis zur Vollendung des 5. Lebensjahres offenbar einem hohen Säuglings- und Kindersterblichkeitsrisiko unterliegen; denn 5jährige erreichen laut obiger

Tabelle im Durchschnitt ein Gesamtlebensalter von 5 + 45,3 = 50,3 Jahren. Entsprechend gilt für 20jährige (Mütter), daß sie im Durchschnitt noch 41,4 Lebensjahre vor sich haben. Kinder von 20jährigen verwaisen demnach mütterlicherseits durchschnittlich im Alter von 41,4 Jahren, sofern sie ihre Mutter überleben.

BEMERKUNG: Diesem Resultat liegt die Annahme zugrunde, daß sich die Sterbewahrscheinlichkeiten in den nächsten Jahrzehnten nicht ändern. Denn die Aussage basiert auf Daten, die zum Berechnungszeitpunkt der Sterbetafel, nicht aber unbedingt in der Folgezeit gültig sind (vgl. Aufgabe B 15).

LITERATUR: [2] C 2.4.2.3

ERGEBNIS: Die Folgerung ist falsch.

AUFGABE B17

In der Bundesrepublik waren in den vergangenen Jahrzehnten im Durchschnitt von 100 Lebendgeborenen 51,5 Jungen und 48,5 Mädchen. Dieser Männerüberschuß wird infolge der in allen Altersgruppen bei Männern gegenüber Frauen größeren Sterbewahrscheinlichkeit bis zum Lebensalter 20 abgebaut und es entsteht ein Frauenüberschuß.

Wie erklärt sich unter diesen Umständen, daß die Alterspyramide der Wohnbevölkerung der Bundesrepublik vom 31.12.1981 für alle Altersgruppen bis zum Alter von 54 Jahren einen Männerüberschuß ausweist (vgl. [22] S. 63)?

LÖSUNG:

In der Altersverteilung einer Wohnbevölkerung spiegeln sich - neben den Geburten und Sterbefällen - auch die Wanderungseinflüsse wider. Der in der Altersgruppe der 21- bis 54jährigen Männer zu beobachtende Männerüberschuß resultiert vor allem aus der Zuwanderung von mehr männlichen als weiblichen Ausländern.

ERGEBNIS: Siehe Lösung

AUFGABE B18

Welche der folgenden Verhältniszahlen sind für den Strukturvergleich der Geburtenzahlen von zwei Ländern im Jahre 1983 die beiden sinnvollsten?

A = Anzahl der Lebendgeborenen/Wohnbevölkerung

B = Anzahl der Lebendgeborenen/Anzahl der Frauen

C = Anzahl der Lebendgeborenen/Anzahl der Frauen im gebärfähigen Alter

D = Anzahl der Lebendgeborenen im Jahre 1983 bezogen auf die jeweilige Zahl der Lebendgeborenen im Jahre 1970

E = Altersspezifische Geburtenziffern

F = Anteil der Lebendgeborenen, die auf Mütter im Alter i ($i = 15,\dots,49$) entfallen.

LÖSUNG:

Verhältniszahl ist der Oberbegriff für Beziehungs-, Gliederungs- und Meßzahl. A, B, C und E sind Beziehungszahlen, F ist eine Gliederungszahl, D ist eine Meßzahl. Unter den Beziehungszahlen A, B und C ist C die sinnvollste, da hier die Größen in Zähler und Nenner den engsten sachlichen Bezug zueinander haben.

Die altersspezifischen Geburtenziffern für das Jahr t sind definiert als

$$\frac{\text{Anzahl der im Jahr t von Müttern im Alter i lebendgeborenen Kinder}}{\text{durchschnittliche Anzahl der Frauen im Alter i im Jahr t}}$$

($i = 15,\dots,49$). Damit lassen sich für die beiden Länder die Geburtenhäufigkeiten in Abhängigkeit vom Alter der Mütter vergleichen. Ist zusätzlich die Altersstruktur der Frauen bekannt, so kann man aus dieser und den altersspezifischen Geburtenziffern C berechnen (vgl. Aufgabe B 19).

Die Werte von D werden von der jeweiligen Geburtenzahl im Jahre 1970 - der "Basisgröße" - beeinflußt, was den Vergleich stören kann.

Die Gliederungszahlen F sind beeinflußt vom jeweiligen Altersaufbau des weiblichen Bevölkerungsteils in den beiden

Ländern. Auch dieser Einfluß könnte den Vergleich stören.

LITERATUR: [2] B 4.1 ; C 2.4.1

ERGEBNIS: Von den genannten Verhältniszahlen sind C und E die beiden sinnvollsten.

AUFGABE B19

Im Rahmen einer Bevölkerungsprognose unterstellt man für die Frauen im Alter zwischen 15 und 49 Jahren im Jahre 1990 die altersspezifischen Geburtenziffern sowie die Altersstruktur der folgenden Tabelle.

Altersgruppe i	Alter in Jahren	Lebendgeborene je 1000 Frauen	Anzahl der Frauen (in 1000)
1	15 bis 20	50	3000
2	21 bis 25	150	2000
3	26 bis 30	105	2000
4	31 bis 35	40	1500
5	36 bis 49	20	4500
			13000

Welchen Wert besitzt unter diesen Annahmen die spezielle Geburtenziffer (= Lebendgeborene je 1000 Frauen im Alter von 15 bis 49 Jahren) für 1990 ?

LÖSUNG:

Gesucht ist

$$\frac{\text{Gesamtzahl der Lebendgeborenen}}{\text{Gesamtzahl der Frauen im Alter von 15 bis 49 Jahren}} \, 1000 \, .$$

Die Frauen der Altersgruppe 1 z.B. werden annahmegemäß im Jahr 1990 insgesamt $50 \cdot 3000$ Lebendgeburten haben. Für die Gesamtzahl der Lebendgeburten in allen 5 Altersgruppen hat man dann

$$50 \cdot 3000 + 150 \cdot 2000 + \ldots + 20 \cdot 4500 = 810\,000 \, .$$

Damit ergibt sich für die gesuchte spezielle Geburtenziffer

$$\frac{810\,000}{13\,000} = 62{,}31 \, .$$

LITERATUR: [2] C 2.4.1

ERGEBNIS: Unter den obigen Annahmen beträgt die spezielle Geburtenziffer 62,31 [Lebendgeborene je 1000 Frauen im Alter von 15 bis 49 Jahren].

AUFGABE B20

Für folgende Größen der Bevölkerungsstatistik eines Landes sind für das Jahr 1983 Zahlenwerte gegeben:

(1) durchschnittliche Bevölkerungszahl;

(2) durchschnittliche Zahl der Frauen im Alter i, $i = 15,\ldots,49$;

(3) altersspezifische Geburtenziffern f_i^M bzw. f_i^K für Mädchen- bzw. Knabengeburten, $i = 15,\ldots,49$.

Welche der nachstehenden Größen lassen sich damit berechnen?

A = allgemeine Geburtenziffer =

$$\frac{\text{Anzahl der Lebendgeborenen im Jahre 1983}}{\text{durchschnittliche Bevölkerungszahl im Jahre 1983}}$$

B = spezielle Geburtenziffer =

$$\frac{\text{Anzahl der Lebendgeborenen im Jahre 1983}}{\text{durchschnittliche Zahl der 15- bis 49jährigen Frauen im Jahre 1983}}$$

C = zusammengefaßte Geburtenziffer $\sum_{i=15}^{49} f_i$, mit

$$f_i = \frac{\text{Anzahl der Lebendgeborenen von Müttern im Alter } i}{\text{durchschnittliche Zahl der Frauen im Alter } i}$$

D = Bruttoreproduktionsrate

E = Nettoreproduktionsrate

LÖSUNG:

Die altersspezifischen Geburtenziffern für Mädchengeburten f_i^M sind definiert als

$$f_i^M = \frac{\text{Anzahl der lebendgeborenen Mädchen von Müttern im Alter } i}{\text{durchschnittliche Zahl der Frauen im Alter } i},$$

$i = 15,\ldots,49$ (analog für Knabengeburten). Folglich gilt:

$$f_i = f_i^M + f_i^K .$$

Die Zähler von A und B berechnet man mit Hilfe von (2) und (3) (vgl. Aufgabe B 19). Der Nenner von A ist in (1) angegeben, der Nenner von B ist die Summe der in (2) angegebenen Zahlen.

Da definitionsgemäß gilt $C = \Sigma f_i$, läßt sich C aus den Angaben in (3) berechnen.

Da $D = \Sigma f_i^M$ ist, läßt sich auch D aus den Angaben in (3) berechnen.

Während die Bruttoreproduktionsrate nur angibt, wie sich eine Müttergeneration "reproduzieren" würde, wenn alle lebendgeborenen Mädchen mindestens das 49. Lebensjahr vollenden, wird bei Berechnung der Nettoreproduktionsrate die tatsächlich gegebene Frauensterblichkeit berücksichtigt. Folglich erfordert die Berechnung von E zusätzlich zu den obigen Angaben eine Sterbetafel für Frauen.

LITERATUR: [2] C 2.4.1, C 2.4.3

ERGEBNIS: Berechnen lassen sich die Größen A, B, C und D.

AUFGABE B21

Für die Zusammengefaßte Geburtenziffer Z gilt: $Z = \sum_{i=15}^{49} f_i$.

Dabei bezeichnet f_i die altersspezifischen Geburtenziffern für Frauen im Alter i, i = 15,...,49 :

$$f_i = \frac{\text{Anzahl der Lebendgeborenen von Müttern im Alter } i}{\text{durchschnittliche Zahl der Frauen im Alter } i \text{ (in 1000)}} .$$

Für die Bundesrepublik ermittelte man für das Jahr 1981 die Zusammengefaßte Geburtenziffer 1 434 und die Bruttoreproduktionsrate 703. Welche der folgenden Aussagen lassen sich aus diesen Angaben herleiten?

A: 1981 wurden im Durchschnitt auf 35 000 Frauen im Alter von 15 bis 49 Jahren - jeweils 1000 in jeder Altersklasse - 1 434 Lebendgeborene gezählt.

B: Wenn die 1981 beobachteten altersspezifischen Geburtenziffern für Mädchengeburten weiterhin gelten würden, so würden 1000 lebendgeborene Mädchen - ohne Berücksichtigung der Sterblichkeit - im Laufe ihres Lebens durchschnittlich 703 Mädchen-Lebendgeburten haben.

C: 1981 entfielen im Durchschnitt auf 1000 Frauen 1 434 Lebendgeborene.

D: 1981 entfielen im Durchschnitt auf 1000 Frauen 703 Lebendgeborene.

E: Wenn 1981 in der Bundesrepublik 15 000 000 Frauen im Alter zwischen 15 und 49 Jahren gelebt hätten, so wäre 1981 die Anzahl der Lebendgeborenen $\frac{1\,434}{35\,000}\cdot 15\,000\,000$.

LÖSUNG:

Aussage A bzw. B ist eine korrekte Interpretation der Zusammengefaßten Geburtenziffer bzw. der Bruttoreproduktionsrate, wie man sich an Hand der entsprechenden Definitionen überlegt.

Die Aussagen C und D können schon von den Größenordnungen her nicht richtig sein.

Aussage E wäre richtig, wenn sich die 1981 in der Bundesrepublik lebenden 15 Mill. Frauen im Alter von 15 bis 49 Jahren gleichmäßig auf die einzelnen Altersklassen verteilt hätten, was jedoch nicht zutrifft. Daher ist Aussage E falsch.

LITERATUR: [2] C 2.4.1 , C 2.4.2

ERGEBNIS: Herleitbar sind die Aussagen A und B.

AUFGABE B22

Über die Geburtenentwicklung in der Bundesrepublik sei bekannt:

	1970	1975	1981
altersspezifische Geburtenziffer für 25jährige Frauen		110,3	110,3
zusammengefaßte Geburtenziffer	2012,5	1448,9	1433,6
Bruttoreproduktionsrate		710	703

Welche der folgenden Aussagen lassen sich aus diesen Angaben herleiten ?

A: Da die altersspezifische Geburtenziffer für 25jährige 1975 ebenso groß war wie 1981, war 1975 auch die Anzahl der von 25jährigen Müttern Lebendgeborenen so groß wie 1981.

B: Weil die Zusammengefaßte Geburtenziffer im Jahre 1975 größer war als im Jahr 1981, war auch die Zahl der Lebendgeborenen im Jahr 1975 größer als im Jahr 1981.

C: Unter der Annahme, daß im Jahr 1970 das Verhältnis von Knaben- zu Mädchengeburten unabhängig vom Alter der Mutter 51,5 : 48,5 betrug, erhält man für die Bruttoreproduktionsrate von 1970 den Wert 976,1 .

LÖSUNG:

Aussage A ist nicht herleitbar. Die Zahl der von 25jährigen Müttern Lebendgeborenen in den beiden Jahren hängt nicht nur von den altersspezifischen Geburtenziffern, sondern auch von der Zahl der 25jährigen Frauen in den beiden Jahren ab (vgl. auch Aufgabe B 19) . Diese ist aber für 1975 eine andere als für 1981.

Aussage B ist nicht herleitbar. Selbst bei unverändertem Altersaufbau der Frauen würde aus der Tatsache, daß die zusammengefaßte Geburtenziffer 1975 größer war als 1981 noch nicht folgen, daß die Zahl der Geburten 1975 größer war als 1981. Es könnte nämlich sein, daß die altersspezifische Geburtenziffer für einige schwächer besetzte Altersklassen sinkt und für einige stärker besetzte steigt, so daß zwar die zusammengefaßte Geburtenziffer sinkt, aber die Zahl der Geburten steigt. Im vorliegenden Falle ist zusätzlich noch der Einfluß der geänderten Altersstruktur zu berücksichtigen.

Aussage C ist aus den Angaben herleitbar. Zusammengefaßte Geburtenziffer und Bruttoreproduktionsrate unterscheiden sich dadurch voneinander, daß bei der Bruttoreproduktionsrate nur die Mädchengeburten gezählt werden; die Bruttore-

produktionsrate ist also die Summe der altersspezifischen Geburtenziffern für Mädchengeburten, vgl. Aufgabe B 20 .
Aus der zusammengefaßten Geburtenziffer 2 012,5 und der Annahme, daß der Anteil der Mädchengeburten unabhängig vom Alter der Mutter 48,5 % beträgt, erhält man für die Bruttoreproduktionsrate: 2 012,5·0,485 = 976,1 . Diese Rechnung ergibt nicht den exakten Wert der Bruttoreproduktionsrate, weil die Annahme, daß das Verhältnis von Knaben- zu Mädchengeburten unabhängig vom Alter der Mutter den Wert 51,5:48,5 besitzt, in Wirklichkeit nicht exakt zutrifft. Das wirkt sich aus, weil bei der Berechnung der zusammengefaßten Geburtenziffer von gleichstarken Altersklassen (jeweils 1000) ausgegangen wird, während in der weiblichen Bevölkerung die einzelnen Altersklassen verschieden stark vertreten sind.

LITERATUR: [2] C 2.4.1 , C 2.4.3

ERGEBNIS: Aussage C ist aus den Angaben herleitbar.

AUFGABE B23

Welche der folgenden Aussagen bezüglich der Bruttoreproduktionsrate (BRR) bzw. der Nettoreproduktionsrate (NRR) sind richtig ?

A: Die NRR ist immer kleiner als die entsprechende BRR.

B: Daß die zusammengefaßte Geburtenziffer mehr als doppelt so groß ist wie die BRR liegt in der in allen Altersgruppen höheren Sterblichkeit der Männer gegenüber der der Frauen begründet.

C: Eine BRR von 1000 garantiert, daß die Müttergeneration der Zahl nach durch die lebendgeborenen Mädchen ersetzt wird.

D: Eine NRR von 1000 garantiert, daß die Müttergeneration der Zahl nach durch die lebendgeborenen Mädchen ersetzt wird.

LÖSUNG:

Aussage A ist offensichtlich richtig, weil in der NRR im Unterschied zur BRR die Sterblichkeit der lebendgeborenen Mädchen berücksichtigt wird. Dies läßt sich auch an den entsprechenden Formeln ablesen: Bezeichnet man für $i = 15, \ldots, 49$ mit

f_i^M die altersspezifische Geburtenziffer für Mädchengeburten von Frauen im Alter i ,

l_i^M die Anzahl der überlebenden Frauen des Alters i nach einer Sterbetafel (mit $l_o = 100\,000$),

so gilt für die BRR bzw. für die NRR:

$$BRR = \sum_{i=15}^{49} f_i^M \quad , \quad NRR = \sum_{i=15}^{49} \frac{l_i^M}{100\,000} f_i^M \ .$$

Da für jedes i $(i = 15, \ldots, 49)$

$$\frac{l_i^M}{100\,000} < 1$$

gilt, ist offenbar stets $NRR < BRR$.

Aussage B ist falsch. Im Gegensatz zur zusammengefaßten Geburtenziffer, bei der die altersspezifischen Geburtenziffern für Knaben- und Mädchengeburten addiert werden, entsteht die BRR durch Addition der altersspezifischen Geburtenziffern für Mädchengeburten (vgl. auch Aufgabe B 20) . Die Tatsache, daß die zusammengefaßte Geburtenziffer mehr als doppelt so groß ist wie die BRR, liegt darin begründet, daß mehr Jungen als Mädchen geboren werden. Die höhere Sterblichkeit des männlichen Bevölkerungsteils bewirkt nur, daß dieser von Geburt an bestehende Jungenüberschuß allmählich abgebaut wird, vgl. auch Aufgabe B 17 .

Aussage C ist falsch. In der BRR ist - im Gegensatz zur NRR - die Frauensterblichkeit nicht berücksichtigt.

Aussage D ist falsch. Zwar wird in der NRR die Sterblichkeit der Frauen berücksichtigt. Die in D angegebene Folgerung ist aber nur unter der Zusatzannahme richtig, daß die altersspezifischen Geburtenziffern für Mädchengeburten f_i^M und die Sterbewahrscheinlichkeiten, die der Berechnung von l_i^M zugrunde liegen, für die betrachtete Frauengeneration weiterhin Gültigkeit behalten.

LITERATUR: [2] C 2.4.1 , C 2.4.3

ERGEBNIS: Aussage A ist richtig.

AUFGABE B24

Begründen Sie, warum bei der Vorausschätzung folgender Größen auf der Datenbasis von 1983 Sterbetafeln heranzuziehen sind:

A = Bevölkerungszahl im Jahr 2000

B = Zahl der Geburten im Jahr 2000

C = Ausgabenentwicklung bei den Rentenversicherungen bis zum Jahr 2000

D = Einnahmenentwicklung bei den Rentenversicherungen bis zum Jahr 2000

E = Arbeitsplatzangebot für Lehrer im Jahr 2000 .

LÖSUNG:

Eine Vorausschätzung der Größe A erhält man, indem man zum Bevölkerungsstand des Jahres 1983 die für den Zeitraum von 1984 bis 2000 geschätzte Zahl der Geburten addiert, die geschätzte Zahl der Sterbefälle subtrahiert und den geschätzten Saldo der Wanderungsbewegung hinzufügt. Die Schätzung der Sterbefälle erfordert Sterbetafeln für Männer und Frauen; denn da die Sterbewahrscheinlichkeiten für Männer und Frauen unterschiedlich sind, wird man die Schätzung der Sterbefälle nach Geschlechtern getrennt vornehmen.

Die Zahl der Geburten im Jahr 2000 hängt unter anderem von der Zahl der Frauen im gebärfähigen Alter im Jahr 2000 ab. Die Vorausschätzung dieser Zahl erfordert wie für A beschrieben die Verwendung einer Sterbetafel.

Zur Vorausschätzung von C und D benötigt man Sterbetafeln, um beispielsweise die zeitliche Entwicklung für

- die Zahl der Leistungsempfänger,
- die Zahl der Beitragszahler,
- die durchschnittliche Leistungs- bzw. Beitragszeit

zu schätzen.

Zur Vorausschätzung von E werden Sterbetafeln benötigt, um beispielsweise die Entwicklung

- der Schülerzahl,
- des Ersatzbedarfs für Lehrer, die vor Erreichen der Altersgrenze sterben

zu schätzen.

ERGEBNIS: Siehe Lösung

AUFGABE B25

Das Ergebnis einer Modellrechnung zur Bevölkerungsentwicklung in Baden-Württemberg mit dem Basisjahr 1975 ist in Abb.1 dargestellt (Quelle: [5]).

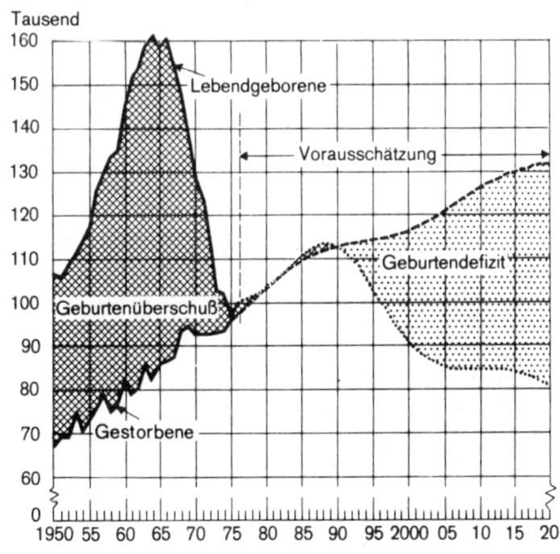

Abb.1

Die wesentlichen Prämissen der Modellrechnung sind:

- als Ausgangsbasis: die Bevölkerungsstruktur nach Alter und Geschlecht vom 1.1.1975;
- Sterblichkeitsentwicklung gemäß den Sterbewahrscheinlichkeiten der Sterbetafel von 1972/74;
- Geburtenentwicklung gemäß den altersspezifischen Geburtenziffern von 1974 .

Bezüglich der Geburtenentwicklung ist anzumerken, daß die zusammengefaßte Geburtenziffer, die im Jahr 1969 noch 2,2 betrug, in den darauffolgenden Jahren drastisch zurückging und im Basisjahr der Modellrechnung den Wert 1,4 hatte. Dieser Wert liegt im wesentlichen auch der Modellrechnung zugrunde.

Wie ist es zu erklären, daß die Zahl der Geburten in der Modellrechnung bis 1990 noch ansteigt, obwohl die zusammengefaßte Geburtenziffer deutlich unter 2 und somit die Nettoreproduktionsrate deutlich unter 1 liegt ?

LÖSUNG:

Für das Jahr t $(t = 1976, 1977, \ldots, 2020)$ bezeichne

L_i^t die Anzahl der Lebendgeborenen von Müttern im Alter i,

F_i^t die durchschnittliche Anzahl der Frauen im Alter i,

$(i = 15, 16, \ldots, 49)$.

Für die tatsächliche Zahl L^t der Lebendgeburten im Jahr t ist dann

$$(1) \qquad L^t = \sum_{i=15}^{49} L_i^t \quad ,$$

(wenn man - was zumindest für die Bundesrepublik richtig ist - unterstellt, daß Geburten von Müttern im Alter unter 15 und über 49 Jahren selten sind).

Formt man (1) um

$$(2) \qquad L^t = \sum_{i=15}^{49} L_i^t = \sum_{i=15}^{49} \left(\frac{L_i^t}{F_i^t} \right) F_i^t \quad ,$$

so wird deutlich, daß die Zahl der Lebendgeburten in einem Jahr t von 2 Faktoren abhängt:

1. von den altersspezifischen Geburtenziffern $\frac{L_i^t}{F_i^t}$ im Jahr t,
2. von der tatsächlichen Anzahl F_i^t der Frauen im Alter i im Jahr t,

$i = 15, 16, \ldots, 49$ (vgl. auch Aufgabe B 19). Die nach der Modellrechnung bis 1990 steigende Geburtenzahl kommt hauptsächlich dadurch zustande, daß in Formel (2) die niedrigen altersspezifischen Geburtenziffern durch die große Zahl der lebendgeborenen Mädchen der 60er Jahre, die in den 80er Jahren ins gebärfähige Alter rücken, mehr als ausgeglichen wird. Entsprechend der starken Abnahme der Zahl der Lebendgeborenen in der Zeit nach 1967 nimmt im Zeitraum nach 1990 die Zahl der Frauen im gebärfähigen Alter wieder ab und daher - bei unverändert niedrig angenommenen altersspezifischen Geburtenziffern - auch die Anzahl der Lebendgeborenen.

BEMERKUNG:

1. Eine zusammengefaßte Geburtenziffer von 1,4 besagt, daß im Durchschnitt auf jede Frau im Verlauf ihres Lebensabschnitts von 15 bis 49 Jahren 1,4 Lebendgeburten und damit etwa 0,7 Mädchengeburten entfallen. Bei durchschnittlich 0,7 Mädchengeburten je Frau "reproduziert" sich die Müttergeneration also der Zahl nach nur zu weniger als 70 % (da zusätzlich die Müttersterblichkeit zu berücksichtigen ist). Dieser Sachverhalt kann - wie Formel (2) zeigt - durch den aktuellen Altersaufbau der weiblichen Bevölkerung überdeckt werden. Er wirkt sich erst voll aus, wenn die in Zeiten mit Nettoreproduktionsrate < 1 lebendgeborenen Mädchen ins gebärfähige Alter rücken, also mit einer Zeitverzögerung von mindestens 15 Jahren.
2. Bezüglich der Größenordnung des sich nach der Modellrechnung im Jahr 2000 ergebenden Geburtendefizits sollte man beachten, daß gemäß Formel (2) die Zahl der Geburten des

Jahres 2000 von den dann geltenden altersspezifischen Geburtenziffern und der Jahl F_i^{2000} der dann lebenden Frauen im Alter i (i = 15,...,49) abhängt. Da die 15- bis 49jährigen Frauen des Jahres 2000 in den Jahren 1951 bis 1985 geboren wurden, liegt deren Zahl schon heute praktisch fest. Die Zahl der Geburten im Jahr 2000 ist also im wesentlichen nur noch von den altersspezifischen Geburtenziffern des Jahres 2000 abhängig.

LITERATUR: [2] C 2.4.1 , C 8

ERGEBNIS: Siehe Lösung

AUFGABE B26

Welche der folgenden Aussagen über Begriffe aus dem Bereich der amtlichen Statistik der Bundesrepublik sind richtig ?

A: Die Erwerbspersonen setzen sich zusammen aus Erwerbstätigen und Erwerbslosen.

B: Die in der Bundesrepublik tätigen ausländischen Arbeitnehmer zählen überwiegend nicht zu den Erwerbspersonen.

C: Erwerbslose sind stets auch Arbeitslose.

D: Alle Arbeitslosen zählen zu den Erwerbslosen.

E: Alle Arbeitslosen zählen zu den Nichterwerbspersonen.

F: Die von der Arbeitsverwaltung monatlich genannte Zahl der offenen Stellen gibt genau an, wieviele Arbeitsplätze unbesetzt sind.

G: Die von der Arbeitsverwaltung monatlich genannte Zahl der Arbeitslosen gibt genau an, wieviele Menschen in diesem Monat einen Arbeitsplatz suchen.

H: Die für eine Gemeinde erhobene Zahl der Erwerbstätigen ist stets gleich der Zahl der Beschäftigten.

LÖSUNG:

Die Bearbeitung der Aufgabe setzt die Kenntnis des von der amtlichen Statistik für den Bereich Erwerbstätigkeit und

Arbeitsmarkt entwickelten Begriffssystems voraus, vgl. z.B. [22] S. 95, 113. So gliedert die amtliche Statistik die Wohnbevölkerung nach dem Erwerbskonzept in Erwerbspersonen und Nichterwerbspersonen. Dabei sind "*Erwerbspersonen* alle Personen mit Wohnsitz im Bundesgebiet (Inländerkonzept), die eine unmittelbar oder mittelbar auf Erwerb gerichtete Tätigkeit ausüben oder suchen (Selbständige, Mithelfende Familienangehörige, Abhängige), unabhängig von der Bedeutung des Ertrags dieser Tätigkeit für ihren Lebensunterhalt und ohne Rücksicht auf die von ihnen tatsächlich geleistete oder vertragsmäßig zu leistende Arbeitszeit.
Die Erwerbspersonen setzen sich zusammen aus den Erwerbstätigen und den Erwerbslosen. *Erwerbstätige* sind Personen, die in einem Arbeitsverhältnis stehen (einschließlich Soldaten und Mithelfende Familienangehörige) oder selbständig ein Gewerbe oder eine Landwirtschaft betreiben oder einen freien Beruf ausüben. *Erwerbslose* sind Personen ohne Arbeitsverhältnis, die sich um eine Arbeitsstelle bemühen, unabhängig davon, ob sie beim Arbeitsamt als Arbeitslose gemeldet sind." ([22] S. 95).

Da das Erwerbskonzept die Wohnbevölkerung gliedert, werden die entsprechenden Daten bei Befragungen am Wohnort, also z.B. im Rahmen von Volkszählung und Mikrozensus erhoben.

Weiter verwendet die amtliche Statistik den Begriff des Beschäftigten. *Beschäftigte* sind "Tätige Inhaber, Mithelfende Familienangehörige sowie alle in abhängiger Tätigkeit stehenden Personen..., unabhängig davon, ob diese Tätigkeit haupt- oder nebenberuflich bzw. als Voll- oder Teilzeitbeschäftigung ausgeübt wurde." ([22] S. 113).
Beschäftigtendaten werden bei Befragung am Arbeitsort erhoben, also z.B. bei Arbeitsstättenzählungen.

Schließlich verwendet die Arbeitsverwaltung den Begriff des *Arbeitslosen*; dies sind "Personen ohne (dauerhaftes) Arbeitsverhältnis, die als Arbeitsuchende beim Arbeitsamt registriert sind." ([22] S. 95). Als *offene Stellen* werden "zu besetzende Arbeitsplätze, die die Arbeitgeber dem Arbeitsamt gemeldet haben" ([22] S. 95) bezeichnet.

Auf Grund der obigen Definitionen folgt, daß Aussage A richtig und Aussage E falsch ist.

Aussage B ist falsch; denn die meisten der in der Bundesrepublik tätigen ausländischen Arbeitnehmer haben auch in der Bundesrepublik ihren Wohnsitz und zählen daher zur Wohnbevölkerung (vgl. [22] S.50).

Die Begriffe "Arbeitslose" und "Erwerbslose" sind nicht deckungsgleich. Denn ein Erwerbsloser ist nur dann ein Arbeitsloser, wenn er sich beim Arbeitsamt als solcher registrieren läßt. Und ein Arbeitsloser, der vorübergehend eine (nach dem Arbeitsförderungsgesetz erlaubte) geringfügige Tätigkeit ausübt, ist kein Erwerbsloser. Daher sind die Aussagen C und D falsch.

Die Aussagen F und G sind falsch. Da weder für Arbeitssuchende noch für zu besetzende Arbeitsplätze eine Pflicht zur Meldung bei der Arbeitsverwaltung besteht, geben die von der Arbeitsverwaltung genannten Zahlen über "Arbeitslose" und "offene Stellen" allenfalls die Tendenz der Entwicklung in den Bereichen "Erwerbslosigkeit" und "unbesetzte Arbeitsplätze" wieder.

Aussage H ist falsch. Da die Erwerbstätigenzahlen durch Personenbefragung am Wohnort, Beschäftigtenzahlen durch Arbeitsstättenbefragung am Arbeitsort erhoben werden, können die Zahlen der Erwerbstätigen bzw. Beschäftigten in einer Gemeinde z.B. auf Grund unterschiedlicher Erhebungstermine oder durch die Existenz von Pendlern voneinander abweichen.

LITERATUR: [2] C 3.3.1 , C 3.3.3 ; [8]

ERGEBNIS: Aussage A ist richtig.

AUFGABE B27

Die amtliche Statistik der Bundesrepublik gliedert die Wohnbevölkerung in Erwerbspersonen und Nichterwerbspersonen; die Erwerbspersonen werden weiter in Erwerbstätige und Erwerbslose unterteilt, vgl. Abb.1 und Aufgabe B 26 . Neben diesen Personengruppen sind in Abb.1 auch die Arbeitslosen (schraffierte Fläche) dargestellt.

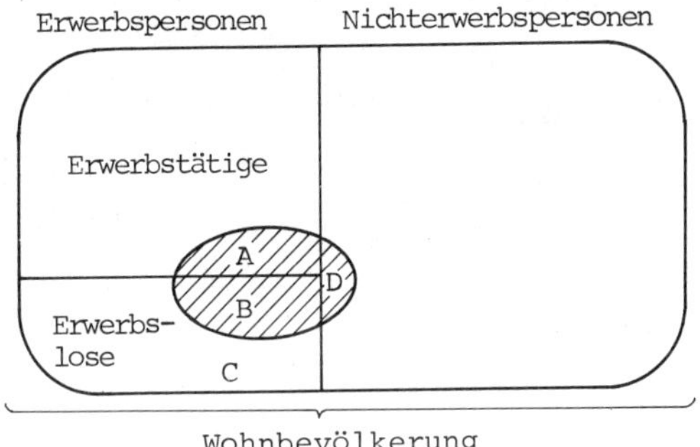

Abb.1

Benennen Sie für die mit A , B , C und D bezeichneten Teilmengen der Arbeits- bzw. Erwerbslosen jeweils einen Repräsentanten.

LÖSUNG:

Zu A gehört beispielsweise ein Arbeitsloser, der vorübergehend geringfügige Tätigkeiten ausübt und damit Erwerbstätiger ist (Nach §§ 100 ff. Arbeitsförderungsgesetz darf ein Arbeitsloser vorübergehend eine Tätigkeit im Umfang bis zu 20 Wochenstunden ausüben.). Auch arbeitslos gemeldete "Schwarzarbeiter" zählen zu A.

Zu B zählen diejenigen Personen, die arbeitslos gemeldet sind und keinerlei Erwerbstätigkeit ausüben.

Zu C zählt, wer nicht erwerbstätig, aber nicht arbeitslos gemeldet ist, jedoch ein Beschäftigungsverhältnis eingehen möchte. Diese Personengruppe: Erwerbspersonen abzüglich Erwerbstätige und arbeitslose Erwerbspersonen bezeichnet man als "Stille Reserve". Personen der Stillen Reserve melden sich beispielsweise deshalb nicht bei der Arbeitsverwaltung als "arbeitslos", weil sie sich von den Arbeitsämtern keine Vermittlungschancen ausrechnen und auch keine Leistungsansprüche auf Arbeitslosengeld oder -hilfe haben.

Zu D gehören Personen, die sich zwar arbeitslos - und damit als arbeitssuchend - gemeldet haben, weil sie Leistungen der Arbeitsverwaltung in Anspruch nehmen wollen, die aber an der Aufnahme einer Erwerbstätigkeit nicht interessiert sind.

LITERATUR: [2] C 3.3.3

ERGEBNIS: Siehe Lösung

AUFGABE B28

Aus welchen der im folgenden genannten Datenquellen gewinnt die amtliche Statistik Daten über Erwerbstätige ?

A = Volkszählung

B = Arbeitsstättenzählung

C = Mikrozensus

D = Monatliche Berichterstattung im Produzierenden Gewerbe

E = Zensus im Produzierenden Gewerbe

F = Handwerkszählung

LÖSUNG:

Daten von Erwerbstätigen fallen bei Befragungen am Wohnort an ("Wohnortkonzept"). Als Datenquellen kommen daher nur A und C in Frage (vgl. auch Lösung zu Aussage H in Aufgabe B 26). Die übrigen genannten Quellen liefern Daten über Beschäftigte ("Arbeitsortkonzept").

LITERATUR: [2] C 3.3.2.3 ; [8]

ERGEBNIS: Daten über Erwerbstätige liefern A und C.

AUFGABE B29

In einer Modellrechnung zur Arbeitsmarktentwicklung rechnet man beim weiblichen Teil der Wohnbevölkerung im Jahre 1990 mit folgender Altersverteilung bzw. folgenden altersspezifischen Erwerbsquoten (= Erwerbspersonen in % der weiblichen Wohnbevölkerung entsprechenden Alters):

Altersgruppe i	Alter von ... bis unter ...	Anzahl der Frauen (in Mill.) F_i	altersspezifische Erwerbsquote (%) Eq_i
1	15 - 30	8	40
2	30 - 45	10	60
3	45 - 60	12	20
4	60 und älter	15	2

Wie groß ist die Zahl der weiblichen Erwerbspersonen, die sich nach diesen Annahmen für 1990 ergibt ?

LÖSUNG:

Für die Zahl der weiblichen Erwerbspersonen in Altersgruppe i gilt

$$F_i \cdot Eq_i / 100 \qquad (i = 1, \ldots, 4).$$

Addiert man diese Anzahlen für alle Altersgruppen, so ergibt sich die Gesamtzahl der weiblichen Erwerbspersonen:

$$8 \cdot 0{,}4 + 10 \cdot 0{,}6 + 12 \cdot 0{,}2 + 15 \cdot 0{,}02 = 11{,}9 \text{ (Mill.)}.$$

LITERATUR: [2] C 3.3.2.1

ERGEBNIS: Unter den angegebenen Annahmen ergibt sich für 1990 eine Zahl von 11,9 Mill. weiblichen Erwerbspersonen.

A U F G A B E B 30

In Tab.1 sind für die weibliche Bevölkerung in der Bundesrepublik die im April 1982 gültigen alters- und familienstandsspezifischen Erwerbsquoten (= weibliche Erwerbspersonen entsprechenden Alters bzw. Familienstandes in Prozent der weiblichen Wohnbevölkerung entsprechenden Alters und Familienstandes) angegeben (Quelle: [22] S. 96).

Tab.1

Alter von ... bis unter ... Jahren	Erwerbsquoten für Frauen				
		Familienstand			
	insgesamt	ledig	verheiratet	verwitwet	geschieden
15 - 20	39,2	38,7	57,4	/	/
20 - 25	71,3	75,4	64,0	/	72,4
25 - 30	64,3	83,6	56,8	65,4	77,3
30 - 35	58,8	89,2	53,4	62,4	82,9
35 - 40	58,8	89,7	54,3	64,7	86,0
40 - 45	56,8	87,8	52,8	60,1	85,0
45 - 50	54,5	87,2	50,2	58,9	83,8
50 - 55	49,1	85,2	43,6	53,1	79,1
55 - 60	39,9	76,8	33,3	38,9	73,2
60 - 65	13,3	26,8	11,4	11,3	23,5
65 und mehr	2,7	6,1	2,9	1,9	4,2
insgesamt	33,9	29,9	42,0	9,9	63,7
darunter 15 - 65	51,0	59,5	47,4	33,5	76,0

Einer Modellrechnung für das Jahr 2000 über die Zahl der weiblichen Erwerbspersonen im Alter von 15 bis unter 65 Jahren werden folgende Annahmen zugrunde gelegt:

1. Die alters- und familienstandsspezifischen Erwerbsquoten sind im Jahr 2000 genauso groß wie im April 1982.

2. Im Jahr 2000 ist die Zahl der Frauen im Alter von 15 bis unter 65 Jahren genauso groß wie im April 1982. Auch die Altersverteilung ist zu beiden Zeitpunkten gleich.

3. Bezüglich des Familienstandes der 15- bis unter 65jährigen Frauen im Jahr 2000 nimmt man an, daß gegenüber April 1982

   - die Zahl der Geschiedenen sich verdoppelt;
   - die Zahl der Ledigen (zu Lasten der Verheirateten) zunimmt;
   - die Zahl der Verwitweten konstant bleibt.

Welche der folgenden Aussagen lassen sich aus diesen Annahmen herleiten, wenn Sie nur den Einfluß der in den Annahmen genannten Faktoren berücksichtigen ?

A: Die Zahl der weiblichen Erwerbspersonen im Alter von 15 bis unter 65 Jahren ist zu beiden Zeitpunkten gleich groß.

B: Die Zahl der weiblichen Erwerbspersonen im Alter von 15 bis unter 65 Jahren ist im Jahr 2000 kleiner als im April 1982.

C: Die Zahl der weiblichen Erwerbstätigen im Alter von 15 bis unter 65 Jahren ist im Jahr 2000 größer als im April 1982.

LÖSUNG:

Aus den Annahmen ist herleitbar, daß die Zahl der weiblichen Erwerbspersonen im Alter von 15 bis unter 65 Jahren im Jahr 2000 größer ist als im April 1982. Da von der Altersverteilung keine Veränderungstendenzen ausgehen (Annahme 2), kann man sich, um die von der Änderung des Familienstandes ausgehenden Wirkungen abzuschätzen, auf die Angaben in der letzten Zeile von Tab.1 , in der die familienstandsspezifischen Erwerbsquoten der 15- bis unter 65jährigen Frauen angegeben sind, beschränken. Man findet, daß diese Quoten für ledige und für geschiedene Frauen höher sind als die für Verheiratete und Verwitwete. Wenn - gemäß Annahme 3 - der Anteil der Ledigen und der Geschiedenen zunimmt, folgt daraus (zusammen mit den Annahmen 1 und 2) eine Zunahme der Zahl der weiblichen Erwerbspersonen insgesamt. Die Aussagen A und B sind also falsch.

Aussage C ist nicht herleitbar. Die Modellrechnung bezieht sich auf die Erwerbs<u>personen</u> - also auf das Arbeitskräftepotential - des Jahres 2000 und nicht auf die Erwerbs<u>tätigen</u>, deren Zahl insbesondere vom Arbeitsplatzangebot abhängt.

LITERATUR: [2] C 3.3.2.1 , C 8 ; [24] S. 315

ERGEBNIS: Keine der Aussagen A bis C folgt aus den Annahmen.

AUFGABE B31

Tab.1 in Aufgabe B 30 läßt sich entnehmen, daß in der Bundesrepublik im April 1982 die Erwerbsquote

a)
- lediger Frauen im Alter von 15 bis unter 65 Jahren 59,5%
- lediger Frauen insgesamt 29,9%

b)
- verwitweter Frauen im Alter von 15 bis unter 65 Jahren 33,5%
- verwitweter Frauen insgesamt 9,9%

c)
- verheirateter Frauen im Alter von 15 bis unter 65 Jahren 47,4%
- verheirateter Frauen insgesamt 42,0%

betrug.

Erläutern Sie, wie es im Falle a) bzw. b) zu den relativ großen Unterschieden in den Erwerbsquoten mit bzw. ohne Altersbegrenzung kommt und warum die Diskrepanz im Falle c) nicht so groß ist.

LÖSUNG:

Die hier betrachteten Erwerbsquoten sind Verhältniszahlen von der Form

$$(1) \quad \frac{\text{Anzahl weiblicher Erwerbspersonen mit Eigenschaft } \epsilon}{\text{Anzahl Frauen in der Wohnbevölkerung mit Eigenschaft } \epsilon} \, 100,$$

wobei Zähler und Nenner von (1) jeweils in gleicher Weise auf Frauen eines bestimmten Familienstandes bzw. einer Altersgruppe eingeschränkt sind. Die unter a) genannte Quote von 59,5 % berechnet sich beispielsweise nach

$$(2) \quad \frac{\begin{array}{c}\text{Anzahl lediger weiblicher Erwerbspersonen im Alter von}\\ \text{15 bis unter 65 Jahren}\end{array}}{\begin{array}{c}\text{Anzahl der ledigen, 15 bis unter 65jährigen Frauen in}\\ \text{der Wohnbevölkerung}\end{array}} \, 100.$$

a) Daß sich der Wert von (2) nahezu halbiert, wenn man die Altersbegrenzung aufhebt, liegt vor allem daran, daß man den Nenner von (2) hauptsächlich um die Zahl der 0- bis unter 15jährigen Mädchen vergrößert. Da diese im allgemeinen ledig und keine Erwerbspersonen sind, vergrößert sich der Zähler von (2) nur um die relativ kleine Zahl der ledigen weiblichen Erwerbspersonen über 65, während sich der Nenner eben um die Zahl der 0- bis unter 15jährigen Mädchen vergrößert.

b) Ähnlich wie in a) überlegt man, daß bei Aufhebung der Altersbegrenzung "15 bis unter 65 Jahre" der Zähler von (1) (= Anzahl der verwitweten 15- bis unter 65jährigen weiblichen Erwerbspersonen) praktisch unverändert bleibt, während sich der Nenner vor allem um die Zahl der über 65jährigen verwitweten Frauen vergrößert. Diese Zahl ist aber relativ groß, da infolge längerer Lebenserwartung viele Ehefrauen ihre Männer überleben. (Gemäß den Sterbewahrscheinlichkeiten von 1979/81 erreichen Frauen ein durchschnittliches Alter von 76,59 Jahren, Männer ein solches von 69,90 Jahren; vgl. [22] S. 76.)

c) Im Falle der verheirateten Frauen überlegt man, daß bei Fortfall der Altersbegrenzung von den Altersklassen 0 bis unter 15 Jahre kein Einfluß ausgeht: Mädchen dieser Altersklassen sind im allgemeinen weder verheiratet noch an Erwerbstätigkeit interessiert. Von den Frauen im Alter von 65 und mehr Jahren geht zwar eine Beeinflussung der Erwerbsquote aus; der Einfluß ist jedoch insofern begrenzt, als

   - nur wenige Frauen in diesem Alter noch zu den Erwerbspersonen zählen,
   - zudem ein großer Teil der Frauen über 65 verwitwet ist und nicht mehr zu den Erwerbsquoten Verheirateter beiträgt.

LITERATUR: [2] C 3.3.2.1

ERGEBNIS: Siehe Lösung

AUFGABE B32

Der Preisindex für die Lebenshaltung insgesamt wird für ein Land als LASPEYRES-Index aus den beiden Teilindizes für Nahrungs- und Genußmittel bzw. für sonstige Güter berechnet.

Für einen bestimmten Zeitpunkt t hatten die Indizes folgende Werte:

Preisindex für die Lebenshaltung insgesamt: 113

Preisindex für Nahrungs- und Genußmittel: 120

Preisindex für sonstige Güter : 110 .

Wieviel Prozent des Gesamtwertes des Warenkorbes im Basisjahr entfallen auf Nahrungs- und Genußmittel ?

LÖSUNG:

Es bezeichne für $i = 1, \dots, I$

q_{oi} die Menge des Gutes i in der Basisperiode ,

p_{oi} den Preis des Gutes i in der Basisperiode ,

p_{ti} den Preis des Gutes i in der Berichtsperiode .

Die Numerierung sei so vorgenommen, daß die Güter mit den Nummern 1 bis m Nahrungs- und Genußmittel, die restlichen mit den Nummern m+1 bis I sonstige Güter darstellen.

Für den Teilindex I_1 der Nahrungs- und Genußmittel, den Teilindex I_2 der sonstigen Güter bzw. den Gesamtindex I gilt dann:

$$I_1 = \frac{\sum_1^m p_{ti} q_{oi}}{\sum_1^m p_{oi} q_{oi}} \quad ; \quad I_2 = \frac{\sum_{m+1}^I p_{ti} q_{oi}}{\sum_{m+1}^I p_{oi} q_{oi}} \quad ; \quad I = \frac{\sum_1^I p_{ti} q_{oi}}{\sum_1^I p_{oi} q_{oi}} \quad .$$

I läßt sich wie folgt umformen:

$$I = \frac{\sum_1^m p_{ti} q_{oi} + \sum_{m+1}^I p_{ti} q_{oi}}{\sum_1^I p_{oi} q_{oi}} = \frac{\sum_1^m p_{ti} q_{oi}}{\sum_1^I p_{oi} q_{oi}} + \frac{\sum_{m+1}^I p_{ti} q_{oi}}{\sum_1^I p_{oi} q_{oi}}$$

$$= \frac{\sum_1^m p_{ti} q_{oi}}{\sum_1^m p_{oi} q_{oi}} \cdot \frac{\sum_1^m p_{oi} q_{oi}}{\sum_1^I p_{oi} q_{oi}} + \frac{\sum_{m+1}^I p_{ti} q_{oi}}{\sum_{m+1}^I p_{oi} q_{oi}} \cdot \frac{\sum_{m+1}^I p_{oi} q_{oi}}{\sum_1^I p_{oi} q_{oi}}$$

$$= I_1 \cdot g_1 + I_2 \cdot g_2 \quad .$$

Der Gesamtindex ist demnach das gewogene Mittel der Teilindizes, wobei die Gewichte g_1 und $g_2 = 1 - g_1$ offenbar die Wertanteile der in Teilindex 1 bzw. 2 enthaltenen Güter am Gesamtwert des Warenkorbes in der Basisperiode sind.

Für die Zahlenangaben der Aufgabe hat man also

$$113 = 120 \cdot g_1 + 110 \cdot (1 - g_1) \,.$$

Hieraus ergibt sich $g_1 = 0{,}3$.

LITERATUR: [4] S. 168 ff.

ERGEBNIS: 30 % des Gesamtwertes des Warenkorbes in der Basisperiode entfallen auf Nahrungs- und Genußmittel.

AUFGABE B33

Der Warenkorb des Preisindex für die Lebenshaltung aller privaten Haushalte zur Basis 1976 hat im Basisjahr einen Gesamtwert von 2 326 DM (≙ 100 %); davon entfallen 620 DM (≙ 26,7 %) auf Nahrungs- und Genußmittel. Welche der folgenden Aussagen über den Indexwert I_t zum Zeitpunkt t sind richtig, wenn sich gegenüber 1976 die Preise

- für Nahrungs- und Genußmittel um 30 % erhöht,
- für alle übrigen Güter und Dienste um 5 % verringert

haben ?

A: $I_t = (1{,}3 \cdot 620 + 0{,}95 \cdot 1706) \cdot 100$

B: $I_t = \dfrac{1{,}3 \cdot 620 + 0{,}95 \cdot 1706}{2326} \, 100$

C: $I_t = 0{,}3 \cdot 620 - 0{,}05 \cdot 1706$

D: $I_t = \dfrac{0{,}3 \cdot 620 - 0{,}05 \cdot 1706}{2326}$

E: $I_t = 1{,}3 \cdot 26{,}7 + 0{,}95 \cdot 73{,}3$

F: $I_t = 30 \cdot 0{,}267 - 5 \cdot 0{,}733$

LÖSUNG:

Der Preisindex für die Lebenshaltung ist ein Preisindex nach LASPEYRES. I_t ist der mit 100 multiplizierte Quotient aus dem Wert des Warenkorbes von 1976 zu den Preisen zum Zeitpunkt t und dem Wert des Warenkorbes im Basisjahr. Demnach ist Aussage B richtig.

Aussage A ist falsch, denn in A ist nur der Zähler von I_t berechnet.

Aussage C ist falsch. In C ist die Differenz zwischen dem Wert des Warenkorbes von 1976 zum Zeitpunkt t $(1{,}3 \cdot 620 + 0{,}95 \cdot 1706)$ und dem Wert im Basisjahr 1976 $(1{,}0 \cdot 620 + 1{,}0 \cdot 1706)$ angegeben.

Aussage D ist falsch. D gibt den in Aussage C genannten Differenzbetrag, bezogen auf den Wert im Basisjahr 1976, an. D gibt, bis auf den Faktor 100, die Änderung des Indexwertes gegenüber dem Basisjahr, d.h. also die Preisänderungsrate, an.

Aussage E ist richtig, denn der Preisindex nach LASPEYRES läßt sich darstellen als gewogenes arithmetisches Mittel der Preisverhältnisse mit den prozentualen Wertanteilen des Basisjahres als Gewichten (vgl. Aufgabe B 32).

Aussage F ist falsch. In F ist angegeben, um wieviel Prozent I_t vom Indexwert im Basisjahr abweicht.

LITERATUR: [2] B 4.2 , B 4.6.2 , C 4.4.3

ERGEBNIS: Die Aussagen B und E sind richtig.

AUFGABE B34

In einem Land werden Preisindizes für die Lebenshaltung nach der Formel von LASPEYRES unter anderem für

Haushaltstyp I : 4-Personen-Haushalte von Angestellten und Beamten mit höherem Einkommen, und

Haushaltstyp II : 2-Personen-Haushalte von Renten- und Sozialhilfeempfängern

berechnet. Im Basisjahr 1980 betrug der Wertanteil der Nahrungs- und Genußmittel am Gesamtwert des jeweiligen Warenkorbes

- bei Haushaltstyp I : 20 %,
- bei Haushaltstyp II : 40 %.

Wie groß ist die absolute Differenz (in Prozentpunkten) der Werte der Preisindizes für die Lebenshaltung für die beiden Haushaltstypen im Jahr 1983, wenn sich die Preise für Nahrungs- und Genußmittel gegenüber dem Basisjahr um 10 % erhöht haben und die Preise für die übrigen Güter unverändert geblieben sind?

LÖSUNG:

Bei Haushaltstyp I ergibt sich für 1983 zur Basis 1980 der Indexwert

$$L_I = 1{,}1 \cdot 20 + 1{,}0 \cdot 80 = 102{,}0 ,$$

bei Haushaltstyp II

$$L_{II} = 1{,}1 \cdot 40 + 1{,}0 \cdot 60 = 104{,}0 .$$

Die absolute Differenz beträgt also 2 Prozentpunkte.

LITERATUR: [2] B 4.6.2, B 4.6.4

ERGEBNIS: Die absolute Differenz beträgt 2 Prozentpunkte.

AUFGABE B35

Ein Unternehmen will für die Zeit von 1980 bis 1983 mit Hilfe geeigneter Indizes zur Basis 1980

a) die Kostenentwicklung beim Wareneinsatz mit der Erlösentwicklung beim Umsatz vergleichen;

b) die Preisentwicklung auf der Input- mit der auf der Outputseite vergleichen, wobei die Mengenstruktur des jeweiligen Berichtsjahres zugrunde gelegt werden soll.

Welche Indextypen ermöglichen im Falle a) bzw. b) den Vergleich?

LÖSUNG:

a) Kosten setzen sich aus Faktoreinsatzmengen und zugehörigen Preisen zusammen, Erlöse aus Absatzmengen und jeweiligen Preisen. Die Entwicklung beider Größen läßt sich also durch Wertindizes zur Basis 1980 beschreiben und miteinander vergleichen.

b) Da die Preisentwicklung interessiert, sind Preisindizes zu wählen; da diesen die Mengenstruktur des jeweiligen Berichtsjahres zugrunde liegen soll, sind für den Vergleich Preisindizes nach PAASCHE zur Basis 1980 zu berechnen.

LITERATUR: [2] B 4.2.1 ; B 4.2.2

ERGEBNIS: Für den Vergleich sind im Falle a) Wertindizes, im Falle b) Preisindizes nach PAASCHE zu berechnen.

AUFGABE B36

Welche der folgenden Aufgaben lassen sich mit Hilfe des in der Bundesrepublik berechneten Preisindex für die Lebenshaltung aller privaten Haushalte lösen ?

A: Exakte Messung der Entwicklung der Lebenshaltungskosten.

B: Exakte Messung der Preisentwicklung für die vom Sektor "Private Haushalte" und vom Sektor "Unternehmen" verbrauchten Waren und Dienstleistungen.

C: Messung der Kostenentwicklung eines Warenkorbes, der für den Verbrauch von Waren und Dienstleistungen aller privaten Haushalte im Basisjahr repräsentativ ist.

D: Messung der Kostenentwicklung eines Warenkorbes, der für den Verbrauch von Waren und Dienstleistungen aller privaten Haushalte im jeweiligen Berichtsjahr repräsentativ ist.

E: Verwendung als Wertsicherungsmaßstab in vertraglich vereinbarten Wertsicherungsklauseln.

LÖSUNG:

Der amtliche Preisindex für die Lebenshaltung aller privaten Haushalte ist ein Preisindex nach LASPEYRES, dem also der Warenkorb des Basisjahres zugrunde liegt. Demgemäß ist dieser Index für die Lösung der Aufgabe C geeignet. Die in D beschriebene Aufgabe kann nur von einem Preisindex nach PAASCHE gelöst werden.

Zur Lösung von Aufgabe A eignet sich der amtliche Preisindex für die Lebenshaltung nicht. Die Lebenshaltungskosten ändern sich sowohl mit den verbrauchten Mengen wie mit den dafür gezahlten Preisen. Ein Lebenshaltungs<u>kosten</u>index muß also ein Wertindex sein. Die in den Medien häufig verwendete Bezeichnung des amtlichen Preisindex für die Lebenshaltung als "Lebenshaltungskostenindex" ist folglich irreführend.

Zur Lösung von Aufgabe B ist der Index nicht geeignet, denn die vom Sektor "Unternehmen" verbrauchten Waren und Dienstleistungen, darunter viele Vor- und Zwischenprodukte, sollen vom Preisindex für die Lebenshaltung nicht erfaßt werden.

Zur Lösung von Aufgabe E ist der Index geeignet. Der Preisindex für die Lebenshaltung wird häufig herangezogen, um Leistungsverpflichtungen aus längerfristig laufenden Verträgen (z.B. Miet-, Pacht- und Rentenzahlungsverträgen) in ihrer Höhe der "allgemeinen Preisentwicklung" anzupassen.

LITERATUR: [2] B 4.4.2 ; C 4.4.3 ; [9]

ERGEBNIS: Der amtliche Preisindex für die Lebenshaltung eignet sich zur Lösung der Aufgaben C und E.

AUFGABE B37

Der Preisindex für die Lebenshaltung aller privaten Haushalte für September 1981 (zur Basis 1976) wurde wie folgt angegeben:

Baden-Württemberg: 125,1
Bundesrepublik: 125,4 .

Welche der folgenden Aussagen sind richtig ?

A: Die privaten Haushalte in der Bundesrepublik haben im September 1981 für ihre Lebenshaltung im Durchschnitt 25,4 % mehr aufgewendet als im Basisjahr.

Der unterschiedliche Stand der beiden Indexzahlen ist darauf zurückzuführen, daß

B: die den beiden Indizes zugrunde liegenden Warenkörbe verschieden sind;

C: sich die Preise der in den Indizes vertretenen Waren und Dienstleistungen in Baden-Württemberg zumindest teilweise anders entwickelten als im Bundesgebiet.

LÖSUNG:

Aussage A ist falsch. Der Preisindex für die Lebenshaltung sagt als LASPEYRES-Index aus, daß der Warenkorb des Basisjahres (hier 1976) im September 1981 25,4% mehr kosten würde. Die Aufwendungen der Haushalte für ihre Lebenshaltung im September 1981 werden jedoch sowohl durch Mengen- als auch durch Preisänderungen gegenüber 1976 beeinflußt.

Den Preisindizes für die Lebenshaltung in der Bundesrepublik und in Baden-Württemberg liegt der gleiche Warenkorb zugrunde. Daher ist Aussage B falsch und Aussage C richtig.

LITERATUR: [2] C 4.4.3

ERGEBNIS: Aussage C ist richtig.

AUFGABE B38

Abb.1 zeigt die Entwicklung der Außenhandelspreise an Hand des Index der "Einfuhrdurchschnittswerte" und des Index der "Ausfuhrdurchschnittswerte" sowie der Terms of Trade für die Bundesrepublik von 1978 bis 1982 (Quelle: [27] S. 21).

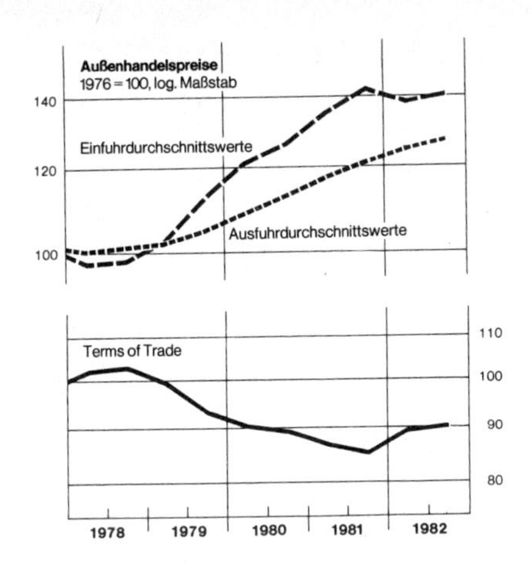

Abb. 1

Welche der folgenden Aussagen lassen sich daraus ableiten?

A: Der im Außenhandel durch die Erlöse bei der Ausfuhr und die Aufwendungen bei der Einfuhr erzielte Saldo war 1981 negativ.

B: Im Jahr 1981 weist die Handelsbilanz einen (aus deutscher Sicht) negativen Saldo auf.

C: Die Terms of Trade sind definiert als: Index der Einfuhrdurchschnittswerte in Prozent des Index der Ausfuhrdurchschnittswerte.

D: Wie man an den Terms of Trade abliest, hat sich seit Mitte 1979 die Außenhandelsposition der Bundesrepublik drastisch verschlechtert.

LÖSUNG:

Aussage A läßt sich nicht belegen. In die Erlöse bzw. Aufwendungen gehen Preise und Mengen ein. In Abb.1 ist aber nur die relative - auf das Basisjahr 1976 bezogene - Entwicklung der Ein- bzw. Ausfuhrpreise (genauer: ihrer Durchschnittswerte, vgl. Aufgabe D 54d) dargestellt.

Wenn Aussage A sich nicht belegen läßt, gilt das gleiche für Aussage B, da die Aussagen A und B inhaltsgleich sind.

Die Terms of Trade sind definiert als Index der Ausfuhrdurchschnittswerte in Prozent des Index der Einfuhrdurchschnittswerte. Daß Aussage C falsch ist, ergibt sich aber auch aus dem Verlauf der Zeitreihen in Abb.1 .

Aussage D ist aus Abb.1 nicht ableitbar. Die Terms of Trade zeigen nur an, wie sich das Ausfuhrpreisniveau und das Einfuhrpreisniveau relativ zueinander entwickeln. Das allein erlaubt noch keine Schlüsse auf die Außenhandelsposition der Bundesrepublik. So kann ein niedriger Wert der Terms of Trade wegen der damit verbundenen relativ niedrigen Ausfuhrpreise deutsche Exporte mengenmäßig begünstigen.

LITERATUR: [2] C 4.4.2 , [24] S. 345

ERGEBNIS: Keine der Aussagen A bis D läßt sich aus Abb.1 ableiten.

AUFGABE B39

Zu den in der amtlichen Statistik verwendeten systematischen Verzeichnissen gehören

- die "Systematik der Wirtschaftszweige, Fassung für die Statistik im Produzierenden Gewerbe" (SYPRO) , und
- das "Systematische Güterverzeichnis für Produktionsstatistiken", Teil 2, Ausgabe 1982 (GP) .

Welche Bedeutung hat das Systematische Güterverzeichnis für die Abgrenzung der Wirtschaftszweige der SYPRO, insbesondere bei der Berechnung der Nettoproduktionsindizes.

LÖSUNG:

Das Systematische Güterverzeichnis ist ein 6-stellig gegliedertes Güterverzeichnis. Die Abgrenzung der Wirtschaftszweige der 4-stelligen SYPRO erfolgt dadurch, daß jedes im Systematischen Güterverzeichnis aufgeführte Gut einem Wirtschaftszweig zugeordnet wird. Die einzelnen Wirtschaftszweige sind also definiert durch die auf sie entfallenden Güter des Systematischen Güterverzeichnisses.

Die Bausteine der seit 1984 veröffentlichten Nettoproduktionsindizes zur Basis 1980 sind Produktionsindizes für fachliche Unternehmensteile. Dabei sind fachliche Unternehmensteile solche Teile von Unternehmen, die eine gemäß der Güterabgrenzung der SYPRO homogene Tätigkeit ausüben.

LITERATUR: [2] C 1.3 , C 5.3.1; [3] S. 932

ERGEBNIS: Siehe Lösung

AUFGABE B40

Für welche der folgenden, von der amtlichen Statistik monatlich berechneten, Meßzahlen-Reihen ist neben den tatsächlich ermittelten Zahlen aus sachlichen Gründen eine "von Kalenderunregelmäßigkeiten bereinigte" Variante von Bedeutung ?

A = Index der Nettoproduktion

B = Index der Bruttoproduktion

C = Index des Auftragseingangs

D = Beschäftigtenzahl im Produzierenden Gewerbe

E = Geleistete Arbeiterstunden im Produzierenden Gewerbe

F = Index der Erzeugerpreise gewerblicher Produkte

G = Preisindex für die Lebenshaltung aller privaten Haushalte

LÖSUNG:

Reihen wie A , B , C und E , denen Bewegungsmassen (d.h. zeitraumbezogene Daten) zugrunde liegen, werden unter Umständen von der Zahl der Arbeitstage im Monat beeinflußt. Für Vergleichszwecke sind deshalb bei ihnen "von Kalenderunregelmäßigkeiten bereinigte" Werte von Interesse.

Bei Bestandszahlen (also bei zeitpunktbezogenen Daten) und daraus gebildeten Meßzahlenreihen wie D , F und G hat eine derartige Bereinigung keinen Sinn.

LITERATUR: [2] C 1.5, C 5.3.1; [3] S. 939 f.

ERGEBNIS: Bei den Reihen A, B, C und E sind "von Kalenderunregelmäßigkeiten bereinigte" Werte von Interesse.

AUFGABE B41

In Abb. 1 ist für einige Jahre der Verlauf der Wertindizes des Auftragseingangs und des Auftragsbestands im Hochbau dargestellt (Quelle: [19] Reihe 2.2, Oktober 1982, S. 9).

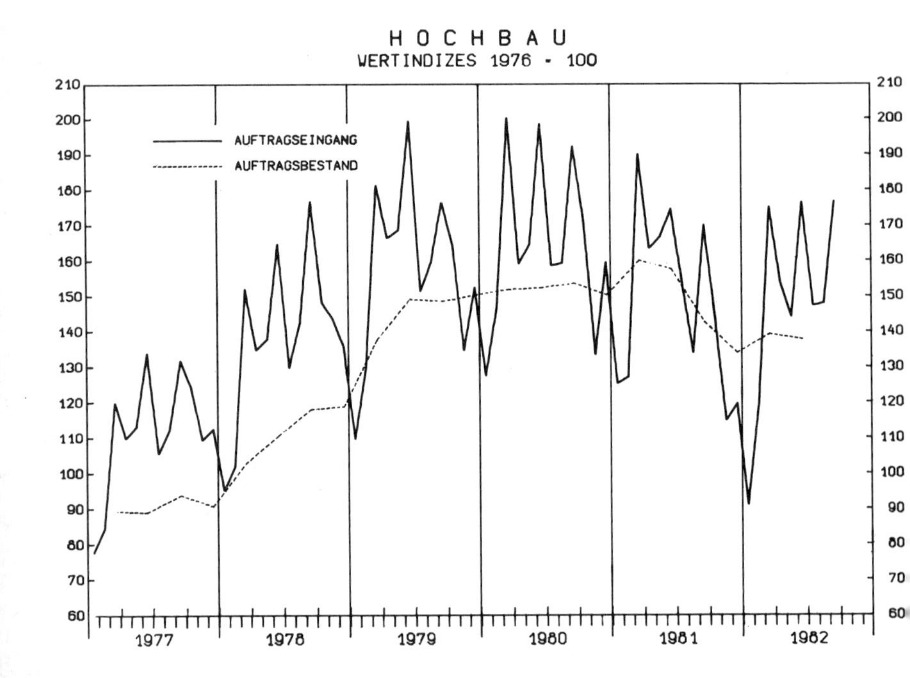

Abb. 1

Welche der folgenden Aussagen lassen sich daraus ablesen?

A: Im März 1982 war der Wert der Auftragseingänge höher als der Wert der Auftragsbestände.

B: Der Wert der Auftragsbestände war im September 1979 höher als im September 1978.

C: Der Wert der Auftragsbestände war im Jahr 1980 höher als im Basisjahr.

D: Der mengenmäßige Auftragseingang ist im Januar 1982 niedriger gewesen als im Januar 1979.

E: Der mengenmäßige Auftragsbestand ist von 1977 bis zur ersten Jahreshälfte 1981 um 70 Prozentpunkte gestiegen.

F: Im Januar 1978 waren die Auftragseingänge genauso groß wie die Auftragsbestände.

LÖSUNG:

Die Aussagen B und C lassen sich aus Abb.1 ablesen. Denn ein Index beschreibt als Meßzahl die relative Veränderung der zugrunde liegenden ökonomischen Größe. Ist der Indexstand zu einem Zeitpunkt t_1 größer als zu einem Zeitpunkt t_2, so ist auch der Absolutwert der zugrunde liegenden Größe zum Zeitpunkt t_1 größer als zum Zeitpunkt t_2 und umgekehrt.
Ist jedoch zum Zeitpunkt t_1 der Wert eines Index z.B. größer als der Wert eines anderen Index, so kann nicht auf die entsprechende Relation bei den jeweiligen Absolutwerten geschlossen werden. Diese Frage läßt sich nur entscheiden, wenn zusätzlich die Absolutwerte der Basisperiode bekannt sind (vgl. auch Aufgabe D 51). Die Aussagen A und F lassen sich also aus Abb.1 nicht ablesen.
Die Aussagen D und E sind nicht ablesbar, da Änderungen der dargestellten Wertindizes nicht allein auf Mengen-, sondern auch auf Preisänderungen zurückgehen können.

LITERATUR: [2] B 4.1.3 , B 4.1.4 , C 5.3.3

ERGEBNIS: Die Aussagen B und C sind aus Abb.1 ablesbar.

AUFGABE B42

In welcher der folgenden Alternativen ist der Produktionsbegriff beschrieben, den die amtlichen Indizes der Bruttoproduktion in der Bundesrepublik messen sollen ?

A: Bruttoproduktion, soweit die Produkte (als Vor- , Zwischen- oder Endprodukte) für den Markt bestimmt sind;

B: Bruttoproduktion von investitions- bzw. verbrauchsreifen Gütern;

C: Bruttowertschöpfung .

LÖSUNG:

Die Indizes der Bruttoproduktion sollen die Produktionsentwicklung derjenigen Erzeugnisse beschreiben, die nicht mehr weiter be- oder verarbeitet werden ("fertige" Güter), d.h. die Produktionsentwicklung der sogenannten Investitions- bzw. Verbrauchsgüter. Daher ist Alternative B zutreffend.

Alternative A kommt nicht in Betracht, da sie auch die Produktion von Vor- und Zwischenprodukten umfaßt.

Alternative C kommt nicht in Betracht, da die Bruttowertschöpfung die Eigenleistung der Produktionsstätten ohne Rücksicht darauf mißt, ob die produzierten Güter Vor- , Zwischen- oder Endprodukte sind. Die Entwicklung der Bruttowertschöpfung soll durch die Indizes der Nettoproduktion beschrieben werden.

LITERATUR: [2] C 5.3.1 ; [3]

ERGEBNIS: Alternative B gibt die gesuchte Beschreibung wieder.

AUFGABE B43

Auf welche Weise vermeidet die amtliche Statistik der Bundesrepublik im Rahmen ihrer Produktionsindizes im Prinzip die Mehrfachzählung von Vorleistungen ?

LÖSUNG:

Die meisten Unternehmen bzw. Wirtschaftszweige einer Volkswirtschaft produzieren nicht nur "fertige" (Investitions- oder Konsum-) Güter, d.h. Güter, die keiner weiteren Be-

oder Verarbeitung unterliegen. Vielmehr wird zumindest ein Teil der Bruttoproduktion im eigenen Bereich oder in anderen Wirtschaftszweigen als Vorleistung eingesetzt, wie dies z.B. in der Verflechtungstabelle einer Input-Output-Tabelle zum Ausdruck kommt (vgl. auch Aufgaben B 53 und B 54). Würde man also die Bruttoproduktionswerte aller Unternehmen des Produzierenden Gewerbes addieren, so würden Vorleistungen mehrfach gezählt. Um dieses zu vermeiden, beschreitet die amtliche Statistik zwei Wege:

1. Man definiert Nettoproduktionsindizes, die nur die Eigenleistung der produzierenden Einheiten in Form der Bruttowertschöpfung (= Bruttoproduktionswert - Vorleistungen) messen sollen. Da sich die Bruttowertschöpfung nicht monatlich erheben läßt, werden die Nettoproduktionsindizes mit Hilfe geeigneter Ersatzreihen fortgeschrieben (vgl. Aufgabe B 44).

2. Man definiert Bruttoproduktionsindizes, in deren Berechnung nur die Produktionsentwicklung "fertiger" Güter eingeht (vgl. Aufgabe B 42). Die Frage nach Vorleistungen ist hier nicht von Belang; vielmehr wird der Produktionsausstoß an "fertigen" Gütern gemessen, unabhängig davon, auf welchen Stufen des Produktionsprozesses Vorleistungen eingesetzt werden.

LITERATUR: [2] C 5.3.1 ; [3]

ERGEBNIS: Siehe Lösung

AUFGABE B 44

Welche der folgenden Aussagen über die Produktionsindizes der amtlichen Statistik der Bundesrepublik sind richtig ?

A: Der Index der Nettoproduktion wird mit der monatlich von den auskunftspflichtigen Unternehmen gemeldeten realen Bruttowertschöpfung fortgeschrieben.

B: Im Unternehmens-Index der Nettoproduktion für das "Investitionsgüter produzierende Gewerbe" werden ausschließlich Investitionsgüter erfaßt.

C: Bruttoproduktionsindizes werden für Gütergruppen (z.B. Investitionsgüter) berechnet.

D: Die Bruttoproduktionsindizes werden mit Hilfe der Produktionsdaten "fertiger", d.h. investitions- bzw. verbrauchsreifer Güter fortgeschrieben.

E: Eine Erhöhung des Index der Bruttoproduktion für Investitionsgüter zeigt an, daß sich die Investitionstätigkeit der deutschen Wirtschaft belebt hat.

LÖSUNG:

Aussage A ist falsch. Von den auskunftspflichtigen Unternehmen kann die reale Bruttowertschöpfung nicht monatlich gemeldet werden, da die Ermittlung der dazu benötigten Daten wie z.B. Lagerbestandsveränderungen, selbsterstellte Anlagen, Vorleistungen und ihre Bewertung mit den Preisen der Basisperiode monatlich nicht möglich ist. Der Index der Nettoproduktion wird daher mit geeigneten Ersatzreihen fortgeschrieben (vgl. Aufgabe B 45).

Aussage B ist falsch. Institutionelle Einheiten werden den einzelnen Wirtschaftszweigen gemäß dem Schwerpunktprinzip zugeordnet. Beispielsweise wird ein Unternehmen, das überwiegend Investitionsgüter herstellt, mit seiner gesamten Produktion zu einem Zweig des Investitionsgüter produzierenden Gewerbes gezählt.

Die Aussagen C und D sind richtig. Die Indizes der Bruttoproduktion erfassen die Entwicklung des Ausstoßes von "fertigen" Gütern, die keiner weiteren Be- oder Verarbeitung mehr unterliegen (also Investitions- bzw. Verbrauchsgütern). Daher sind diese Indizes nach Gütergruppen - nicht nach Wirtschaftszweigen - gegliedert (wobei die Klassifizierung eines Gutes als Investitions- oder Verbrauchsgut nach dem überwiegenden Verwendungszweck erfolgt):

"- Der Bruttoproduktionsindex für I n v e s t i t i o n s g ü t e r beschreibt die Entwicklung der vorwiegend von Unternehmen und vom Staat nachgefragten Güter für Ausrüstungsinvestitionen (nicht für Bauinvestitionen).

- Der Bruttoproduktionsindex für V e r b r a u c h s g ü t e r enthält die von den privaten Haushalten verbrauchten Erzeugnisse (ohne Nahrungs- und Genußmittel)." ([3] S. 935).

Aussage E ist falsch. "Die Bruttoproduktionsindizes sind kein direktes Maß der i n l ä n d i s c h e n Investitions- oder Verbrauchsnachfrage ... , da nicht nachgewiesen wird, in welchen Anteilen die im Index erfaßten produzierten Güter im Inland und Ausland abgesetzt werden;" ([3] S.935).

LITERATUR: [2] C 5.3.1 ; [3]

ERGEBNIS: Die Aussagen C und D sind richtig.

AUFGABE B45

Der amtliche Index der Nettoproduktion wird monatlich mit Hilfe von

A = Mengenreihen des Güterausstoßes ,
B = Wertreihen des Güterausstoßes ,
C = Umsatzreihen des Güterausstoßes ,
D = Reihen der geleisteten Arbeiterstunden

fortgeschrieben.

a) Warum wird der Index nicht mit der monatlichen Bruttowertschöpfung der Wirtschaftszweige fortgeschrieben ?

b) Nennen Sie für jede der Fortschreibungsreihen A bis D Anwendungsfälle.

LÖSUNG:

a) Der Index der Nettoproduktion soll die Entwicklung der monatlichen realen (d.h. mit den Preisen der Basisperiode bewerteten) Bruttowertschöpfung der einzelnen Wirtschaftszweige und des Produzierenden Gewerbes insgesamt messen. Die Bruttowertschöpfung eines Unternehmens ergibt sich aus dem Bruttoproduktionswert (= Umsatz + Lagerbestandsveränderungen + selbsterstellte Anlagen) durch Abzug des Materialverbrauchs, des Einsatzes von Handelsware, des Wertes der vergebenen Lohnarbeiten und der "Sonstigen Vorleistungen" (z.B. Mieten und Pachten, Kosten für Reparatur und Instandhaltung). Zumindest einige dieser zur Berechnung der Wertschöpfung benötigten Daten fallen bei den Unternehmen nicht monatlich, sondern nur jährlich an, so daß die amtliche Statistik den Index der Nettoproduktion mit Hilfe geeigneter Ersatzreihen fortschreibt.

Wünschenswerte Eigenschaften solcher Ersatzreihen ergeben sich aus folgender Überlegung: Unterstellt man der Einfachheit halber, daß die produzierenden Einheiten jeweils nur ein Produkt - und dieses für den gesamten Beobachtungszeitraum in unveränderter Form - herstellen, so läßt sich der Nettoproduktionsindex N_t für die Berichtsperiode t zur Basisperiode o formal schreiben:

$$N_t = \frac{\text{reale Bruttowertschöpfung in t}}{\text{Bruttowertschöpfung in o}}$$

$$= \frac{\sum p_o^* q_t}{\sum p_o^* q_o} \quad . \qquad (1)$$

Dabei bedeutet:

q_o die Produktionsmenge des Gutes in der Basisperiode,

q_t die Produktionsmenge des Gutes in der Berichtsperiode,

p_o^* den Wert der Eigenleistung je produzierte Mengeneinheit des Gutes in der Basisperiode.

Summiert wird dabei über die produzierenden Einheiten.

Durch Umformen erhält man aus (1) :

$$N_t = \sum \left(\frac{q_t}{q_o} \right) \left(\frac{p_o^* q_o}{\Sigma p_o^* q_o} \right)$$

$$= \sum \left(\frac{q_t}{q_o} \right) \cdot g_o \quad . \qquad (2)$$

Dabei sind die Gewichte g_o die Bruttowertschöpfungsanteile der einzelnen Einheiten in der Basisperiode.

Gemäß (2) läßt sich N_t also mit Hilfe der Mengenmeßzahlen q_t/q_o fortschreiben. Wo diese nicht zur Verfügung stehen bzw. wenn die obigen Voraussetzungen nicht erfüllt sind, muß man mit Ersatzreihen e_t arbeiten. Falls diese proportional zu q_t verlaufen, kann q_t/q_o durch e_t/e_o ersetzt werden.

b) zu A: Die Mengenfortschreibung mit q_t/q_o ist nur bei Gütern geeignet, deren Qualität im Zeitablauf relativ unverändert bleibt. Man nimmt das vor allem von Gütern aus dem Grundstoffbereich an.

zu B: Güter, bei denen Qualitätsveränderungen eine Rolle spielen (das gilt z.B. für die meisten Güter aus dem Investitions- bzw. Verbrauchsgüterbereich), werden durch Produktionswertreihen erfaßt. Reine Preiseinflüsse - also nicht durch Qualitätsveränderungen verursacht - versucht man durch Deflationierung der Produktionswerte mit geeigneten Preisindizes herauszurechnen (vgl. auch Aufgabe D 52). Problematisch ist dabei unter anderem, daß zur Deflationierung überwiegend Preisindizes nach LASPEYRES verwendet werden; denn das Ergebnis der Deflationierung enthält dann auch die Preise der jeweiligen Berichtsperiode.

zu C: Fortschreibung mit preisbereinigten Umsatzreihen verwendet man vor allem bei Wirtschaftszweigen mit sehr heterogener Erzeugnisstruktur, deren Produktionsentwicklung sich nicht durch wenige Mengen- oder Produktionswertreihen darstellen läßt. Zu dem oben beschriebenen Deflationierungsproblem tritt hier hinzu, daß Produktions- und Umsatzzeitpunkt auseinanderfallen können.

zu D: Die Fortschreibung mit der Zahl der geleisteten Arbeiterstunden verwendet man vor allem in Wirtschaftszweigen, in denen der monatliche Produktionsfortgang nur schlecht erhoben werden kann und Wert- oder Umsatzangaben erst bei Fertigstellung anfallen (wie z.B. im Bauhauptgewerbe oder im Schiffbau).

LITERATUR: [2] C 5.3.1 ; [3] ; [7]

ERGEBNIS: Siehe Lösung

AUFGABE B46

Die Produktionsindizes der amtlichen Statistik der Bundesrepublik werden unter anderem mit Hilfe von

a) Wertreihen der Produktion aus dem Produktions-Eilbericht,

b) Umsatzreihen aus dem Monatsbericht,

c) Arbeiterstundenreihen aus dem Monatsbericht

fortgeschrieben.

Warum kann man die unter a) bis c) genannten Daten in der Regel nicht direkt, d.h. so wie sie anfallen, in die Indexberechnung eingehen lassen?

LÖSUNG:

Die Produktionsindizes sind Mengenindizes. Bei Wert- und Umsatzreihen muß jedoch im allgemeinen damit gerechnet werden, daß die angegebenen Daten nicht nur Mengen-, sondern auch Preiseinflüsse widerspiegeln. Wert- und Umsatzreihen werden daher mit geeigneten Preisindizes (Erzeugerpreisindizes gewerblicher Produkte) preisbereinigt, bevor man sie zur Indexberechnung heranzieht.

Änderungen der Arbeitsproduktivität beeinflussen das Verhältnis von Produktionsausstoß und Arbeitseinsatz. Diesen Einfluß berücksichtigt man durch einen Produktivitätsfaktor, der die Entwicklung des preisbereinigten Umsatzes je geleistete Arbeiterstunde wiedergibt.

BEMERKUNG: In den Fällen a) und b) ist wichtig, daß die zur Preisbereinigung verwendeten Preisindizes wirklich nur reine Preiseffekte widerspiegeln, nicht auch Preisbewegungen auf

Grund von Qualitätsveränderungen. Letztere sollen vielmehr in den Wert des Produktionsindex eingehen.

LITERATUR: [3] S. 933

ERGEBNIS: Siehe Lösung

AUFGABE B47

Welche der folgenden Aussagen über die genannten Indizes der Statistik des Produzierenden Gewerbes (alle zur Basis 1980) sind richtig?

A: Ist für einen Wirtschaftszweig in einem bestimmten Monat der Auftragsbestand wesentlich größer als der Auftragseingang, so ist in diesem Monat auch der Wert des Auftragsbestandsindex größer als der Wert des Auftragseingangsindex.

B: Auch wenn für einen Wirtschaftszweig der Index des Auftragseingangs im Verlauf eines Jahres fortlaufend ansteigt, kann der Index des Auftragsbestands in demselben Zeitraum abnehmen.

C: Aufgrund der Beziehung

Bruttowertschöpfung = Bruttoproduktionswert - Vorleistungen

sind (für jeweils denselben Zeitraum und Wirtschaftszweig) die Indexwerte der Nettoproduktion niemals größer als die Indexwerte der Bruttoproduktion.

D: Da die Arbeiter eine Teilmenge der Beschäftigten darstellen, ist der Wert des Index der Arbeitsproduktivität in der Form

$$\frac{\text{Index der Nettoproduktion } (1980 \mathrel{\hat{=}} 100)}{\text{Meßzahl für die Anzahl der Arbeiter } (1980 \mathrel{\hat{=}} 100)} \, 100$$

stets größer als der Wert des Index der Arbeitsproduktivität in der Form

$$\frac{\text{Index der Nettoproduktion } (1980 \mathrel{\hat{=}} 100)}{\text{Meßzahl für die Anzahl der Beschäftigten } (1980 \mathrel{\hat{=}} 100)} \, 100 \; .$$

LÖSUNG:

Aussage A ist falsch. Indizes geben relative Veränderungen gegenüber dem Basisjahr wieder. Daher sind Rückschlüsse von der Größenrelation verschiedener absoluter Größen auf die entsprechende Relation der Indexwerte nicht möglich (vgl. auch Lösung zu Aufgabe B 41).

Aussage B ist richtig. Wenn die Auftragseingänge trotz steigender Tendenz nicht ausreichen, um die Produktionskapazität voll auszulasten, nehmen die Auftragsbestände durch Auftragserledigung stärker ab als sie durch Auftragseingänge zunehmen. In diesem Falle sinkt der Index des Auftragsbestands.

Aussage C ist falsch. Aufgrund unterschiedlicher Berechnungskonzepte (vgl. Aufgabe B 43) können sich die Indizes der Brutto- bzw. Nettoproduktion unterschiedlich entwickeln. Selbst wenn ihnen das gleiche Konzept zugrunde läge, wäre folgendes zu berücksichtigen: Die Bruttowertschöpfung ist zwar zahlenmäßig kleiner als der Bruttoproduktionswert, aber die Indizes der Netto- bzw. der Bruttoproduktion haben beide im Basisjahr den Wert 100. Welcher Index in der Folgezeit den größeren Wert annimmt, hängt allein davon ab, ob die Bruttowertschöpfung oder die Bruttoproduktion gegenüber dem jeweiligen Niveau des Basisjahres stärker steigt.

Aussage D ist falsch. Im Nenner der beiden Indexformeln steht nicht die Anzahl der Arbeiter bzw. Beschäftigten, sondern jeweils die entsprechende Meßzahl, welche im Basisjahr den Wert 100 besitzt. Da die Zähler der beiden Produktivitätsindizes übereinstimmen, entscheidet sich also die Frage, welcher Indexwert der größere ist, allein daran, wie sich die im Nenner stehenden Meßzahlen zueinander entwickeln.

LITERATUR: [2] B 4.1 ; C 5.3.1 ; C 5.3.2

ERGEBNIS: Aussage B ist richtig.

AUFGABE B48

Die von der amtlichen Statistik der Bundesrepublik für den Bergbau und das Verarbeitende Gewerbe monatlich veröffentlichten Meßzahlen der Arbeitsproduktivität ([19] Reihe 2.1) werden gemäß

$$(1) \qquad \frac{P}{L}100$$

berechnet. Dabei ist P ein Produktionsindex und L eine Meßzahl für den Arbeitseinsatz (jeweils zur Basis 1980). Welche der folgenden Aussagen sind richtig ?

A: Für P verwendet man den Index der Nettoproduktion.

B: Für P verwendet man den Index der Bruttoproduktion für Investitions- bzw. Verbrauchsgüter.

C: Setzt man für L in (1) die Meßzahl für die Anzahl der Arbeiter, so verwendet man für P den von Kalenderunregelmäßigkeiten bereinigten Indexwert der Nettoproduktion.

D: Setzt man für L in (1) die Meßzahl für die geleisteten Arbeiterstunden, so verwendet man für P den kalendermonatlichen Indexwert der Nettoproduktion.

LÖSUNG:

Aussage A ist richtig, Aussage B also falsch. Eine Meßzahl der Arbeitsproduktivität will die Eigenleistung in Beziehung setzen zur aufgewandten Arbeitsleistung. Die Eigenleistung wird durch den Index der Nettoproduktion dargestellt, nicht aber durch den Index der Bruttoproduktion (vgl. auch Aufgabe B 43).

Die Meßzahlen der Arbeitsproduktivität sollen frei sein von Kalenderunregelmäßigkeiten. Daher sind die Aussagen C und D richtig. Die unterschiedliche Zahl der Arbeitstage in den einzelnen Monaten beeinflußt die Zahl der Arbeiter praktisch nicht, wohl aber die Zahl der geleisteten Arbeiterstunden. Daher erhält man sinnvolle Maße für die Arbeitsproduktivität, wenn man in (1) entweder für P die kalendermonatliche Nettoproduktion und für L die Zahl der geleisteten Arbeiterstunden setzt oder für P die von Kalenderunregelmäßigkeiten bereinigte Nettoproduktion und für L die Zahl der Arbeiter.

LITERATUR: [2] C 5.3.2, [3] S. 935 - 939

ERGEBNIS: Die Aussagen A, C und D sind richtig.

AUFGABE B49

Die amtliche Statistik der Bundesrepublik berechnet Indizes der Arbeitsproduktivität für den Bergbau und das Verarbeitende Gewerbe, z. Zt. zur Basis 1980. Welche der folgenden Aussagen sind richtig, wenn man den Produktivitätsindex in der Form: Produktionsergebnis je Beschäftigten (PjB) betrachtet ?

A: Das PjB wird nach der Formel von LASPEYRES berechnet.

B: Da die Wertschöpfung je Beschäftigten in der Mineralölverarbeitung um ein Mehrfaches größer ist als beispielsweise in der Holzbearbeitung, muß - für denselben Zeitraum betrachtet - das PjB in der Mineralölverarbeitung stets größer sein als das PjB in der Holzbearbeitung.

C: Aus den PjB-Werten (Basis 1980)

Wirtschaftszweig	PjB-Wert 1982
Herstellung von Büromaschinen	121,9
Kessel- und Behälterbau	97,6

(Quelle: [19] Reihe S7, 1984, S. 246 f.)

läßt sich folgern, daß sich - jeweils im Vergleich zum Basisjahr - die berufliche Qualifikation der Beschäftigten im Wirtschaftszweig "Herstellung von Büromaschinen" stärker erhöht hat als die der Beschäftigten im "Kessel- und Behälterbau".

D: Die PjB sind kurzfristige Indikatoren des technischen Fortschritts.

E: Wenn sich das PjB für das Verarbeitende Gewerbe insgesamt erhöht hat, muß sich das PjB in mindestens einem der im Verarbeitenden Gewerbe erfaßten Wirtschaftszweige erhöht haben.

LÖSUNG:

Aussage A ist falsch. Die amtlichen Indizes der Arbeitsproduktivität werden durch Quotienten der Bauart

$$(1) \qquad \frac{\text{Index der Nettoproduktion } (1980 \mathrel{\hat{=}} 100)}{\text{Meßzahl Arbeitseinsatz } (1980 \mathrel{\hat{=}} 100)} \, 100$$

gebildet (vgl. Aufgabe B 48). Dieser Quotient aus einem Index und einer Meßzahl entspricht keinem der gängigen Index-Schemata (LASPEYRES, PAASCHE, ...).

Aussage B ist falsch. Zwar ist die Wertschöpfung je Beschäftigten in der Mineralölverarbeitung erheblich höher als in der Holzbearbeitung. Beim Vergleich der beiden PjB-Werte ist aber zu beachten, daß sie beide - ausgehend vom Stand 1980 $\mathrel{\hat{=}}$ 100 - nur relative Veränderungen der Wertschöpfung je Beschäftigten innerhalb des jeweiligen Wirtschaftszweigs wiedergeben (vgl. auch Aufgaben B 41 , B 47).

Die in C angegebene Folgerung ist falsch. Die sog. "partiellen" Produktivitätsindizes vom Typ (1) setzen das Produktionsergebnis (gemessen durch den Index der Nettoproduktion) nur zu <u>einem</u> der Produktionsfaktoren (hier: Arbeitseinsatz) in Beziehung. Da an der Erstellung des Produktionsergebnisses alle Produktionsfaktoren beteiligt sind, läßt sich der Beitrag eines einzelnen Faktors nicht isoliert messen. Daher wird der Beitrag des Faktors "Arbeit" nicht durch die "Arbeitsproduktivität" dargestellt. Wie man aus (1) ersieht, kann das PjB vielmehr schon dadurch steigen, daß - bei gleichem Arbeitseinsatz - die Nettoproduktion steigt (z.B. durch höhere Kapazitätsauslastung oder durch höheren Kapitaleinsatz für Rationalisierung und Automation).

Aussage D ist falsch. Man beobachtet z.B., daß die PjB-Werte kurzfristig vor allem durch Konjunktur- und Saisonfaktoren beeinflußt werden; infolge verzögerter Anpassung des Arbeitskräfteeinsatzes gehen nämlich die PjB-Werte in Zeiten wirtschaftlichen Abschwungs relativ stark zurück, während sie in Aufschwungsphasen relativ stark ansteigen. Allenfalls langfristig spiegeln sie Einflüsse des technischen Fortschritts wider.

Aussage E ist falsch. Bei unveränderten PjB-Werten für die Wirtschaftszweige und unverändertem Gesamtarbeitseinsatz erhöht sich die Bruttowertschöpfung im Verarbeitenden Gewerbe insgesamt z.B. dann, wenn Arbeitskräfte aus Wirtschaftszweigen mit niedrigen PjB-Werten in Wirtschaftszweige mit hohen PjB-Werten abwandern ("Struktureffekt").

LITERATUR: [2] C 5.3.2 ; [3] S. 939 ; [24] S. 312 - 315

ERGEBNIS: Keine der Aussagen A bis E ist richtig.

AUFGABE B50

Welche der folgenden Aussagen, bezogen auf die derzeitigen Volkswirtschaftlichen Gesamtrechnungen (VGR) der Bundesrepublik, sind richtig ?

A: Die VGR sind ex-post-Darstellungen, d.h. Rechnungslegungen für abgelaufene Perioden.

B: In den VGR werden in allen Sektoren nur Marktvorgänge nachgewiesen.

C: Das Bruttosozialprodukt verändert sich nicht, wenn bestimmte Funktionen, die bisher überwiegend in privaten Haushalten durchgeführt wurden (z.B. Zubereitung von Mahlzeiten, Reinigung von Kleidung ...) von gewerblichen Unternehmen übernommen werden.

D: Im Sinne der VGR sind die in der Bundesrepublik tätigen ausländischen Arbeitnehmer überwiegend Inländer.

E: Die Bezeichnung "Sozialprodukt" bezieht sich auf das Inländerkonzept (im Gegensatz zum Inlandskonzept).

F: Der Bruttoproduktionswert unterscheidet sich vom Bruttoinlandsprodukt durch die Abschreibungen.

G: Das Nettosozialprodukt zu Faktorkosten ist das um die Differenz aus Indirekten Steuern und Subventionen verminderte Nettosozialprodukt zu Marktpreisen.

H: Das Nettosozialprodukt zu Marktpreisen erhält man, wenn man vom Bruttosozialprodukt zu Marktpreisen die Abschreibungen subtrahiert.

I: Die Verteilungsrechnung stellt dar, wie sich die erzeugten Güter und Dienste auf Investitionen, Konsum und Exporte verteilen.

J: Das Bruttoeinkommen aus unselbständiger Arbeit besteht aus Bruttolöhnen und -gehältern und (tatsächlichen und unterstellten) Sozialbeiträgen der Arbeitgeber.

K: Aus einem Ansteigen der gesamtwirtschaftlichen Lohnquote (= Bruttoeinkommen aus unselbständiger Arbeit/Volkseinkommen) folgt, daß das Durchschnittseinkommen der Bezieher von Einkommen aus unselbständiger Arbeit sich stärker erhöht hat als das Durchschnittseinkommen aus Unternehmertätigkeit und Vermögen.

LÖSUNG:

Von den Definitionsaussagen F, G, H und J sind G, H und J richtig; F ist jedoch falsch, denn es gilt:

Bruttoproduktionswert = Bruttoinlandsprodukt zu Marktpreisen + Materialverbrauch + andere Vorleistungen.

Aussage A ist richtig. Auch die Aussagen D und E sind richtig. Inländer im Sinne der VGR sind natürliche Personen mit ständigem Wohnsitz oder gewöhnlichem Aufenthaltsort im Inland (vgl. auch Aufgabe B 26). Die in der Bundesrepublik tätigen ausländischen Arbeitnehmer zählen überwiegend zu diesem Personenkreis. Dem Inländerkonzept entspricht das Sozial- oder, wie es bisweilen auch genannt wird, Inländerprodukt (im Unterschied zum Inlandsprodukt).

Aussage B ist falsch. Beispielsweise werden die vom Sektor "Staat" produzierten Leistungen zum größten Teil nicht über Marktvorgänge erfaßt, sondern über den Aufwand, der für ihre Erstellung betrieben wird.

Aussage C ist falsch. Bei der in C geschilderten Situation steigt das Sozialprodukt (ohne daß sich am Grad der Güterversorgung etwas geändert haben muß), da die im Sektor "Private Haushalte" produzierten Leistungen in den VGR überwiegend nicht erfaßt werden (vgl. auch die Aufgaben B 51, B 52).

Aussage I ist falsch. Die Verteilungsrechnung weist die Einkommensverteilung nach "Bruttoeinkommen aus unselbständiger Arbeit" und "Einkommen aus Unternehmertätigkeit und Vermögen" nach.

Aussage K ist falsch. Das Volkseinkommen besteht aus den Bruttoeinkommen aus unselbständiger Arbeit und den Bruttoeinkommen aus Unternehmertätigkeit und Vermögen. Folglich besagt ein Steigen der Lohnquote nur, daß der Anteil der Bruttoeinkommen aus unselbständiger Arbeit gestiegen bzw. der Anteil der Bruttoeinkommen aus Unternehmertätigkeit und Vermögen am Volkseinkommen gesunken ist. Das tritt z.B. bei unveränderten Durchschnittseinkommen dann ein, wenn die Zahl der Bezieher von Bruttoeinkommen aus unselbständiger Arbeit gleich bleibt und sich die Zahl der Einkommensbezieher aus Unternehmertätigkeit und Vermögen verringert (vgl. [14] S. 87, Ziffer 153).

LITERATUR: [2] C 6.1, C 6.2

ERGEBNIS: Die Aussagen A, D, E, G, H und J sind richtig.

AUFGABE B51

Warum wird in der Bundesrepublik der Sektor "Private Haushalte" nur in sehr begrenztem Umfang in die Entstehungsrechnung der Volkswirtschaftlichen Gesamtrechnungen (VGR) einbezogen?

A: Private Haushalte sind keine wirtschaftlich tätigen Einheiten und gehören deshalb nicht in die VGR.

B: In privaten Haushalten werden keine Güter und Dienstleistungen produziert wie z.B. in Unternehmen, Betrieben und Arbeitsstätten.

C: Die Produktionsvorgänge in den privaten Haushalten werden wegen Abgrenzungs-, Erhebungs- und Bewertungsschwierigkeiten überwiegend nicht erfaßt.

LÖSUNG:

Die Aussagen A und B sind falsch. In privaten Haushalten werden erhebliche wirtschaftliche Leistungen erbracht. Ein Teil der Wachstumsrate des Sozialprodukts im Verlauf der letzten Jahrzehnte erklärt sich gerade dadurch, daß Leistungen, die bis dahin in privaten Haushalten erstellt wurden (z.B. die Versorgung alter und kranker Menschen, Kinderbetreuung, Reinigungsdienste, Nahrungsmittelzubereitung) nunmehr von Unternehmen erbracht und damit zum Sozialprodukt gezählt werden.

Aussage C ist richtig. Das Fehlen einer systematischen Erfassung und Bewertung der in privaten Haushalten erbrachten wirtschaftlichen Leistungen verhindert bisher eine vollständige Einbeziehung (vgl. dazu Aufgabe B 52) in die Entstehungsrechnung der VGR.

LITERATUR: [2] C 6.2

ERGEBNIS: Aussage C ist richtig.

AUFGABE B52

Welche der folgenden Aussagen über die Erfassung des Sektors "Private Haushalte" in den Volkswirtschaftlichen Gesamtrechnungen (VGR) der Bundesrepublik sind richtig ?

A: Der Sektor "Private Haushalte" trägt zur Bruttowertschöpfung nur durch den Posten der Aufwendungen für die "Häuslichen Dienste" bei.

B: Die "Privaten Haushalte" zählen zu den "Organisationen ohne Erwerbszweck".

C: Der Sektor "Private Haushalte" wird zwar in der Entstehungsrechnung weitgehend nicht erfaßt, aber in der Verteilungs- und in der Verwendungsrechnung nachgewiesen.

LÖSUNG:

Aussage A ist richtig. Private Haushalte entfalten eine Vielzahl ökonomischer Aktivitäten, von denen viele vor allem im Rahmen der Entstehungsrechnung bisher nicht gemessen werden können (vgl. auch Aufgabe B 51).

Aussage B ist falsch. Organisationen ohne Erwerbszweck sind z.B. Kirchen, Vereine und Wohlfahrtsverbände.

Aussage C ist richtig. In der Verteilungsrechnung werden die privaten Haushalte z.B. im Rahmen der Einkommenskonten, in der Verwendungsrechnung im Rahmen des privaten Verbrauchs nachgewiesen.

LITERATUR: [2] C 6.1.3 , C 6.1.4

ERGEBNIS: Die Aussagen A und C sind richtig.

AUFGABE B53

Für ein Land gelte folgende Input-Output-Tabelle (alle Angaben in Recheneinheiten (RE)):

Tab.1

Output an / Input von	Produktionsbereiche I	Produktionsbereiche II	Endnachfrage	Bruttoproduktion
Produktionsbereich I	8	10	26	44
Produktionsbereich II	12	4	24	40
Bereiche des primären Inputs	24	26		
Bruttoproduktion	44	40		

Welche der folgenden Aussagen sind dann richtig, wenn man die Produktionsfunktionen als linear-homogen unterstellt ?

A: Der Wert aller von Produktionsbereich I erstellten Güter beträgt 18 RE.

B: Der Wert aller von Produktionsbereich I erstellten Güter beträgt 44 RE.

C: Um in Produktionsbereich II Güter im Wert von 1 RE zu erstellen, benötigt man unmittelbar Güter des Produktionsbereichs I im Wert von 10/40 RE.

D: Um in Produktionsbereich II Güter im Wert von 1 RE zu erstellen, benötigt man unmittelbar Güter des Produktionsbereichs I im Wert von 12/44 RE.

E: Wenn sich die Endnachfrage nach Gütern der Produktionsbereiche I und II jeweils verdoppelt, steigt die Bruttoproduktion von Produktionsbereich I auf 26 + 44 = 70 RE.

LÖSUNG:

Aussage A ist falsch und Aussage B ist richtig. Aus der ersten Zeile der Tab.1 liest man ab, daß die Gesamtproduktion (=Bruttoproduktion) von Produktionsbereich I in Höhe von 44 RE folgender Verwendung zugeführt wird:

(1) 8 RE Eigenverbrauch

(2) 10 RE Zulieferung an Produktionsbereich II

(3) 26 RE Endnachfrage.

(Die unter (1) und (2) aufgeführten insgesamt 18 RE stellen die Vorleistungen des Produktionsbereichs I an sich selbst bzw. an den Bereich II dar.).

Aussage C ist richtig und Aussage D falsch. Produktionsbereich II benötigt zur Erstellung von Gütern im Wert von 40 RE (=Bruttoproduktionswert von Bereich II) Vorleistungen in Höhe von 10 RE von Produktionsbereich I. Bei linear-homogener Produktionsfunktion benötigt II zur Erzeugung einer RE also <u>unmittelbar</u> 10/40 RE Vorleistungen von I. "Unmittelbar" besagt in diesem Zusammenhang, daß Folgewirkungen hier zunächst nicht betrachtet werden (vgl. dazu auch Aufgabe B 54). Diese Folgewirkungen treten - mit abnehmender Intensität - wie folgt ein: Wenn Produktionsbereich II seine Bruttoproduktion um 1 RE erhöht, werden dazu unmittelbar Güter des Produktionsbereichs I in Höhe von 10/40 RE benötigt. Um diesen Betrag muß sich also die Bruttoproduktion von I erhöhen. Eine Steigerung der Bruttoproduktion von I um 10/40 RE läßt aber Produktionsbereich I Vorleistungen von Produktionsbereich II nachfragen usw.. Die ursprüngliche Erhöhung der Bruttoproduktion von II um eine RE setzt also einen wechselseitig sich anregenden Nachfrageprozeß nach Gütern von I und II in Gang; (zur Berechnung der Gesamtwirkung vgl. Aufgabe B 54) .

Aussage E ist falsch. Die Bruttoproduktion von I müßte unter den angegebenen Bedingungen um mehr als 26 RE steigen, da gemäß der Verflechtungstabelle allein die Verdoppelung der Bruttoproduktion von II erhebliche unmittelbare Vorleistungen von I erfordert. Folgewirkungen sind dabei noch gar nicht berücksichtigt.

LITERATUR: [2] C 6.4.1 ; [16]

ERGEBNIS: Die Aussagen B und C sind richtig.

AUFGABE B54

Beantworten Sie bei Annahme linear-homogener Produktionsfunktionen und unter Zugrundelegung der Input-Output-Tabelle von Aufgabe B 53 folgende Fragen:

1. Eine um wieviele Recheneinheiten (RE) erhöhte Endnachfrage nach den Gütern der beiden Produktionsbereiche läßt sich befriedigen, wenn man die Bruttoproduktion

   1a) von Bereich I um eine RE erhöhen könnte, die von Bereich II aber nicht ?

   1b) beider Bereiche um je eine RE erhöhen könnte ?

2. Um wieviele RE verändert sich die Bruttoproduktion der beiden Produktionsbereiche, wenn gegenüber der Situation in Tab. 1 von Aufgabe B 53

2a) die Endnachfrage nach Gütern des Produktionsbereichs I um eine RE steigt ?

2b) die Endnachfrage nach Gütern des Produktionsbereichs II um eine RE steigt ?

2c) die Endnachfrage nach Gütern beider Produktionsbereiche um je eine RE steigt ?

3. Angenommen, je ein Viertel des primären Inputs beider Produktionsbereiche besteht aus Importen. Um wieviele RE steigt der Importbedarf insgesamt, wenn sich die Endnachfrage nach den Gütern der beiden Produktionsbereiche um je eine RE erhöht ?

LÖSUNG:

Im folgenden bezeichnen

x_1 bzw. x_2 die Bruttoproduktionswerte (in RE) der Bereiche I bzw. II ,

y_1 bzw. y_2 die Endnachfrage in RE nach den Gütern der Bereiche I bzw. II.

Dann lassen sich die linear-homogen angenommenen Produktionsfunktionen der Bereiche I bzw. II durch die Gleichungen

$$\frac{8}{44} x_1 + \frac{10}{40} x_2 + y_1 = x_1$$

$$\frac{12}{44} x_1 + \frac{4}{40} x_2 + y_2 = x_2$$

bzw.

$$(1) \quad \begin{aligned} y_1 &= \frac{36}{44} x_1 - \frac{10}{40} x_2 \\ y_2 &= -\frac{12}{44} x_1 + \frac{36}{40} x_2 \end{aligned}$$

beschreiben.

1a) Mit

$$x_1 = 44 + 1 = 45 , \quad x_2 = 40$$

erhält man aus (1)

$$y_1 = \frac{36}{44} \cdot 45 - \frac{10}{40} \cdot 40 \approx 36,82 - 10 = 26,82 \text{ RE} ,$$

$$y_2 = -\frac{12}{44} \cdot 45 + \frac{36}{40} \cdot 40 \approx -12,27 + 36 = 23,73 \text{ RE}.$$

1b) Mit

$$x_1 = 44 + 1 = 45 , \quad x_2 = 40 + 1 = 41$$

erhält man aus (1)

$$y_1 = \frac{36}{44} \cdot 45 - \frac{10}{40} \cdot 41 \approx 36,82 - 10,25 = 26,57 \text{ RE} ,$$

$$y_2 = -\frac{12}{44} \cdot 45 + \frac{36}{40} \cdot 41 \approx -12,27 + 36,90 = 24,63 \text{ RE} .$$

2a) Mit

$$y_1 = 26 + 1 = 27 , \quad y_2 = 24$$

ergibt sich aus (1) das Gleichungssystem

$$27 = \frac{36}{44} x_1 - \frac{10}{40} x_2$$

$$24 = -\frac{12}{44} x_1 + \frac{36}{40} x_2 .$$

Als Lösung erhält man

$$x_1 \approx 45,35 \text{ RE} ,$$

$$x_2 \approx 40,41 \text{ RE} .$$

2b) Mit

$$y_1 = 26 , \quad y_2 = 24 + 1 = 25$$

ergibt sich aus (1) das Gleichungssystem

$$26 = \frac{36}{44} \cdot x_1 - \frac{10}{40} \cdot x_2$$

$$25 = -\frac{12}{44} \cdot x_1 + \frac{36}{40} \cdot x_2$$

und daraus

$x_1 \approx 44{,}37$ RE,

$x_2 \approx 41{,}22$ RE .

2c) Mit

$$y_1 = 26 + 1 = 27 , \qquad y_2 = 24 + 1 = 25$$

ergibt sich aus (1) das Gleichungssystem

$$27 = \frac{36}{44} x_1 - \frac{10}{40} x_2$$

$$25 = -\frac{12}{44} x_1 + \frac{36}{40} x_2$$

und daraus

$x_1 \approx 45{,}72$ RE,

$x_2 \approx 41{,}63$ RE.

3) Wenn jeweils ein Viertel der primären Inputs aus Importen besteht, benötigt Produktionsbereich I zur Produktion von 44 RE Importe in Höhe von 24/4 = 6 RE und Produktionsbereich II zur Produktion von 40 RE Importe in Höhe von 26/4 = 6,5 RE. Demnach gilt für den Importwert Im in RE:

$$Im = \frac{6}{44} x_1 + \frac{6{,}5}{40} x_2 \ . \qquad (2)$$

Bei einer Endnachfrage von $y_1 = 26$ RE und $y_2 = 24$ RE , also einer Bruttoproduktion von $x_1 = 44$ RE und $x_2 = 40$ RE, besteht gemäß (2) ein Importbedarf in Höhe von 12,5 RE.

Bei einer Endnachfrage von $y_1 = 27$ RE und $y_2 = 25$ RE , nach 2c) also einer Bruttoproduktion von $x_1 = 45{,}72$ RE und $x_2 = 41{,}63$ RE, ergibt sich nach (2) der Importbedarf

$$Im = \frac{6}{44} \cdot 45{,}72 + \frac{6{,}5}{40} \cdot 41{,}63 = 13 \text{ RE} .$$

Der Importbedarf steigt also um 0,5 RE.

BEMERKUNG:

zu 1a) Wenn in einem "Engpaßbereich" - wie hier II - die Bruttoproduktion nicht erhöht werden kann und andere Bereiche - hier I - zusätzliche Vorleistungen vom Engpaßbereich abfordern, steht für den Endverbrauch von Gütern des Engpaßbereichs weniger zur Verfügung als vor der Produktionsausweitung in den anderen Bereichen.

zu 1b) Die Erhöhung der Bruttoproduktion beider Bereiche um je eine RE kommt nur zu 57 % bzw. 63 % dem Endverbrauch zugute; der Rest wird für Vorleistungen im eigenen bzw. im jeweils anderen Bereich benötigt.

zu 2) Wegen der als linear-homogen angenommenen Produktionsfunktionen (1) addieren sich die einzelnen Veränderungseffekte von 2a) und 2b) zum Ergebnis von 2c).

zu 3) Aus der Abhängigkeit der Bruttoproduktion bzw. des Endverbrauchs von Importen kann sich folgender Effekt ergeben: Wenn eine Volkswirtschaft ihre Importe reduzieren muß, z.B. aufgrund hoher Auslandsverschuldung, wie sie heute einige Länder der Dritten Welt aufweisen, so wirkt sich diese Maßnahme dahingehend aus, daß angestrebte Produktionsziele nicht erreicht werden können. In der Folge kann sich die Zahlungsbilanzsituation weiter dadurch verschlechtern, daß z.B. Exporte - ein Teil des Endverbrauchs - nicht mehr in der vorgesehenen Höhe möglich sind (vgl. z.B. [14] S.28, Ziffer 18).

LITERATUR: [16]

ERGEBNIS: Die Veränderungen in RE betragen im Falle

1a) bei der Endnachfrage nach Gütern des Bereichs I: + 0,82,
bei der Endnachfrage nach Gütern des Bereichs II: - 0,27;

1b) bei der Endnachfrage nach Gütern des Bereichs I: + 0,57,
bei der Endnachfrage nach Gütern des Bereichs II: + 0,63;

2a) bei der Bruttoproduktion des Bereichs I: + 1,35,
bei der Bruttoproduktion des Bereichs II: + 0,41;

2b) bei der Bruttoproduktion des Bereichs I: + 0,37,
bei der Bruttoproduktion des Bereichs II: + 1,22;

2c) bei der Bruttoproduktion des Bereichs I: + 1,72,
bei der Bruttoproduktion des Bereichs II: + 1,63;

3) beim Importbedarf: + 0,5 .

AUFGABE B55

Im Rahmen der Außenhandelsstatistik unterscheidet man bei der Ein- bzw. Ausfuhr die Begriffe General- und Spezialhandel. Welche der folgenden Aussagen sind richtig?

A: Der grenzüberschreitende Warenverkehr, der sich nach Ausschaltung der Durchfuhr und des Zwischenauslandsverkehrs ergibt, wird Generalhandel genannt.

B: Der Generalhandel erfaßt den Warenverkehr an den Staatsgrenzen des Erhebungsgebiets.

C: Der Spezialhandel erfaßt den Warenverkehr an den Zollgrenzen des Erhebungsgebiets.

D: Im Spezialhandel zählen zur Einfuhr im wesentlichen nur die Waren, die zum Ge- oder Verbrauch bzw. zur Weiterverarbeitung in das Erhebungsgebiet eingeführt werden.

E: Im Spezialhandel zählen zur Ausfuhr im wesentlichen nur die Waren, die aus der Erzeugung bzw. der Be- und Verarbeitung des Erhebungsgebiets stammen und aus dem Erhebungsgebiet ausgeführt werden.

F: Die Ausfuhr im Sinne des Generalhandels setzt sich zusammen aus der Ausfuhr im Sinne des Spezialhandels und der Ausfuhr aus Lager (= Zoll- und Freihafenlager).

LÖSUNG:

Aussage A ist richtig, sie beinhaltet die allgemeine Definition des Generalhandels.

Die Aussagen B und C sind richtig. Die Einfuhr setzt sich gemäß diesen Abgrenzungskonzepten wie folgt zusammen:

Einfuhr

Generalhandel	Spezialhandel
Einfuhr in den freien Verkehr	Einfuhr in den freien Verkehr
+ Einfuhr zur aktiven bzw. nach passiver Lohnveredelung	+ Einfuhr zur aktiven bzw. nach passiver Lohnveredelung
+ Einfuhr <u>auf</u> Lager	+ Einfuhr <u>aus</u> Lager

Entsprechend gilt für die Ausfuhr:

Ausfuhr

Generalhandel	Spezialhandel
Ausfuhr aus dem freien Verkehr	Ausfuhr aus dem freien Verkehr
+ Ausfuhr nach aktiver bzw. zur passiven Lohnveredelung	+ Ausfuhr nach aktiver bzw. zur passiven Lohnveredelung
+ Ausfuhr aus Lager	

Aus diesen Abgrenzungen geht hervor, daß auch die Aussagen D , E und F richtig sind.

LITERATUR: [2] S. 376 ; [28] S. 31 - 37

ERGEBNIS: Alle Aussagen sind richtig.

AUFGABE B56

Welche der folgenden Aussagen über die Zahlungsbilanzstatistik der Bundesrepublik sind richtig ?

A: Die Zahlungsbilanz ist eine Bestandsrechnung im Sinne einer Gegenüberstellung von Vermögenswerten und Verbindlichkeiten.

B: Die Konsolidierung der im Jahr 1982 von der Deutschen Bundesbank ausgewiesenen Leistungsbilanz, Kapitalbilanz und Bilanz der Veränderung der Nettoposition der Deutschen Bundesbank ergibt den Saldo Null.

C: Von einer aktiven Zahlungsbilanz spricht man, wenn der Wert des Warenimports kleiner ist als der Wert des Warenexports.

D: Die Zusammenfassung von Handels- und Dienstleistungsbilanz nennt man Leistungsbilanz.

E: Von einer aktiven Handelsbilanz spricht man, wenn der Wert des Warenimports größer ist als der Wert des Warenexports.

F: Der im Rahmen der Berechnung des Bruttosozialprodukts zu Marktpreisen als Saldo von Export und Import auftretende "Außenbeitrag" ist der Saldo der Handelsbilanz.

G: Der Handelsbilanz liegt im wesentlichen der Warenhandel in der Abgrenzung des Spezialhandels zugrunde.

H: Die gesamte Zahlungsbilanzstatistik wird vom Statistischen Bundesamt geführt.

I: Die Ausgaben deutscher Urlauber im Ausland erscheinen in der Dienstleistungsbilanz.

J: Die Leistungen der Bundesrepublik an den EG-Haushalt erscheinen in der Dienstleistungsbilanz.

K: Überweisungen ausländischer Arbeitskräfte in ihre Heimatländer erscheinen in der Dienstleistungsbilanz.

L: Zahlungen, die ein Inländer ("Gebietsansässiger") an einen Ausländer ("Gebietsfremden") leistet oder von ihm erhält, müssen, unabhängig von ihrer Höhe, gemeldet werden.

LÖSUNG:

Aussage A ist falsch. Nach der Definition des Internationalen Währungsfonds ist die *Zahlungsbilanz* "die systematische Zusammenfassung aller wirtschaftlichen Transaktionen einer Periode zwischen inländischen Unternehmen, öffentlichen Stellen und Privatpersonen ("Inländer") einerseits und ausländischen Unternehmen, öffentlichen Stellen und Privatpersonen ("Ausländer") andererseits." ([28] S. 2). Demnach ist die Zahlungsbilanz keine Bestands-, sondern eine Bestandsveränderungsrechnung.

Aussage B ist falsch. Die in B genannten drei Teilbilanzen bilden dem theoretischen Konzept nach die Zahlungsbilanz. Die Konsolidierung der drei Teilbilanzen ergäbe den Saldo

Null, wenn jede die Zahlungsbilanz betreffende ökonomische Transaktion exakt doppelt verbucht würde. Beispielsweise betrifft ein Warenexport sowohl die Handelsbilanz als auch die Kapitalbilanz (oder die Auslandsposition der Bundesbank). Tatsächlich erlaubt jedoch das statistische Material in der Regel nur eine einseitige Verbuchung; das gilt insbesondere für den Güterverkehr, bei dem die Güterbewegungen über die Zollverwaltung und unabhängig davon die zugehörigen Kreditbeziehungen über die Geschäftsbanken und großen Unternehmen ermittelt werden. Diese Ermittlungspraxis bewirkt, daß bei Konsolidierung der drei in B genannten Teilbilanzen ein Saldo entsteht, der als "Restposten" geführt wird. In der Praxis umfaßt die Zahlungsbilanz also folgende Teilbilanzen:

1. Leistungsbilanz
2. Kapitalbilanz
3. Veränderung der Nettoauslandsposition der Deutschen Bundesbank
4. Restposten .

Aussage C ist falsch. Wie in der Lösung zu Aussage B begründet, hat die Zahlungsbilanz bei Einbeziehung des Restpostens keinen Saldo. Der Sprachgebrauch von "aktiver" oder "passiver" Zahlungsbilanz ist daher irreführend und meint einen entsprechenden Saldo in einer der Teilbilanzen.

Aussage D ist falsch, denn die Leistungsbilanz gliedert sich in

Handelsbilanz,
Dienstleistungsbilanz,
Übertragungsbilanz.

Aussage E ist falsch. Bei der in E geschilderten Situation spricht man von einer passiven Handelsbilanz.

Aussage F ist falsch. Der "Außenbeitrag" ist als der Saldo der zusammengefaßten Handels- und Dienstleistungsbilanz definiert.

Aussage G ist richtig, da die Abgrenzung des Warenverkehrs entsprechend der Definition des Spezialhandels (vgl. Aufgabe B 55) dem Konzept der Zahlungsbilanz gemäß ist.

Aussage H ist falsch. Die Zahlungsbilanzstatistik wird von der Deutschen Bundesbank geführt. Das Statistische Bundesamt stellt lediglich die Daten der Handelsbilanz zur Verfügung, für die es seinerseits auf die Meldungen der Zollverwaltung zurückgreift.

Aussage I ist richtig, dagegen sind die Aussagen J und K falsch. Die in J bzw. K genannten Leistungen bzw. Überweisungen werden in der Übertragungsbilanz ausgewiesen.

Aussage L ist falsch. Zwar besteht grundsätzlich eine derartige Meldepflicht (§§ 59 ff. Außenwirtschaftsverordnung), ausgenommen sind jedoch Zahlungen von derzeit bis zu 2 000 DM (bzw. dem entsprechenden Gegenwert in ausländischer Währung).

LITERATUR: [2] S.372 - 380 ; [28] ; [24] S. 209 - 221

ERGEBNIS: Die Aussagen G und I sind richtig.

AUFGABE W1

Ist

$$\Omega = \{(i,j) : i,j = 1,2,\ldots,6\}$$

die Ergebnismenge für das zweimalige Ausspielen eines Würfels, so läßt sich das Ereignis

"Die Augensumme ist gerade"

darstellen durch

$A = \{i : i = 2,4,6\} \cup \{j : j = 2,4,6\}$

$B = \{(i,j) : i,j = 2,4,6\}$

$C = \{(i,j) : i = j = 1,2,\ldots,6\}$

$D = \{(i,j) : i,j = 2,4,6\} \cup \{(i,j) : i,j = 1,3,5\}$

$E = \{(i,j) : i,j = 2,4,6\} \cap \{(i,j) : i,j = 1,3,5\}$

LÖSUNG:

D stellt das interessierende Ereignis dar. Denn in Ω ist

$$\{(i,j) : i,j = 2,4,6\}$$

das Ereignis "Beide Augenzahlen sind gerade" und

$$\{(i,j) : i,j = 1,3,5\}$$

das Ereignis "Beide Augenzahlen sind ungerade". Da die Summe zweier ganzer Zahlen nur dann gerade ist, wenn die Summanden beide gerade oder beide ungerade sind, so ist die Vereinigung dieser beiden Ereignisse das Ereignis "Die Augensumme ist gerade".

B ist das Ereignis "Beide Augenzahlen sind gerade".

C ist das Ereignis "Beide Augenzahlen sind gleich".

Als echte Teilmengen von D beschreiben B und C das interessierende Ereignis also nicht.

Für E gilt $E = \emptyset$. Da die Ergebnismenge Ω aus Zahlenpaaren besteht, ist A keine Teilmenge von Ω, also auch kein Ereignis, das sich auf das betrachtete Zufallsexperiment bezieht.

LITERATUR: [1] W 1.1

ERGEBNIS: Das Ereignis "Die Augensumme ist gerade" ist nur mit D identisch.

AUFGABE W2

Von den Studierenden einer Universität wird einer zufällig ausgewählt. Zeichnen Sie ein VENN-Diagramm für folgende Ereignisse:

A = "Er studiert Volkswirtschaftslehre."

B = "Er studiert Wirtschaftswissenschaften."

C = "Er ist Studienanfänger." .

LÖSUNG:

Man erhält ein VENN-Diagramm, wenn man sich die Ergebnisse des Zufallsexperiments als Punkte in eine Ebene gezeichnet denkt und die interessierenden Ereignisse mit den ihnen entsprechenden Punktmengen identifiziert.

Für das angegebene Zufallsexperiment ist die Gesamtheit der an der betreffenden Universität Studierenden die Ergebnismenge Ω. Ihr ordnen wir in der Ebene willkürlich ein Flächenstück zu. Die Ereignisse A,B und C sind dann Teilflächen von Ω. Da es neben Volkswirtschaftslehre auch andere wirtschaftswissenschaftliche Studienfächer gibt, gilt $A \subset B$. Ist also für A eine Teilfläche ausgewählt, so ist B durch ein A umfassendes Flächenstück darzustellen. (Ist an der betreffenden Universität Volkswirtschaftslehre das einzige wirtschaftswissenschaftliche Studienfach, so gilt natürlich $A = B$. Da der Aufgabentext aber keine solche Information enthält, wird man im VENN-Diagramm für B ein größeres Flächenstück wählen als für A.)

Möglicherweise kann C gleichzeitig mit A (und dann auch mit B) eintreten. Dann gilt

$$A \cap C \neq \emptyset \ , \ B \cap C \neq \emptyset \ .$$

Folglich ist für C ein Flächenstück zu wählen, das A (und damit auch B) überlappt (vgl. Abb. 1). (Sollte es an der betreffenden Universität im Fach Volkswirtschaftslehre keinen Studienanfänger geben, d.h. gilt $A \cap C = \emptyset$, so ist das A und C gemeinsame Flächenstück eine Darstellung des unmöglichen Ereignisses.)

BEMERKUNG: Aus einem VENN-Diagramm lassen sich über die zwischen Ereignissen bestehenden Beziehungen nur folgende Informationen entnehmen:

1. Überlappen sich die Darstellungen zweier Ereignisse nicht, so können sie nicht gleichzeitig eintreten.
2. Wird im VENN-Diagramm ein Ereignis ganz von einem zweiten überdeckt, so tritt mit dem ersten Ereignis immer auch das zweite ein.

LITERATUR: [1] W 1.1, A 1.1.9, A 1.1.10

ERGEBNIS:

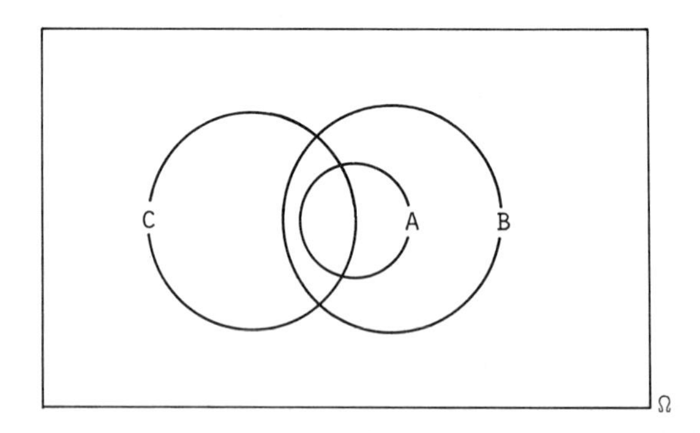

Abb. 1

AUFGABE W3

Für ein Zufallsexperiment sind die Ergebnismenge Ω und die Ereignisse G und H im folgenden VENN-Diagramm veranschaulicht (vgl. Abb. 1).

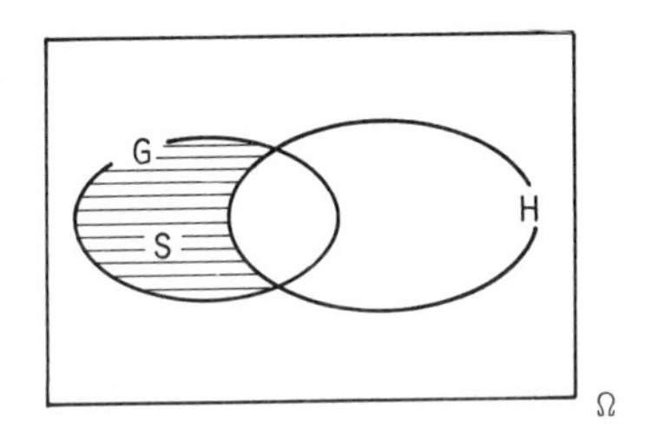

Abb. 1

Das schraffierte Ereignis S ist dann identisch mit

$A = G \cap \overline{H}$

$B = \overline{G} \cap H$

$C = \overline{G} \cup H$

$D = \overline{G \cup H}$

$E = \overline{G \cap H}$

$F = \overline{G} \cup \overline{H}$.

LÖSUNG:

S ist der Teil von G, der nicht zu H, der also zu $\overline{H}$ gehört. Daher gilt $S = A$.

Die Ereignisse $B, C, \ldots, F$ sind von S verschieden, wie man Abb. 2 entnimmt:

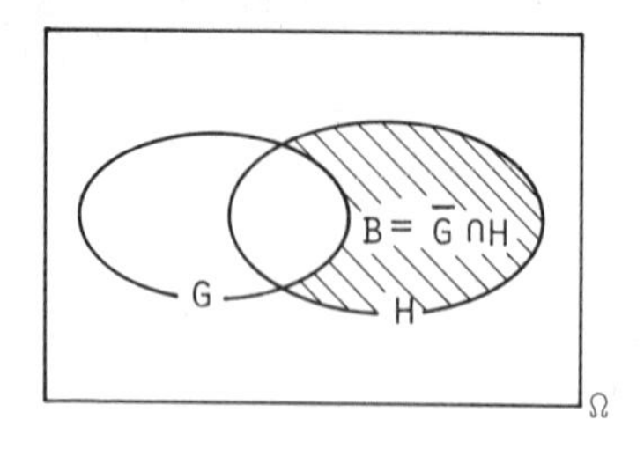

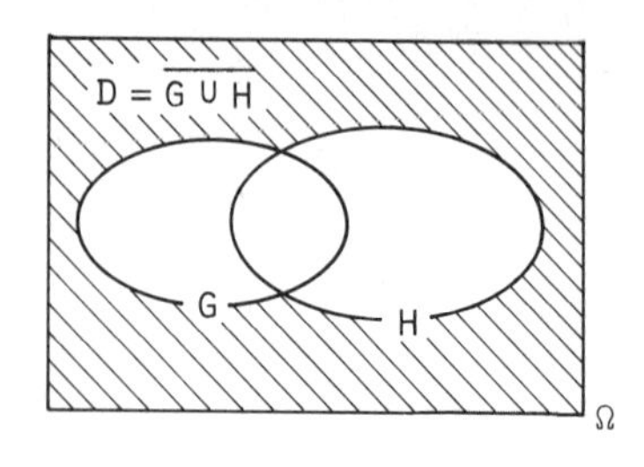

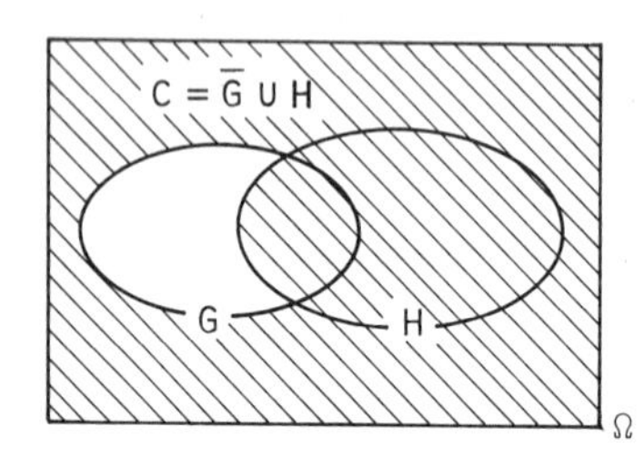

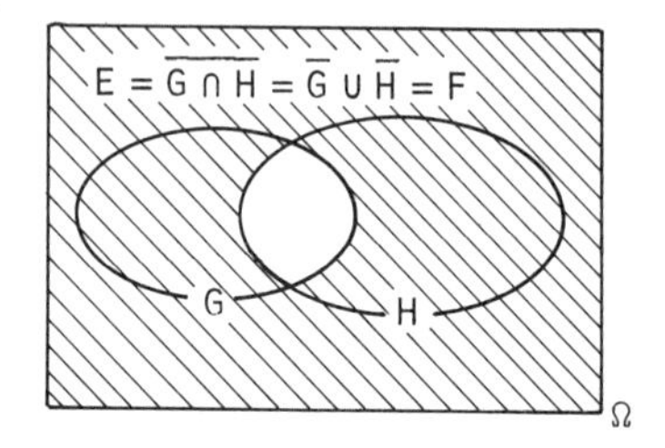

Abb. 2

BEMERKUNG: Wie man dem letzten Bild in Abb. 2 entnimmt, gilt für beliebige Ereignisse G und H

$$\overline{G \cap H} = \overline{G} \cup \overline{H} .$$

Ebenso folgert man auch die duale Beziehung

$$\overline{G \cup H} = \overline{G} \cap \overline{H} .$$

Die beiden letzten Gleichungen werden auch die Gesetze von DE MORGAN genannt.

LITERATUR: [1] W 1.1 , A 1.1.9 bis A 1.1.11

ERGEBNIS: Das Ereignis S ist nur mit A identisch.

AUFGABE W4

Für ein Zufallsexperiment sind die Ergebnismenge Ω und die Ereignisse A_1, A_2 und A_3 im folgenden VENN-Diagramm dargestellt (vgl. Abb.1).

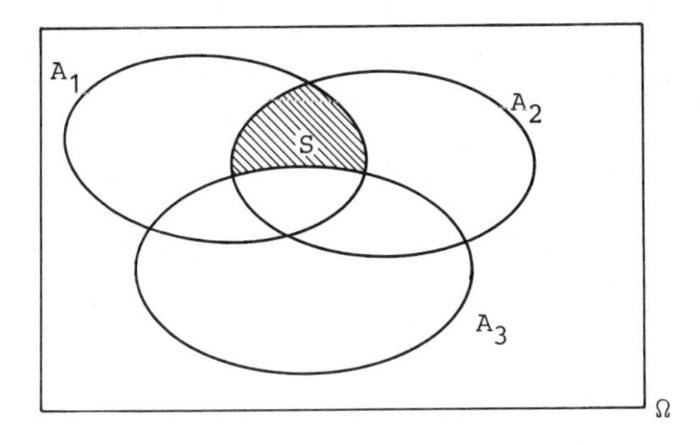

Abb. 1

Das im VENN-Diagramm schraffierte Ereignis S ist identisch mit

$$A = A_1 \cap A_2 \cap \overline{A}_3$$

$$B = A_1 \cap A_2 \cap A_3$$

$$C = A_1 \cap A_2$$

$$D = \overline{A_1 \cap A_2 \cap A_3} \cap A_1 \cap A_2$$

$$E = (A_1 \cap \overline{A}_3) \cup (A_2 \cap \overline{A}_3) \quad .$$

LÖSUNG:

Sind mehrere Ereignisse entweder nur durch "$\cap$" oder nur durch "$\cup$" verknüpft, so kann man nach Belieben Klammern setzen (Assoziativgesetz). Z.B. ist

$$A = (A_1 \cap A_2) \cap \overline{A}_3 \quad .$$

Da S der Teil des Durchschnitts von A_1 und A_2 ist, der außerhalb von A_3 liegt, sind die Ereignisse A und S identisch. Die Ereignisse B und C sind demnach von S verschieden. Dagegen ist $D = (\overline{A_1 \cap A_2 \cap A_3}) \cap (A_1 \cap A_2)$ mit S identisch, denn S ist der Teil von $A_1 \cap A_2$, der nicht zum gemeinsamen Durchschnitt von A_1, A_2 und A_3 gehört, also der Durchschnitt von $A_1 \cap A_2$ mit $\overline{A_1 \cap A_2 \cap A_3}$.

Das Ereignis E ist im folgenden VENN-Diagramm schraffiert (vgl. Abb. 2).

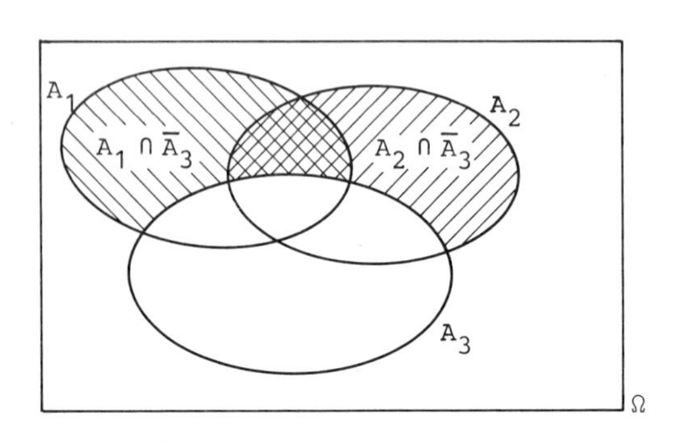

Abb. 2

Der Vergleich von Abb. 1 und Abb. 2 zeigt, daß E "größer" ist als S.

LITERATUR: [1] W 1.1, A 1.1.5 bis A 1.1.12

ERGEBNIS: Das schraffierte Ereignis ist mit A und D identisch.

AUFGABE W5

Für ein Zufallsexperiment mit der Ergebnismenge $\Omega = \{1,2,3,4,5\}$ betrachtet man folgende Ereignisse:

$A_1 = \{1\}$ $\quad$ $A_4 = \{3,5\}$

$A_2 = \{4\}$ $\quad$ $A_5 = \{1,2,4\}$

$A_3 = \{1,2\}$ $\quad$ $A_6 = \{2,4,5\}$.

Welche der folgenden Ereignissysteme sind Zerlegungen von Ω ?

A: A_3, A_4, A_5

B: A_4, A_5

C: A_2, A_3, A_4

D: A_2, A_5, A_6

E: A_5, A_6

F: A_1, A_2, A_4

LÖSUNG:

Ein System von Ereignissen heißt eine Zerlegung von Ω , wenn

1. die Ereignisse paarweise disjunkt sind und
2. ihre Vereinigung Ω ergibt.

Ist also eine der beiden oder sind beide Bedingungen verletzt, so bilden die Ereignisse keine Zerlegung von Ω.

Weil gilt

$$A_3 \cap A_5 = \{1,2\}$$
$$A_2 \cap A_5 = \{4\}$$
$$A_5 \cap A_6 = \{2,4\} \quad ,$$

sind die Systeme A, D und E keine Zerlegungen von Ω.

Wegen

$$A_1 \cup A_2 \cup A_4 = \{1,3,4,5\} \neq \Omega$$

ist F keine Zerlegung von Ω.

B ist eine Zerlegung von Ω, denn man hat

1. $A_4 \cap A_5 = \{3,5\} \cap \{1,2,4\} = \emptyset$
2. $A_4 \cup A_5 = \{3,5\} \cup \{1,2,4\} = \{1,2,3,4,5\} = \Omega$.

Ebenso ist C eine Zerlegung von Ω, denn es gilt

1. $A_2 \cap A_3 = \emptyset$, $A_2 \cap A_4 = \emptyset$, $A_3 \cap A_4 = \emptyset$

2. $A_2 \cup A_3 \cup A_4 = \Omega$.

LITERATUR: [1] W 1.1 , A 1.1.13 , A 1.1.14

ERGEBNIS: Die Ereignissysteme B und C sind Zerlegungen von Ω.

AUFGABE W6

Welche Eigenschaft der Ereignisse A und B ist in den Fällen a) - f) äquivalent zu der dort angegebenen Beziehung?

a) $A \cup B = \emptyset$

b) $A \cup B = \Omega$

c) $A \cap B = \Omega$

d) $A \cup B = A \cap B$

e) $A \cup B = \overline{A}$

f) $A \cap B = \overline{A}$

LÖSUNG:

a) $A \cup B = \emptyset \iff A,B \subset \emptyset \iff A = B = \emptyset$.

b) $A \cup B = \Omega \iff \overline{A} \subset B \iff \overline{B} \subset A$.

c) $A \cap B = \Omega \iff \Omega \subset A,B \iff A = B = \Omega$.

d) $A \cup B = A \cap B \iff A \subset B , B \subset A \iff A = B$.

e) $A \cup B = \overline{A} \Rightarrow A \subset \overline{A} \Rightarrow A = \emptyset \Rightarrow \emptyset \cup B = \Omega \Rightarrow B = \Omega$.

Umgekehrt gilt für $A = \emptyset$ und $B = \Omega$ die Behauptung.

f) $A \cap B = \overline{A} \Rightarrow \overline{A} \subset A \Rightarrow \overline{A} = \emptyset \Rightarrow A = \Omega \Rightarrow \Omega \cap B = \emptyset \Rightarrow$ $B = \emptyset$. Umgekehrt ist die Behauptung für $A = \Omega$ und $B = \emptyset$ richtig.

LITERATUR: [1] W 1.1 , A 1.1.5 bis A 1.1.7

ERGEBNIS:

a) $A = B = \emptyset$

b) $\overline{A} \subset B \iff \overline{B} \subset A$

c) $A = B = \Omega$

d) $A = B$

e) $A = \emptyset$, $B = \Omega$

f) $A = \Omega$, $B = \emptyset$.

AUFGABE W7

Man spielt einen Würfel aus. A_1 sei das Ereignis "Die Ausspielung liefert die Eins". Anschließend wird der Würfel nochmals geworfen. A_2 sei das Ereignis "Der zweite Wurf liefert die Eins". Für das aus beiden Ausspielungen bestehende zusammengesetzte Zufallsexperiment wird das Ereignis

I = "Wenigstens eine Ausspielung liefert die Eins"

betrachtet. Welche der folgenden Ereignisse sind mit I identisch?

$A = A_1 \times A_2$

$B = A_1 \times \overline{A}_2 \cup \overline{A}_1 \times A_2$

$C = A_1 \times A_2 \cup A_1 \times \overline{A}_2 \cup \overline{A}_1 \times A_2$

$D = \overline{\overline{A}_1 \times \overline{A}_2}$

$E = A_1 \cap A_2$

$F = A_1 \cup A_2$

$G = (A_1 \cap A_2) \cup (A_1 \cap \overline{A}_2) \cup (\overline{A}_1 \cap A_2)$

$H = A_1 \times \Omega_2 \cup \Omega_1 \times A_2$

LÖSUNG:

Das Gesamtexperiment besteht aus zwei unabhängigen Ausspielungen eines Würfels. Die Ergebnismengen der Teilexperimente sind

$$\Omega_1 = \Omega_2 = \{1,2,3,4,5,6\} .$$

Die Ergebnismenge des Gesamtexperiments ist dann

$$\Omega = \Omega_1 \times \Omega_2 = \{(i,j) : i,j = 1,2,\ldots,6\}$$

(vgl. auch Aufgabe W1) . Weiter gilt

$$A_1 = \{1\} \subset \Omega_1 \ , \ A_2 = \{1\} \subset \Omega_2 \ .$$

Demnach ist

$$A_1 \times A_2 = \{(1,1)\} \subset \Omega$$

das Ereignis "Beide Ausspielungen liefern die Eins",

$$A_1 \times \overline{A}_2 = \{(1,j) : j = 2,3,\ldots,6\} \subset \Omega$$

das Ereignis "Nur die erste Ausspielung liefert die Eins" und

$$\overline{A}_1 \times A_2 = \{(i,1) : i = 2,3,\ldots,6\} \subset \Omega$$

das Ereignis "Nur die zweite Ausspielung liefert die Eins". Das Ereignis I ist die Vereinigung dieser drei Ereignisse, I ist also mit C identisch. A und B sind dagegen echte Teilmengen von C = I.

Wegen

$$\begin{aligned} \overline{A}_1 \times \overline{A}_2 &= \{2,3,\ldots,6\} \times \{2,3,\ldots,6\} \\ &= \{(i,j) : i,j = 2,3,\ldots,6\} \end{aligned}$$

ist $\overline{A}_1 \times \overline{A}_2$ das Ereignis "Beide Würfe liefern keine Eins". Dies ist jedoch das Komplement von I; also ist $\overline{A}_1 \times \overline{A}_2 = \overline{I}$ und daher $I = \overline{\overline{A}_1 \times \overline{A}_2}$. I ist also mit D identisch.

Es gilt auch $I = H$, denn

$$A_1 \times \Omega_2 = \{(1,j) : j = 1,2,\ldots,6\}$$

ist das Ereignis "Die erste Ausspielung liefert die Eins" und

$$\Omega_1 \times A_2 = \{(i,1) : i = 1,2,\ldots,6\}$$

das Ereignis "Die zweite Ausspielung liefert die Eins".

Da $A_1 \subset \Omega_1$ ein Ereignis beim Zufallsexperiment "Erster Wurf" und $A_2 \subset \Omega_2$ ein Ereignis beim Zufallsexperiment "Zweiter Wurf" ist, haben für A_1 und A_2 die Verknüpfungen "$\cup$" und "$\cap$" keinen Sinn. (Auch der Umstand, daß im vorliegenden Fall $\Omega_1 = \Omega_2$ gilt, ändert daran nichts.). Folglich sind die Ausdrücke E, F und G sinnlos.

LITERATUR: [1] W 1.1.2 bis W 1.2.1 , A 1.1.11 , A 1.2.1 , A 1.2.2

ERGEBNIS: Es gilt $I = C = D = H$.

AUFGABE W8

Die Leistungen, die Schüler in den verschiedenen Unterrichtsfächern erbringen, werden im Zeugnis mit den Noten 1,2,...,6 bewertet. In den Zeugnissen der Schüler eines bestimmten Jahrgangs einer Schule kommen bei der Fächerkombination Deutsch/Mathematik alle Notenkombinationen vor außer (1,6), (5,1) und (6,1). Aus dem Jahrgang wird ein Schüler zufällig ausgewählt. A_1 sei das Ereignis "Die Deutschnote ist Eins". A_2 sei das Ereignis "Die Mathematiknote ist Eins". Welches der folgenden Ereignisse ist mit dem Ereignis

I = "Wenigstens eine seiner beiden Noten ist Eins"

identisch?

$A = A_1 \times A_2$

$B = (A_1 \times A_2) \cup (A_1 \times \overline{A}_2) \cup (\overline{A}_1 \times A_2)$

$C = A_1 \cup A_2$

$D = A_1 \cap A_2$

$E = (A_1 \cap A_2) \cup (A_1 \cap \overline{A}_2) \cup (\overline{A}_1 \cap A_2)$

LÖSUNG:

Die Ergebnisse des beschriebenen Zufallsexperiments sind Notenpaare (i,j), wobei i für die Deutschnote und j für die Mathematiknote steht. Da die beiden Noten vom selben Schüler stammen, handelt es sich bei diesem Zufallsexperiment (im Unterschied zur Situation in Aufgabe W 7) nicht um die Zusammenfassung zweier unabhängiger Teilexperimente. Anders als in Aufgabe W 7 ist die Ergebnismenge Ω hier auch nicht das kartesische Produkt

$$\{(i,j): i,j=1,2,\ldots,6\} = \{i: i=1,2,\ldots,6\} \times \{j: j=1,2,\ldots,6\}.$$

Vielmehr gilt

$$\Omega = \{(i,j): i,j=1,2,\ldots,6; (i,j) \neq (1,6);(5,1);(6,1)\}.$$

Werden die Notenpaare in Matrixform angeordnet, so hat man für A_1 und A_2:

(1,1)	(1,2)	(1,3)	(1,4)	(1,5)	–	A_1
(2,1)	(2,2)	(2,3)	(2,4)	(2,5)	(2,6)	
(3,1)	(3,2)	(3,3)	(3,4)	(3,5)	(3,6)	
(4,1)	(4,2)	(4,3)	(4,4)	(4,5)	(4,6)	
–	(5,2)	(5,3)	(5,4)	(5,5)	(5,6)	
–	(6,2)	(6,3)	(6,4)	(6,5)	(6,6)	
A_2						

Ω

Folglich ist

$$C = A_1 \cup A_2 = \{(1,1);(1,2);(1,3);(1,4);(1,5);(2,1);(3,1);(4,1)\}$$

mit dem Ereignis I identisch. Dagegen ist

$$D = A_1 \cap A_2 = \{(1,1)\}$$

das Ereignis "Der ausgewählte Schüler hat in beiden Fächern eine Eins".

$$A_1 \cap \bar{A}_2 = \{(1,2);(1,3);(1,4);(1,5)\}$$

ist das Ereignis "Der ausgewählte Schüler hat nur in Deutsch eine Eins" und

$$\bar{A}_1 \cap A_2 = \{(2,1);(3,1);(4,1)\}$$

ist das Ereignis "Der ausgewählte Schüler hat nur in Mathematik eine Eins". Folglich gilt $E = I$.

Kartesische Produkte von A_1 und A_2 sind 4-Tupel. Daher können weder A noch B das Ereignis I sein.

LITERATUR: [1] W 1.1 , A 1.1.5 bis A 1.1.7 , A 1.2.1 , A 1.2.2

ERGEBNIS: Die Ereignisse C und E sind mit I identisch.

AUFGABE W9

A und B seien Ereignisse mit

$$W(A) = 0{,}4 \;,\; W(B) = 0{,}7 \;,\; W(A \cap B) = 0{,}25 \;.$$

Berechnen Sie $W(A \cup B)$, $W(\overline{B})$, $W(A \cap \overline{B})$ und $W(A \cup \overline{B})$.

LÖSUNG:

Für die Wahrscheinlichkeit von $A \cup B$ erhält man mit dem Additionssatz

$$W(A \cup B) = W(A) + W(B) - W(A \cap B)$$

$$= 0{,}4 + 0{,}7 - 0{,}25 = 0{,}85.$$

Für die Wahrscheinlichkeit des Komplements von B gilt

$$W(\overline{B}) = 1 - W(B) = 1 - 0{,}7 = 0{,}3.$$

$A \cap B$ und $A \cap \overline{B}$ bilden eine Zerlegung von A (vgl. Abb. 1).

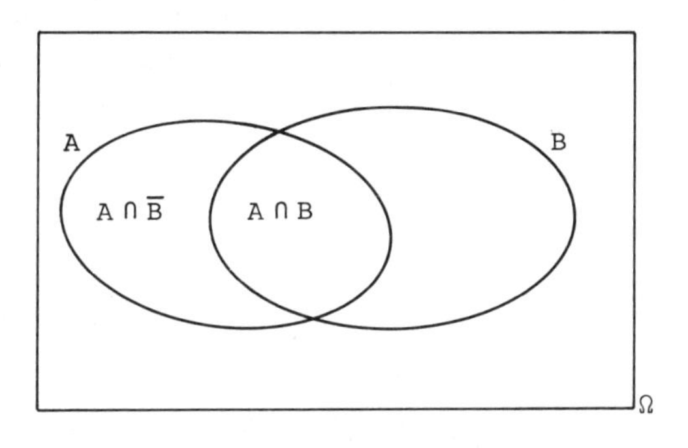

Abb. 1

Aus dem Additionssatz folgt

$$W(A) = W(A \cap B) + W(A \cap \overline{B})$$

und damit für $W(A \cap \overline{B})$:

$$W(A \cap \overline{B}) = W(A) - W(A \cap B) = 0{,}4 - 0{,}25 = 0{,}15.$$

Schließlich erhält man mit dem Additionssatz für $W(A\cup\overline{B})$:

$$W(A\cup\overline{B}) = W(A) + W(\overline{B}) - W(A\cap\overline{B})$$
$$= 0{,}4 + 0{,}3 - 0{,}15 = 0{,}55.$$

LITERATUR: [1] W 1.4 bis W 1.5

ERGEBNIS:

$$W(A\cup B) = 0{,}85$$
$$W(\overline{B}) = 0{,}3$$
$$W(A\cap\overline{B}) = 0{,}15$$
$$W(A\cup\overline{B}) = 0{,}55\ .$$

AUFGABE W10

Bei der Fabrikation von Einzelteilen treten die Fabrikationsfehler "nicht maßhaltig" und "nicht funktionsfähig" mit den Wahrscheinlichkeiten 0,10 bzw. 0,12 auf. Das gleichzeitige Auftreten der beiden Fehler besitzt die Wahrscheinlichkeit 0,02. Ein Einzelteil ist nur dann verkäuflich, wenn es keinen der beiden Fehler besitzt. Mit welcher Wahrscheinlichkeit entstehen bei der Produktion verkäufliche Einzelteile?

LÖSUNG:

Bezeichnet A das Ereignis "Das produzierte Teil ist nicht maßhaltig", B das Ereignis "Das produzierte Teil ist nicht funktionsfähig", so lassen sich die angegebenen Wahrscheinlichkeiten wie folgt notieren:

$$W(A) = 0{,}1\ ;\ W(B) = 0{,}12\ ;\ W(A\cap B) = 0{,}02.$$

Tritt $A\cup B$ ein, besitzt das produzierte Teil also mindestens einen der beiden Fehler, so ist es unverkäuflich. Gesucht ist demnach die Wahrscheinlichkeit von $\overline{A\cup B}$. Es ist

$$W(\overline{A\cup B}) = 1 - W(A\cup B).$$

Nach dem Additionssatz hat man

$$W(A\cup B) = W(A) + W(B) - W(A\cap B)$$
$$= 0{,}1 + 0{,}12 - 0{,}02$$
$$= 0{,}2$$

und damit

$$W(\overline{A \cup B}) = 0{,}8 .$$

LITERATUR: [1] W 1.5

ERGEBNIS: Mit Wahrscheinlichkeit 0,8 wird ein verkäufliches Teil produziert.

AUFGABE W11

Aus einer Urne, welche 3 rote und 2 schwarze Kugeln enthält, werden gleichzeitig 2 Kugeln zufällig entnommen. Wie groß ist die Wahrscheinlichkeit, daß beide Kugeln rot sind?

LÖSUNG:

Werden der Urne zwei Kugeln zufällig entnommen, so haben alle zweielementigen Teilmengen des Urneninhalts die gleiche Chance, ausgewählt zu werden. Folglich handelt es sich um ein symmetrisches Zufallsexperiment. Die Wahrscheinlichkeit für ein Ereignis A ist dann der Quotient aus der Zahl der in A enthaltenen und der Zahl der möglichen Ergebnisse, d.h.

$$W(A) = \frac{|A|}{|\Omega|} .$$

Da sich mit dem Urneninhalt eine rein schwarze, 3 rein rote und $2 \cdot 3 = 6$ gemischtfarbige zweielementige Teilmengen bilden lassen, ergibt sich für die gesuchte Wahrscheinlichkeit

$$\frac{3}{1+3+6} = 0{,}3 .$$

BEMERKUNG: Für die beiden Zufallsexperimente "Der Urne werden n Kugeln nacheinander ohne Zurücklegen entnommen" und "Der Urne werden n Kugeln gleichzeitig entnommen" sind die Wahrscheinlichkeiten sich entsprechender Ereignisse identisch. Werden z.B. in der Aufgabe die beiden Kugeln nacheinander ohne Zurücklegen gezogen und denkt man sich die roten Kugeln von 1 bis 3, die schwarzen mit 4 und 5 numeriert, so hat man

$$\Omega = \{(i,j) : i,j = 1,2,\dots,5;\ i \neq j\}$$

$$A = \{(i,j) : i,j = 1,2,3;\ i \neq j\}$$

also

$$|\Omega| = 5 \cdot 4 = 20\ ,\quad |A| = 3 \cdot 2 = 6$$

und damit

$$W(A) = \frac{|A|}{|\Omega|} = \frac{6}{20} = 0{,}3\ .$$

LITERATUR: [1] W 1.7.1 , W 1.7.2

ERGEBNIS: Mit Wahrscheinlichkeit 0,3 sind beide Kugeln rot.

AUFGABE W 12

Ein echter Würfel wird zweimal ausgespielt. Es werden folgende Ereignisse betrachtet:

A = "Die Augensumme ist gerade"
B = "Beide Augenzahlen sind gerade"
C = "Die 6 erscheint bei keinem Wurf"
D = "Die 6 tritt höchstens einmal auf".

a) Geben Sie formale Beschreibungen der angegebenen Ereignisse und finden Sie deren Komplemente.

b) Bestimmen Sie für die angegebenen Ereignisse die Wahrscheinlichkeiten.

LÖSUNG:

a) Für die Ergebnismenge des angegebenen Zufallsexperiments können wir schreiben (vgl. Aufgabe W 1 bzw. Aufgabe W 7)

$$\Omega = \{(i,j) : i,j = 1,2,\dots,6\}\ .$$

Dann gilt für die angegebenen Ereignisse

$$A = \{(i,j) : i,j = 1,2,\dots,6;\ i+j = 2,4,\dots,12\}$$

$$B = \{(i,j) : i,j = 2,4,6\}$$

$$C = \{(i,j) : i,j = 1,2,\dots,5\}$$

$$D = \{(i,j) : i,j = 1,2,\dots,6\ ;\ (i,j) \neq (6,6)\}$$
$$= \{(i,j) : i,j = 1,2,\dots,6\ ;\ i+j < 12\}\ .$$

Die Augensumme ist entweder eine gerade oder eine ungerade Zahl. Deshalb ist $\bar{A}$ das Ereignis "Die Augensumme ist ungerade" , d.h.

$$\bar{A} = \{(i,j) : i,j = 1,2,...,6 \, ; \, i+j = 3,5,...,11\} .$$

Wenn nicht beide Augenzahlen gerade sind, so ist wenigstens eine Augenzahl ungerade. $\bar{B}$ ist also das Ereignis "Wenigstens eine Augenzahl ist ungerade", d.h.

$$\bar{B} = \{(i,j) : i = 1,3,5 \, ; \, j = 1,2,...,6\} \cup \{(i,j) : i = 1,2,...,6 \, ; \, j = 1,3,5\} .$$

Das Komplement von C ist das Ereignis "Die 6 tritt mindestens einmal auf", d.h.

$$\bar{C} = \{(i,6) : i = 1,2,...,6\} \cup \{(6,j) : j = 1,2,...,6\} .$$

Das Ereignis D tritt nur dann nicht ein, wenn beide Ausspielungen die 6 liefern. Demnach gilt

$$\bar{D} = \{(6,6)\} .$$

b) Beim zweimaligen Ausspielen eines echten Würfels treten die 36 Augenpaare $(i,j) : i,j = 1,2,...,6$ alle mit der gleichen Wahrscheinlichkeit auf. Es handelt sich also um ein symmetrisches Zufallsexperiment.

Wegen der Darstellung (s. auch Aufgabe W 1)

$$A = \{(i,j) : i,j = 1,3,5\} \cup \{(i,j) : i,j = 2,4,6\}$$

hat man

$$|A| = 3^2 + 3^2 = 18$$

und daher

$$W(A) = \frac{|A|}{|\Omega|} = \frac{18}{36} = \frac{1}{2} .$$

Aus

$$|B| = 3^2 = 9$$

folgt

$$W(B) = \frac{|B|}{|\Omega|} = \frac{9}{36} = \frac{1}{4} .$$

Wegen

$$|C| = 5^2 = 25$$

ist

$$W(C) = \frac{|C|}{|\Omega|} = \frac{25}{36} .$$

Schließlich gilt

$$W(D) = 1 - W(\bar{D}) = 1 - \frac{|\bar{D}|}{|\Omega|} = 1 - \frac{1}{36} = \frac{35}{36} .$$

LITERATUR: [1] W 1.2 , W 1.3 , W 1.7 , W 1.8.1

ERGEBNIS: siehe Lösung.

A U F G A B E W13

Aus einer Urne mit vier roten und einer schwarzen Kugel werden zwei Kugeln

a) mit Zurücklegen

b) ohne Zurücklegen

gezogen. Berechnen Sie die Wahrscheinlichkeiten folgender Ereignisse:

A = "Beide Kugeln sind rot."

B = "Höchstens eine Kugel ist rot."

C = "Die Kugeln haben verschiedene Farben."

LÖSUNG:

Das Ziehen mit und das Ziehen ohne Zurücklegen sind symmetrische Zufallsexperimente. Daher gilt für ein beliebiges Ereignis E

$$W(E) = \frac{|E|}{|\Omega|} .$$

Um die Beschreibung der interessierenden Ereignisse zu erleichtern, denke man sich die roten Kugeln mit den Nummern 1,2,3 und 4 und die schwarze Kugel mit der Nummer 5 versehen.

a) Ziehen mit Zurücklegen:

Man hat

$$\Omega = \{(i,j) : i,j = 1,2,\dots,5\}$$

$$A = \{(i,j) : i,j = 1,2,3,4\}$$

und daher

$$W(A) = \frac{|A|}{|\Omega|} = \frac{4^2}{5^2} = 0{,}64 .$$

Wegen $B = \overline{A}$ ist

$$W(B) = 1 - W(A) = 0{,}36 .$$

Sei D das Ereignis "Beide Ziehungen liefern die schwarze Kugel". Dann bilden A und D eine Zerlegung von $\overline{C}$. Mit

$$W(D) = \frac{|D|}{|\Omega|} = \frac{1^2}{5^2} = 0{,}04$$

folgt dann

$$W(C) = 1 - W(\overline{C}) = 1 - [W(A) + W(D)] = 1 - (0{,}64 + 0{,}04) = 0{,}32.$$

W(C) kann aber auch ohne Rückgriff auf $\overline{C}$ berechnet werden. Sei C_1 das Ereignis "Die erste Kugel ist rot, die zweite ist schwarz" und sei C_2 das Ereignis "Die erste Kugel ist schwarz, die zweite ist rot". Wegen

$$C_1 = \{(i,5) : i = 1,2,3,4\}$$

$$C_2 = \{(5,j) : j = 1,2,3,4\}$$

ist dann

$$|C_1| = |C_2| = 4 .$$

Da C_1 und C_2 eine Zerlegung von C bilden, hat man

$$W(C) = W(C_1) + W(C_2) = \frac{4}{25} + \frac{4}{25} = 0{,}32 .$$

b) Ziehen ohne Zurücklegen:

Man hat

$$\Omega = \{(i,j) : i,j = 1,2,\dots,5 ; i \neq j\}$$

$$A = \{(i,j) : i,j = 1,2,3,4 ; i \neq j\}$$

und folglich

$$W(A) = \frac{|A|}{|\Omega|} = \frac{4 \cdot 3}{5 \cdot 4} = 0{,}6$$

$$W(B) = 1 - W(A) = 0{,}4 \, .$$

Da beim Ziehen ohne Zurücklegen nicht beide Kugeln schwarz sein können, gilt

$$C = B$$

und damit

$$W(C) = W(B) = 0{,}4 \, .$$

LITERATUR: [1] W 1.3, W 1.5, W 1.7, W 1.8.1

ERGEBNIS:

	W(A)	W(B)	W(C)
Ziehen mit Zurücklegen	0,64	0,36	0,32
Ziehen ohne Zurücklegen	0,6	0,4	0,4

AUFGABE W14

Aus einer Zufallszahlentafel werden zwei nebeneinanderstehende Ziffern zufällig ausgewählt. Mit welcher Wahrscheinlichkeit

a) sind die beiden Ziffern gleich ?

b) ist die erste Ziffer kleiner als die zweite ?

LÖSUNG:

a) A bezeichne das Ereignis "Die beiden ausgewählten Zufallsziffern sind gleich". Gemäß der Entstehung einer Zufallszahlentafel (vgl. [1] W 1.5.1) ist W(A) genauso groß wie die Wahrscheinlichkeit, mit der man beim zweimaligen Ziehen mit Zurücklegen aus einer Urne mit 10 Kugeln beide Male dieselbe Kugel erhält. Da es sich um ein symmetrisches Zufallsexperiment handelt, gilt

$$W(A) = \frac{|A|}{|\Omega|} \, .$$

Mit

$$\Omega = \{(i,j) : i,j = 0,1,\ldots,9\}$$

$$A = \{(i,i) : i = 0,1,\ldots,9\}$$

folgt

$$W(A) = \frac{10}{100} = 0,1 \ .$$

b) Bezeichnet B das Ereignis "Die erste Ziffer ist kleiner als die zweite" und C das Ereignis "Die zweite Ziffer ist kleiner als die erste", so gilt aus Symmetriegründen

$$W(B) = W(C) \ .$$

Da die Ereignisse A, B und C eine Zerlegung von Ω bilden, hat man

$$1 = W(A) + W(B) + W(C) = 0,1 + 2W(B)$$

und daher

$$W(B) = \frac{1}{2}(1 - 0,1) = 0,45 \ .$$

LITERATUR: [1] W 1.5.1 , W 1.7

ERGEBNIS:

a) Mit Wahrscheinlichkeit 0,1 sind zwei nebeneinanderstehende Zufallsziffern gleich.
b) Mit Wahrscheinlichkeit 0,45 ist die erste Ziffer kleiner als die zweite.

AUFGABE W15

In einer Stadt erscheinen zwei Zeitungen. Ein erwachsener Einwohner wird zufällig ausgewählt. Z_1 sei das Ereignis "Er liest Zeitung 1", Z_2 das Ereignis "Er liest Zeitung 2". Weiter werden folgende Ereignisse betrachtet:

A = "Er liest wenigstens eine Zeitung"

B = "Er liest beide Zeitungen"

C = "Er liest höchstens eine Zeitung"

D = "Er liest keine Zeitung"

E = "Er liest genau eine Zeitung" .

a) Stellen Sie die Ereignisse A bis E durch geeignete Verknüpfungen der Ereignisse Z_1 und Z_2 dar.

b) Bilden Sie aus den Ereignissen A bis E Zerlegungen der Ergebnismenge.

Von den erwachsenen Einwohnern lesen 45% Zeitung 1, 30% Zeitung 1, nicht aber Zeitung 2 und 35% Zeitung 2, nicht aber Zeitung 1.

c) Berechnen Sie die Wahrscheinlichkeiten der Ereignisse A bis E.

d) Der ausgewählte Einwohner sei Leser der Zeitung 2. Wie groß ist dann die Wahrscheinlichkeit, daß er auch Zeitung 1 liest?

LÖSUNG:

a) Es gilt

$$A = Z_1 \cup Z_2$$

$$B = Z_1 \cap Z_2$$

$$C = \overline{B} = \overline{Z_1 \cap Z_2} = \overline{Z}_1 \cup \overline{Z}_2$$

$$D = \overline{A} = \overline{Z_1 \cup Z_2} = \overline{Z}_1 \cap \overline{Z}_2 \ .$$

Dem Ereignis E entspricht das in Abb. 1 schraffierte Flächenstück.

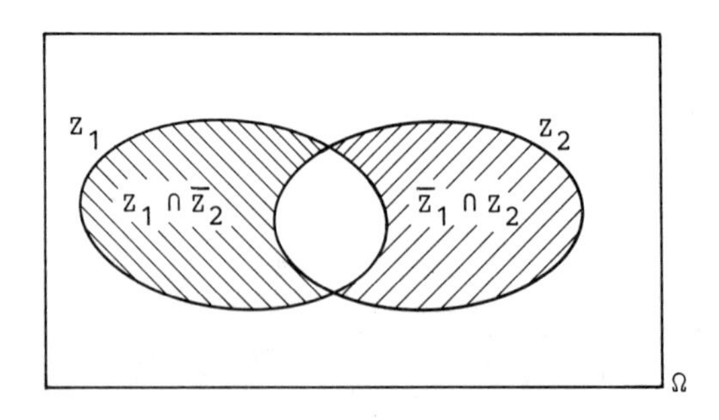

Abb. 1

Man hat daher

$$E = (Z_1 \cap \overline{Z}_2) \cup (\overline{Z}_1 \cap Z_2) \; .$$

b) A und D bzw. B und C sind komplementär. Diese beiden Mengenpaare sind also Zerlegungen von Ω. Sie sind die beiden einzigen zweielementigen Zerlegungen (denn $\overline{E}$ ist nicht unter den angegebenen Ereignissen). Die einzige dreielementige Zerlegung der Ergebnismenge ist offenbar B,D,E.

c) Da der erwachsene Einwohner zufällig ausgewählt wird, haben alle Erwachsenen der Stadt die gleiche Chance, in die Auswahl zu gelangen. Es handelt sich also um ein symmetrisches Zufallsexperiment und für die Wahrscheinlichkeit eines Ereignisses Z gilt dann

$$W(Z) = \frac{|Z|}{|\Omega|} \; .$$

Folglich ist die Wahrscheinlichkeit, mit der ein zufällig ausgewählter erwachsener Einwohner eine bestimmte Eigenschaft aufweist, gleich der relativen Häufigkeit, mit der diese Eigenschaft unter den erwachsenen Einwohnern vertreten ist. Mit den in der Aufgabe angegebenen relativen Häufigkeiten lassen sich also folgende Wahrscheinlichkeiten angeben:

$$W(Z_1) = 0{,}45$$

$$W(Z_1 \cap \overline{Z}_2) = 0{,}3$$

$$W(\overline{Z}_1 \cap Z_2) = 0{,}35 \; .$$

Da Z_1 und $\overline{Z}_1 \cap Z_2$ disjunkt sind und ihre Vereinigung $Z_1 \cup Z_2$ ergibt (vgl. Abb. 1), hat man für die Wahrscheinlichkeit von A:

$$W(A) = W(Z_1 \cup Z_2) = W(Z_1) + W(\overline{Z}_1 \cap Z_2) = 0{,}45 + 0{,}35 = 0{,}8.$$

Da $Z_1 \cap Z_2$ und $Z_1 \cap \overline{Z}_2$ eine Zerlegung von Z_1 sind (vgl. Abb. 1), erhält man

$$0{,}45 = W(Z_1) = W(Z_1 \cap Z_2) + W(Z_1 \cap \overline{Z}_2) = W(Z_1 \cap Z_2) + 0{,}3$$

und damit für die Wahrscheinlichkeit von B:

$$W(B) = W(Z_1 \cap Z_2) = 0{,}45 - 0{,}3 = 0{,}15 \,.$$

Folglich ergibt sich

$$W(C) = W(\overline{B}) = 1 - W(B) = 0{,}85$$

$$W(D) = W(\overline{A}) = 1 - W(A) = 0{,}2 \,.$$

E ist disjunkte Vereinigung von $Z_1 \cap \overline{Z}_2$ und $\overline{Z}_1 \cap Z_2$ (vgl. Abb. 1). Daher hat man

$$W(E) = W(Z_1 \cap \overline{Z}_2) + W(\overline{Z}_1 \cap Z_2) = 0{,}3 + 0{,}35 = 0{,}65 \,.$$

d) Gesucht ist die Wahrscheinlichkeit, mit der die ausgewählte Person Leser von Zeitung 1 ist, wenn die Auswahl auf Leser von Zeitung 2 beschränkt wird. Es ist also die bedingte Wahrscheinlichkeit $W(Z_1|Z_2)$ zu berechnen. Sie ist definiert durch

$$W(Z_1|Z_2) = \frac{W(Z_1 \cap Z_2)}{W(Z_2)} \,.$$

Da das zugrundeliegende Zufallsexperiment symmetrisch ist, kann man für die rechte Seite schreiben

$$\frac{W(Z_1 \cap Z_2)}{W(Z_2)} = \frac{|Z_1 \cap Z_2|}{|\Omega|} : \frac{|Z_2|}{|\Omega|} = \frac{|Z_1 \cap Z_2|}{|Z_2|} \,.$$

Der rechtsstehende Quotient ist die relative Häufigkeit, mit der unter den Zeitung-2-Lesern die Leser beider Zeitungen vertreten sind.

Mit

$$W(Z_2) = W(Z_1 \cap Z_2) + W(\overline{Z}_1 \cap Z_2) = 0{,}15 + 0{,}35 = 0{,}5$$

ergibt sich

$$W(Z_1|Z_2) = \frac{0{,}15}{0{,}5} = 0{,}3 \,.$$

LITERATUR: [1] W 1.6, W 1.7.1; [6] S. 29 - 32

ERGEBNIS:

a) $A = Z_1 \cup Z_2$

$B = Z_1 \cap Z_2$

$C = \overline{Z}_1 \cup \overline{Z}_2$

$D = \overline{Z}_1 \cap \overline{Z}_2$

$E = (Z_1 \cap \overline{Z}_2) \cup (\overline{Z}_1 \cap Z_2)$.

b) $\{A,D\}$, $\{B,C\}$, $\{B,D,E\}$

c) $W(A) = 0{,}8$; $W(B) = 0{,}15$; $W(C) = 0{,}85$; $W(D) = 0{,}2$; $W(E) = 0{,}65$.

d) $W(Z_1 | Z_2) = 0{,}3$.

AUFGABE W16

Zeigen Sie: Für zwei Ereignisse A, B mit $0 < W(B) < 1$ gilt

$$W(A) = W(A|B)W(B) + W(A|\overline{B})W(\overline{B}).$$

LÖSUNG:

A ist disjunkte Vereinigung von $A \cap B$ und $A \cap \overline{B}$ (vgl. Abb. 1).

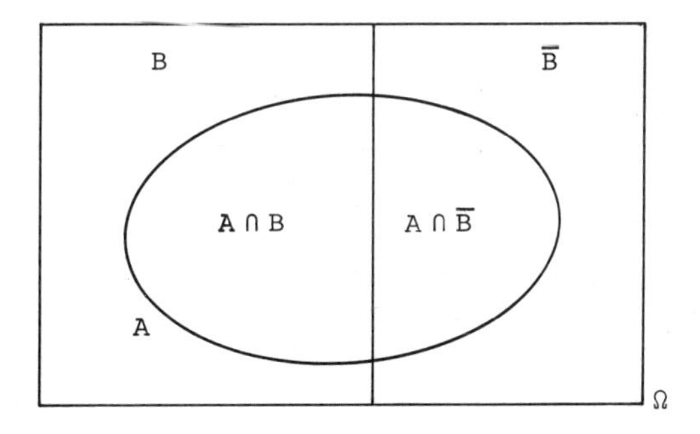

Abb. 1

Daher hat man

$$W(A) = W(A \cap B) + W(A \cap \overline{B}) .$$

Da nach Voraussetzung $W(B) > 0$ und $W(\overline{B}) = 1 - W(B) > 0$ gilt, folgt

$$W(A) = \frac{W(A \cap B)}{W(B)} \cdot W(B) + \frac{W(A \cap \overline{B})}{W(\overline{B})} \cdot W(\overline{B})$$

$$= W(A|B) \cdot W(B) + W(A|\overline{B}) \cdot W(\overline{B}) .$$

Das ist die Behauptung.

BEMERKUNG: Mit den gleichen Überlegungen wie oben läßt sich allgemeiner zeigen: Bilden die Ereignisse $B_1, \ldots, B_n$ eine Zerlegung von Ω mit $W(B_i) > 0$ $(i = 1, \ldots, n)$, so gilt für ein beliebiges Ereignis A

$$W(A) = W(A|B_1)W(B_1) + \ldots + W(A|B_n)W(B_n) .$$

Dieses Resultat nennt man den "Satz von der totalen Wahrscheinlichkeit".

LITERATUR: [6] S. 42 - 46

ERGEBNIS: Siehe Lösung.

AUFGABE W17

Ein Test zur Diagnose von TB (Tuberkulose) fällt mit einer Wahrscheinlichkeit von 99% positiv aus, wenn die Testperson an TB erkrankt ist und mit einer Wahrscheinlichkeit von 3% positiv aus, wenn die Testperson TB nicht hat. Es sei bekannt, daß in einer Bevölkerung der Anteil derjenigen Personen, die - ohne es zu wissen - an TB erkrankt sind, 4% beträgt. Wie groß ist für einen Teilnehmer der Reihenuntersuchung, bei dem der Test positiv ausgefallen ist, die Wahrscheinlichkeit, daß er tatsächlich an TB erkrankt ist?

LÖSUNG:

T bezeichne das Ereignis "Die Testperson ist an TB erkrankt" und + das Ereignis "Das Testergebnis ist positiv". Die obigen Angaben besagen dann

$$W(+|T) = 0{,}99$$

$$W(+|\overline{T}) = 0{,}03$$

$$W(T) = 0{,}04 .$$

Gesucht wird die Wahrscheinlichkeit $W(T|+)$. Es gilt

$$W(T|+) = \frac{W(T\cap+)}{W(+)} = \frac{W(+|T)W(T)}{W(+)} = \frac{0{,}99\cdot 0{,}04}{W(+)} .$$

Für $W(+)$ erhalten wir nach Aufgabe W 16

$$W(+) = W(+|T)W(T) + W(+|\overline{T})W(\overline{T})$$

$$= 0{,}99\cdot 0{,}04 + 0{,}03\cdot 0{,}96 .$$

Damit folgt für die gesuchte Wahrscheinlichkeit

$$W(T|+) = \frac{0{,}99\cdot 0{,}04}{0{,}99\cdot 0{,}04 + 0{,}03\cdot 0{,}96} = 0{,}579 .$$

BEMERKUNG: Es mag überraschen, daß (bei den angegebenen Zahlen) nur knapp 60% der Personen mit positivem Testergebnis auch tatsächlich krank sind. Aber der Personenkreis mit positivem Testausgang setzt sich zusammen aus

99% der TB-Kranken (rund 4% aller Personen)

zuzüglich

3% der Gesunden (rund 3% aller Personen).

Demnach sind nur rund 4/7 der Personen mit positivem Testergebnis auch tatsächlich TB-krank. Der Nutzen einer solchen Reihenuntersuchung besteht darin, daß sich der Personenkreis der potentiell TB-Kranken auf rund 7% der Ausgangszahl verringert. Bei diesem kleineren Personenkreis können anschließend kostspieligere Untersuchungen folgen.

LITERATUR: [6] S. 40 - 46

ERGEBNIS: Die Wahrscheinlichkeit dafür, daß eine Person mit positivem Testbefund tatsächlich TB - krank ist, beträgt 0,579.

AUFGABE W18

Zeigen Sie: Für zwei Ereignisse A mit $W(A) > 0$ und B mit $W(B) > 0$ sind folgende Aussagen äquivalent:

a) A und B sind unabhängig.

b) $W(A|B) = W(A)$.

c) $W(B|A) = W(B)$.

LÖSUNG:
Nach Definition der Unabhängigkeit von Ereignissen bzw. der Definition der bedingten Wahrscheinlichkeiten lassen sich die obigen Aussagen in der folgenden Form schreiben:

a) $W(A \cap B) = W(A) \cdot W(B)$

b) $\frac{W(A \cap B)}{W(B)} = W(A)$

c) $\frac{W(A \cap B)}{W(A)} = W(B)$.

Wegen $W(A) > 0$ und $W(B) > 0$ sind diese Gleichungen äquivalent.

BEMERKUNG: Wegen $W(B) + W(\overline{B}) = 1$ ist W(A) nach Aufgabe W 16 das gewogene Mittel der bedingten Wahrscheinlichkeiten $W(A|B)$ und $W(A|\overline{B})$. Aus $W(A|B) > W(A)$ folgt dann $W(A|\overline{B}) < W(A)$ und umgekehrt. Begünstigt also B das Eintreten von A, so behindert $\overline{B}$ das Eintreten von A und umgekehrt. Das obige Resultat besagt demnach, daß A und B genau dann unabhängig sind, wenn das Eintreten des einen Ereignisses das Eintreten des anderen Ereignisses weder fördert noch behindert.

Wie man sich leicht überlegen kann, sind mit A und B auch die Paare A und $\overline{B}$, $\overline{A}$ und B sowie $\overline{A}$ und $\overline{B}$ unabhängige Ereignisse. Folglich ergeben sich im Falle der Unabhängigkeit von A und B die Wahrscheinlichkeiten für die Durchschnitte dieser Ereignispaare als Flächeninhalte der ihnen entsprechenden Rechtecke in Abb. 1 .

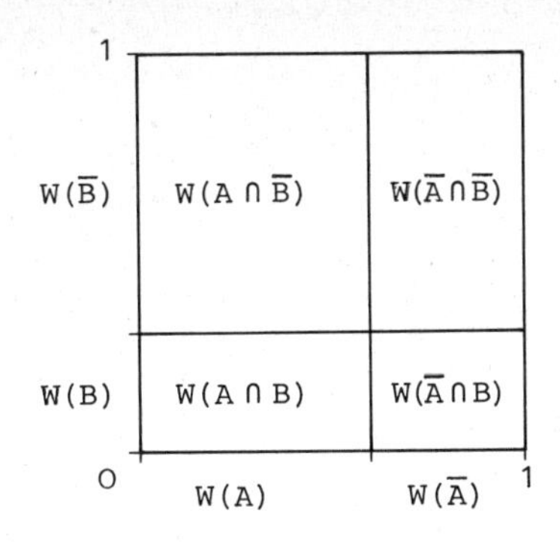

Abb. 1

LITERATUR: [6] S. 32 - 35 ; [1] W 1.8.3

ERGEBNIS: Siehe Lösung.

AUFGABE W19

Die Wahrscheinlichkeiten der Ereignisse in Abb. 1 seien proportional zu den jeweiligen Flächeninhalten.

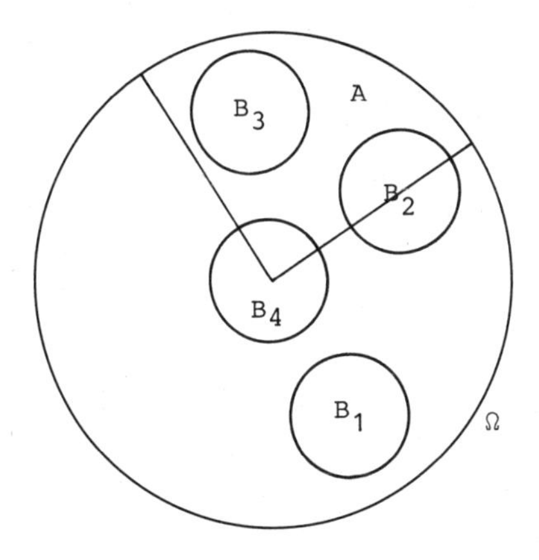

Abb. 1

Welche der Ereignispaare A, B_i $(i = 1,2,3,4)$ bestehen aus unabhängigen Ereignissen?

LÖSUNG:

Nach Definition sind die Ereignisse A und B_i genau dann unabhängig, wenn gilt

$$W(A \cap B_i) = W(A) \cdot W(B_i)$$

oder (wegen $W(B_i) > 0$ und $W(\Omega) = 1$)

$$\frac{W(A)}{W(\Omega)} = \frac{W(A \cap B_i)}{W(B_i)} \quad .$$

In Abb. 1 sind also genau diejenigen Paare A , B_i unabhängige Ereignisse, für die der Flächenanteil von A in Ω ebenso groß ist wie der von A in B_i[1]. Das gilt offenbar nur für das Ereignispaar A , B_4 . Zu diesem Ergebnis gelangt man auch, wenn man gemäß Aufgabe W 18 untersucht, ob W(A) mit der bedingten Wahrscheinlichkeit $W(A|B_i)$ übereinstimmt.

Da die Ereignisse A und B_1 disjunkt sind, gilt

$$W(A|B_1) = \frac{W(A \cap B_1)}{W(B_1)} = 0 < W(A).$$

Dagegen folgt aus $B_3 \subset A$:

$$W(A|B_3) = \frac{W(A \cap B_3)}{W(B_3)} = \frac{W(B_3)}{W(B_3)} = 1 > W(A).$$

Das Ereignis B_2 liegt mit seiner halben Fläche in A. Deshalb ist

$$W(A|B_2) = \frac{W(A \cap B_2)}{W(B_2)} = \frac{0{,}5 \cdot W(B_2)}{W(B_2)} = 0{,}5 > W(A).$$

B_4 und Ω sind durch konzentrische Kreise dargestellt. Folglich hat man

$$W(A|B_4) = \frac{W(A \cap B_4)}{W(B_4)} = \frac{W(A)}{W(\Omega)} = W(A).$$

BEMERKUNG: Wie die obigen Überlegungen zeigen, sind Ereig-

---

1) Diese Überlegung ist natürlich auch richtig, wenn man die Rollen von A und B_i vertauscht.

nisse A und B mit $W(A) > 0$ und $W(B) > 0$, die disjunkt sind bzw. von denen eines das andere enthält, immer abhängig.

LITERATUR: [6] S.29 - 35

ERGEBNIS: Nur das Ereignispaar A, B_4 besteht aus unabhängigen Ereignissen.

AUFGABE W20

A_1 und A_2 seien beliebige Ereignisse. Welche der folgenden Aussagen sind dann richtig?

A: $W(A_1 \cup A_2) = W(A_1) + W(A_2)$

B: $W(A_1 \cup A_2) < W(A_1) + W(A_2)$

C: $W(A_1 \cap A_2) = W(A_1) + W(A_2) - W(A_1 \cup A_2)$

D: $W(A_1 \cap A_2) \leq W(A_1) + W(A_2)$

E: $W(A_1 \cap A_2) \leq W(A_1 \cup A_2)$

F: $W(A_1 \cap A_2) = W(A_1) - W(A_2)$

G: $W(A_1 \cap A_2) = W(A_1) \cdot W(A_2)$

H: $W(A_1 \cap A_2) = W(A_1 | A_2) W(A_2)$, falls $W(A_2) > 0$

I: $W(A_1 \cap A_2) = W(A_2 | A_1) W(A_1)$, falls $W(A_1) > 0$.

LÖSUNG:

Die Aussagen A und B sind falsch, denn für beliebige Ereignisse A_1 und A_2 gilt der Additionssatz

$$W(A_1 \cup A_2) = W(A_1) + W(A_2) - W(A_1 \cap A_2) .$$

Daher ist Aussage A nur richtig, falls $W(A_1 \cap A_2) = 0$ und Aussage B, falls $W(A_1 \cap A_2) > 0$ ist. Aussage C dagegen ist richtig, denn sie ist der nach $W(A_1 \cap A_2)$ aufgelöste Additionssatz. Aus der Richtigkeit von Aussage C folgt die Richtigkeit von Aussage D.

Aus

$$A_1 \cap A_2 \subset A_1 \cup A_2$$

und der Monotonieeigenschaft der Wahrscheinlichkeit folgt die Richtigkeit von Aussage E. Aussage F ist falsch. Denn wegen $A_1 \cap A_2 = A_2 \cap A_1$ ist die linke Seite symmetrisch in A_1 und A_2, was aber für die rechte Seite nicht gilt. Aussage G ist falsch, denn sie gilt nur für unabhängige Ereignisse. Richtig sind dagegen die Aussagen H und I. Denn unter den angegebenen Bedingungen sind die bedingten Wahrscheinlichkeiten definiert und die Aussagen ergeben sich aus den Definitionsgleichungen der bedingten Wahrscheinlichkeiten durch Multiplikation mit $W(A_1)$ bzw. $W(A_2)$.

LITERATUR: [1] W 1.5.4 ; [6] S. 29 - 35

ERGEBNIS: Die Aussagen C, D, E, H und I sind richtig.

AUFGABE W21

A und B seien disjunkte Ereignisse mit $W(A) > 0$ und $W(B) > 0$. Welche der folgenden Aussagen sind dann richtig?

A: $W(A \cup B) = W(A) + W(B)$

B: $W(A \cap B) = W(A) \cdot W(B)$

C: $W(A|B) = W(A)$

D: $W(B|A) = W(B)$

E: Die Ereignisse A und B sind abhängig.

LÖSUNG:

Da $A \cap B = \emptyset$ und somit $W(A \cap B) = 0$ gilt, ist nach dem Additionssatz Aussage A richtig. Wegen der Voraussetzung $W(A) > 0$ und $W(B) > 0$ sind die Aussagen B, C und D nach Aufgabe W 18 gleichbedeutend mit der Unabhängigkeit der Ereignisse A und B. Nach der Bemerkung zu Aufgabe W 19 sind aber disjunkte Ereignisse A, B mit $W(A) > 0$, $W(B) > 0$ immer abhängig. Folglich ist Aussage E richtig und die Aussagen B, C und D sind falsch.

LITERATUR: [1] W 1.4.2; [6] S. 29 - 35

ERGEBNIS: Die Aussagen A und E sind richtig.

AUFGABE W22

Ein System besteht aus den unabhängig voneinander arbeitenden Komponenten K_1 und K_2, die für einen bestimmten Einsatzzeitraum die Intaktwahrscheinlichkeiten w_1 und w_2 besitzen. Das System ist im Falle a) bzw. b) - vgl. die Zuverlässigkeitsschaltbilder in Abb. 1 - genau dann funktionsfähig, wenn es zwischen Eingang (E) und Ausgang (A) eine Verbindung gibt, auf der alle Komponenten intakt sind.

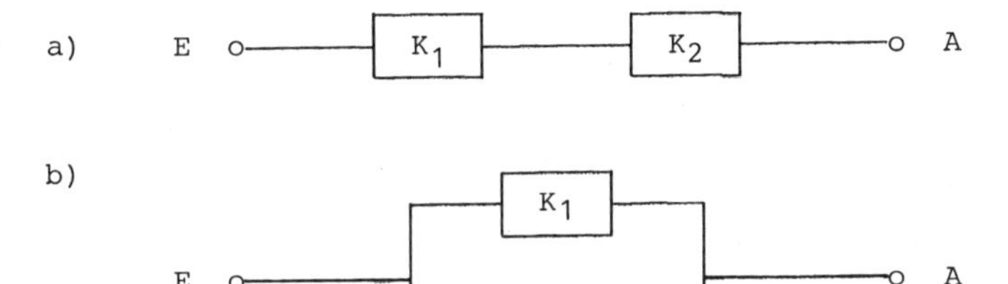

Abb. 1

Berechnen Sie die Intaktwahrscheinlichkeit w für die Systeme a) und b).

LÖSUNG:

Das Verhalten der Komponente K_1 bei Belastung kann als ein Teilexperiment, das der Komponente K_2 als ein weiteres aufgefaßt werden. Das Verhalten des Systems bei Belastung kann dann als ein aus den beiden Teilexperimenten zusammengesetztes Zufallsexperiment betrachtet werden.

Bezeichnet für das jeweilige Teilexperiment Ω_i die Ergebnismenge und A_i das Ereignis "K_i ist während der ganzen Einsatzzeit intakt" $(i = 1,2)$, so wird für das zusammengesetzte Zufallsexperiment das Ereignis "K_1 und K_2 sind intakt" durch

$$A_1 \times A_2 \subset \Omega = \Omega_1 \times \Omega_2$$

beschrieben. Da

sich die beiden Teilexperimente nach Voraussetzung nicht gegenseitig beeinflussen, gilt für die Wahrscheinlichkeit von kartesischen Produkten der Multiplikationssatz

$$W(A_1 \times A_2) = W(A_1)\, W(A_2) .$$

a) Abb. 1 a) stellt eine sog. Reihenschaltung dar. In diesem Fall ist das System nur intakt, wenn beide Komponenten intakt sind, d.h. wenn $A_1 \times A_2$ eintritt. Für die Intaktwahrscheinlichkeit des Systems gilt also

$$w = W(A_1 \times A_2) = w_1 w_2 .$$

b) Abb. 1 b) stellt eine sog. Parallelschaltung dar. Das System funktioniert, wenn wenigstens eine Komponente intakt ist, d.h. wenn

$$A_1 \times A_2 \cup A_1 \times \bar{A}_2 \cup \bar{A}_1 \times A_2$$

eintritt. Dieses Ereignis ist das Komplement von $\bar{A}_1 \times \bar{A}_2$. Daher hat man

$$\begin{aligned} w &= 1 - W(\bar{A}_1 \times \bar{A}_2) \\ &= 1 - W(\bar{A}_1)\, W(\bar{A}_2) \\ &= 1 - [1 - w_1][1 - w_2] \\ &= w_1 + w_2 - w_1 w_2 . \end{aligned}$$

BEMERKUNG: Wenn man nur Ereignisse des zusammengesetzten Zufallsexperiments betrachtet, kann man auf die Darstellung der interessierenden Ereignisse durch kartesische Produkte verzichten.

Bezeichnet man für das zusammengesetzte Zufallsexperiment mit A_i' das Ereignis "Die Komponente K_i ist während der Einsatzzeit intakt (und zwar ohne Rücksicht auf den Zustand der jeweils anderen Komponente)" , $i = 1,2$, so ist also

$$A_1' = A_1 \times \Omega_2 \subset \Omega \quad \text{bzw.} \quad A_2' = \Omega_1 \times A_2 \subset \Omega$$

mit

$$W(A_1') = W(A_1) = w_1 \quad \text{bzw.} \quad W(A_2') = W(A_2) = w_2 .$$

Im Falle der Reihenschaltung ist w die Wahrscheinlichkeit des Ereignisses "K_1 und K_2 sind intakt", d.h. des Ereignisses $A_1' \cap A_2'$. Da das Eintreten von A_1' bzw. A_2' nur vom Ergebnis eines jeweils anderen Teilexperiments abhängt und sich diese Teilexperimente gegenseitig nicht beeinflussen, sind A_1' und A_2' unabhängige Ereignisse. Damit folgt

$$w = W(A_1' \cap A_2') = W(A_1')\, W(A_2') = w_1 w_2 \,.$$

Im Falle der Parallelschaltung ist das System intakt, wenn wenigstens eines der Ereignisse A_1' oder A_2', d.h. wenn $A_1' \cup A_2'$ eintritt. Für die gesuchte Wahrscheinlichkeit folgt dann mit dem Additionssatz

$$\begin{aligned} w &= W(A_1' \cup A_2') \\ &= W(A_1') + W(A_2') - W(A_1' \cap A_2') \\ &= w_1 + w_2 - w_1 w_2 \,. \end{aligned}$$

LITERATUR: [1] W 1.6, W 1.8.4

ERGEBNIS: a) $w = w_1 w_2$

b) $w = w_1 + w_2 - w_1 w_2$

AUFGABE W23

Ein System besteht aus den unabhängig voneinander arbeitenden Komponenten K_i $(i = 1,2,3)$. Ihre Intaktwahrscheinlichkeiten seien w_i $(i = 1,2,3)$. Berechnen Sie die Intaktwahrscheinlichkeit w des Systems mit dem in Abb. 1 gezeichneten Zuverlässigkeitsschaltbild.

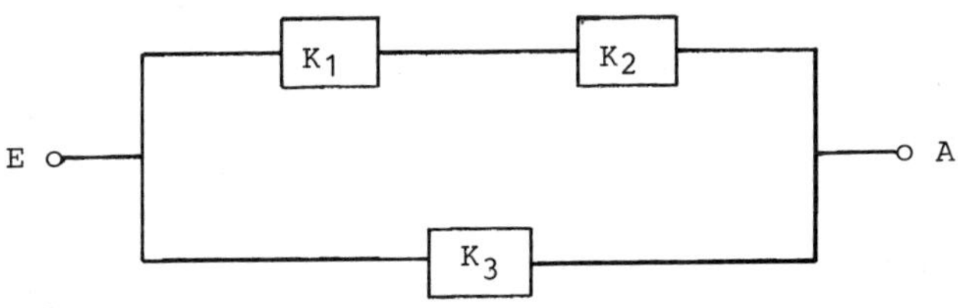

Abb. 1

LÖSUNG:

Bezeichnet Ω_i die Ergebnismenge des Teilexperiments

"Verhalten der Systemkomponente K_i während des Einsatzzeitraums"

$(i = 1,2,3)$, so kann die Ergebnismenge Ω des interessierenden Zufallsexperiments als kartesisches Produkt

$$\Omega = \Omega_1 \times \Omega_2 \times \Omega_3$$

geschrieben werden. Das System ist genau dann intakt, wenn K_1 und K_2 zusammen intakt sind oder K_3 intakt ist. Für das i-te Teilexperiment bezeichne $A_i \subset \Omega_i$ das Ereignis

"K_i ist intakt"

$(i = 1,2,3)$. Dann ist w die Wahrscheinlichkeit des Ereignisses

$$A_1 \times A_2 \times \Omega_3 \cup \Omega_1 \times \Omega_2 \times A_3 .$$

Da gilt

$$A_1 \times A_2 \times \Omega_3 \cap \Omega_1 \times \Omega_2 \times A_3 = (A_1 \cap \Omega_1) \times (A_2 \cap \Omega_2) \times (\Omega_3 \cap A_3)$$
$$= A_1 \times A_2 \times A_3 ,$$

hat man für w nach dem Additionssatz

$$w = W(A_1 \times A_2 \times \Omega_3) + W(\Omega_1 \times \Omega_2 \times A_3) - W(A_1 \times A_2 \times A_3)$$
$$= W(A_1) \cdot W(A_2) \cdot W(\Omega_3) + W(\Omega_1) \cdot W(\Omega_2) \cdot W(A_3) - W(A_1) \cdot W(A_2) \cdot W(A_3)$$
$$= w_1 w_2 + w_3 - w_1 w_2 w_3 .$$

BEMERKUNG: Rechnet man wie in der Bemerkung zu Aufgabe W 22 mit den Ereignissen

$A_i' =$ "K_i ist intakt" , $i = 1,2,3$, mit $A_i' \subset \Omega$

so wird das Ereignis "Das System ist intakt" beschrieben durch

$$(A_1' \cap A_2') \cup A_3' .$$

Mit dem Additionssatz folgt dann wegen der Unabhängigkeit von A_1', A_2' und A_3'

$$w = W\left[(A_1' \cap A_2') \cup A_3'\right]$$

$$= W(A_1' \cap A_2') + W(A_3') - W(A_1' \cap A_2' \cap A_3')$$

$$= W(A_1') \cdot W(A_2') + W(A_3') - W(A_1') \cdot W(A_2') \cdot W(A_3')$$

$$= w_1 w_2 + w_3 - w_1 w_2 w_3 .$$

LITERATUR: [1] W 1.6 , W 1.8.4

ERGEBNIS: $w = w_3 + w_1 w_2 (1 - w_3)$

AUFGABE W24

Ein System besteht aus den in Reihe geschalteten Komponenten K_1 und K_2. Für die Intaktwahrscheinlichkeiten der Komponenten gilt $0 < w_i < 1$ $(i = 1,2)$. Um die Intaktwahrscheinlichkeit des Systems zu erhöhen, soll jede Komponente mit einer identischen Reserve K_1' bzw. K_2' versehen werden. Für den Zusammenschluß der Komponenten werden folgende Zuverlässigkeitsschaltbilder erwogen:

a)

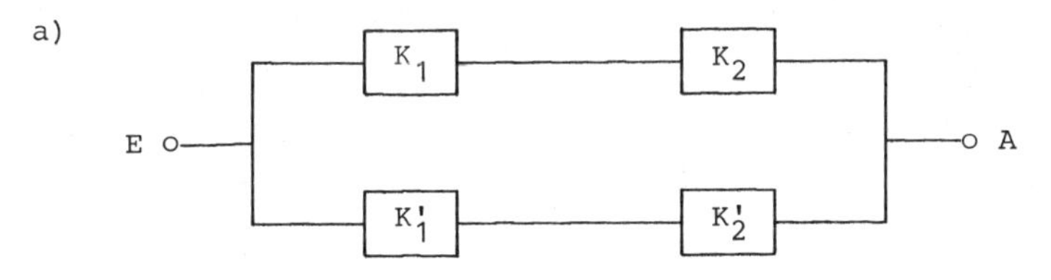

b)

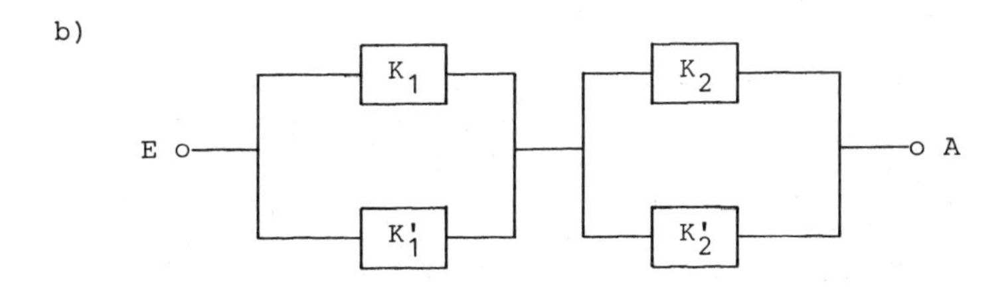

Es wird davon ausgegangen, daß alle Komponenten unabhängig voneinander arbeiten. Welche der folgenden Aussagen über die Intaktwahrscheinlichkeiten w_a und w_b der beiden Systeme sind richtig?

A: $w_a = w_b$

B: $w_a < w_b$

C: $w_a > w_b$

LÖSUNG:

System a) ist die Parallelschaltung zweier Reihenschaltungen. Da die Komponenten unabhängig voneinander arbeiten, ist nach Aufgabe W 22 die Intaktwahrscheinlichkeit der beiden Reihenschaltungen gleich $w_1 w_2$. Da auch die beiden Reihenschaltungen unabhängig voneinander arbeiten, läßt sich zur Berechnung der Intaktwahrscheinlichkeit von deren Parallelschaltung wieder Aufgabe W 22 heranziehen und man hat

$$w_a = w_1 w_2 + w_1 w_2 - w_1 w_2 \cdot w_1 w_2 = w_1 w_2 (2 - w_1 w_2) .$$

System b) ist die Reihenschaltung zweier Parallelschaltungen. Mit den analogen Überlegungen wie oben und den Ergebnissen von Aufgabe W 22 erhält man für die Intaktwahrscheinlichkeit der ersten Parallelschaltung

$$w_1 + w_1 - w_1 \cdot w_1 = w_1 (2 - w_1) ,$$

der zweiten Parallelschaltung

$$w_2 + w_2 - w_2 \cdot w_2 = w_2 (2 - w_2)$$

sowie von System b)

$$w_b = w_1 (2 - w_1) w_2 (2 - w_2) = w_1 w_2 [4 - 2w_1 - 2w_2 + w_1 w_2].$$

Für die Differenz von w_b und w_a gilt also

$$\begin{aligned} w_b - w_a &= w_1 w_2 [4 - 2w_1 - 2w_2 + w_1 w_2 - 2 + w_1 w_2] \\ &= w_1 w_2 [2 - 2w_1 - 2w_2 + 2w_1 w_2] \\ &= 2 w_1 w_2 (1 - w_1) (1 - w_2) . \end{aligned}$$

Wegen der Voraussetzung $0 < w_i < 1$ $(i = 1,2)$ ist $w_b - w_a$ stets postitiv. Somit ist Aussage B richtig.

LITERATUR: [1] W 1.6

ERGEBNIS: Aussage B ist richtig.

AUFGABE W25

Ein Würfel wird zweimal ausgespielt. Die Zufallsvariable X bezeichne die erste, die Zufallsvariable Y die zweite der dabei auftretenden Augenzahlen. Aus welchen Ergebnissen bestehen die folgenden Ereignisse?

$A = \{X > Y\}$

$B = \{X \geq Y\} \cap \{X \leq Y\}$

$C = \{X \geq Y\} \cup \{X \leq Y\}$

$D = \overline{\{X \neq Y\}}$

$E = \{XY = 1,4,9,16,25,36\}$

LÖSUNG:

Beschreibt man die Ergebnismenge beim zweimaligen Ausspielen des Würfels durch

$$\Omega = \{(i,j) : i,j = 1,2,...,6\} ,$$

so gilt für die Zufallsvariablen X und Y

$$X(i,j) = i \ , \ Y(i,j) = j \qquad (i,j) \in \Omega .$$

Man hat daher für A

$$\begin{aligned} A &= \{(i,j) \in \Omega : X(i,j) > Y(i,j)\} \\ &= \{(i,j) \in \Omega : i > j\} \\ &= \{(2,1),(3,1),...,(6,1),(3,2),...,(6,5)\}. \end{aligned}$$

Für B ergibt sich

$$\begin{aligned} B &= \{X \geq Y\} \cap \{X \leq Y\} \\ &= \{X = Y\} \\ &= \{(i,j) \in \Omega : i = j\} = \{(1,1),(2,2),...,(6,6)\} . \end{aligned}$$

Offenbar ist

$$C = \Omega .$$

Da $\{X = Y\}$ das Komplement von $\{X \neq Y\}$ ist, gilt

$$D = \{X = Y\} = B .$$

Für die in B zusammengefaßten Ergebnisse ist das Produkt XY der Augenzahlen eine Quadratzahl, aber es ist $B \neq E$, genauer $B \subset E$. Denn E enthält auch die Ergebnisse (1,4) und (4,1):

$$\begin{aligned} E &= \{(i,j) \in \Omega : X \cdot Y = 1,4,\ldots,36\} \\ &= \{(i,j) \in \Omega : i \cdot j = 1,4,\ldots,36\} \\ &= \{(1,1),(1,4),(2,2),(4,1),(3,3),(4,4),(5,5),(6,6)\} . \end{aligned}$$

LITERATUR: [1] W 2.1.1 bis W 2.1.3

ERGEBNIS: Siehe Lösung.

AUFGABE W26

X sei eine diskrete Zufallsvariable mit den Ausprägungen x_i, $i = 1,2,\ldots,I$. Für die Massefunktion f(x) von X gilt dann

A: $f(x_i) > 0$

B: $f(x_i) = W(X = x_i)$

C: $f(x_i) = W(X \leq x_i)$

D: $f(x_i) = W(X \leq x_i) - W(X < x_i)$

E: $f(x_i) = W(X = x_i) - W(X < x_i)$

F: $f(x_i) = W(X = x_i) - W(X = x_{i-1})$

LÖSUNG:

Die Massefunktion f(x) einer diskreten Zufallsvariablen X ist definiert durch

$$f(x) = W(X = x) \qquad x \in R .$$

Es ist $f(x) = 0$ für alle Zahlen x, die nicht Ausprägungen von X sind. Für die Ausprägungen $x_1, x_2, \ldots$ nimmt f(x) positive Werte an. Daher ist Aussage A richtig. Aussage B stimmt mit der Definition der Massefunktion von X an den Stellen $x = x_i$ überein. B ist damit richtig.

Aussage C ist falsch, denn $W(X \leq x_i)$ ist der Wert der Verteilungsfunktion von X an der Stelle $x = x_i$.

Da $\{X < x_i\}$ und $\{X = x_i\}$ eine Zerlegung des Ereignisses $\{X \leq x_i\}$ bilden, gilt

$$W(X \leq x_i) = W(X < x_i) + W(X = x_i)$$

und daher

$$W(X \leq x_i) - W(X < x_i) = W(X = x_i) = f(x_i) .$$

Die Aussage D ist also richtig. Dagegen sind die Aussagen E und F wegen der Gültigkeit von B falsch.

LITERATUR: [1] W 2.3.1 , W 2.3.2

ERGEBNIS: Die Aussagen A, B und D sind richtig.

AUFGABE W27

Ein Würfel ist so gefälscht, daß die Wahrscheinlichkeit für das Auftreten der Augenzahl i proportional zu i ist $(i = 1,2,\ldots,6)$. X sei die Augenzahl beim Ausspielen des Würfels. Wie lautet die Massefunktion von X ?

LÖSUNG:

X ist eine diskrete Zufallsvariable mit den Ausprägungen $1,2,\ldots,6$. Nach Annahme gilt

$$W(X = i) = c \cdot i \qquad i = 1,2,\ldots,6 ,$$

wobei c eine Konstante ist. Deren Wert ist hier zu bestimmen.

Die Ereignisse

$$\{X = 1\} , \{X = 2\} , \ldots , \{X = 6\}$$

bilden eine Zerlegung der Ergebnismenge Ω. Folglich gilt

$$1 = W(\Omega) = \sum_{i=1}^{6} W(X = i) = c \sum_{i=1}^{6} i = c \cdot 21$$

und daher

$$c = 1/21 .$$

Die Massefunktion von X lautet also

$$f(x) = \begin{cases} \frac{x}{21} & \text{für } x = 1,2,\ldots,6 \\ 0 & \text{sonst} \end{cases} .$$

Sie ist in Abb. 1 dargestellt.

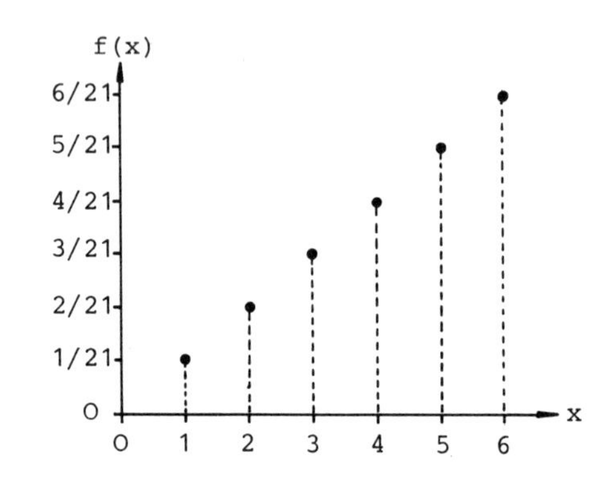

Abb. 1

LITERATUR: [1] W 2.3.1 , W 2.3.2

ERGEBNIS: Die Massefunktion von X lautet

$$f(x) = \begin{cases} \frac{x}{21} & \text{für } x = 1,2,\ldots,6 \\ 0 & \text{sonst} \end{cases} .$$

AUFGABE W28

Eine faire Münze wird solange geworfen, bis zum ersten Mal "Kopf" erscheint, höchstens jedoch dreimal. Die Zufallsvariable X gebe an, wie oft die Münze geworfen wird. Wie lauten Masse- und Verteilungsfunktion von X ?

LÖSUNG:

Mit den Symbolen K für "Kopf" und Z für "Zahl" kann die Ergebnismenge des angegebenen Zufallsexperiments durch

$$\Omega = \{ K , ZK , ZZK , ZZZ \}$$

beschrieben werden. Die Zufallsvariable X bildet Ω auf folgende Weise in die reellen Zahlen ab:

e	X(e)
K	1
ZK	2
ZZK	3
ZZZ	3

Die Zufallsvariable X nimmt also nur die Werte 1, 2 und 3 an. Dafür hat man

$$W(X=1) = W(K) = \frac{1}{2}$$

$$W(X=2) = W(ZK) = \frac{1}{2}\cdot\frac{1}{2} = \frac{1}{4}$$

$$W(X=3) = W(ZZK) + W(ZZZ) = \frac{1}{8}+\frac{1}{8} = \frac{1}{4} .$$

Für die Massefunktion von X gilt dann

$$(1)\quad f(x) = \begin{cases} \frac{1}{2} & x = 1 \\ \frac{1}{4} \quad \text{für} & x = 2\,;\,3 \\ 0 & \text{sonst} \end{cases} .$$

Sie ist in Abb. 1 dargestellt.

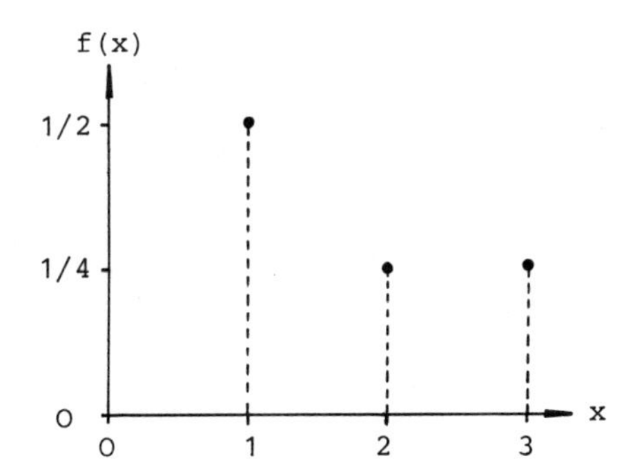

Abb. 1

Die Verteilungsfunktion einer diskreten Zufallsvariablen ist eine Treppenfunktion mit Sprungstellen bei den Ausprägungen x_i. Die Sprunghöhe an der Stelle x_i ist gleich dem Wert der Massefunktion an dieser Stelle. Dabei gilt an den Sprungstellen jeweils der größere der beiden in Frage kommenden Funktionswerte. Man hat also

$$(2)\quad F(x) = \begin{cases} 0 & x < 1 \\ 1/2 & 1 \leq x < 2 \\ 3/4 & \text{für}\quad 2 \leq x < 3 \\ 1 & 3 \leq x \end{cases} .$$

Die Verteilungsfunktion ist in Abb. 2 gezeichnet.

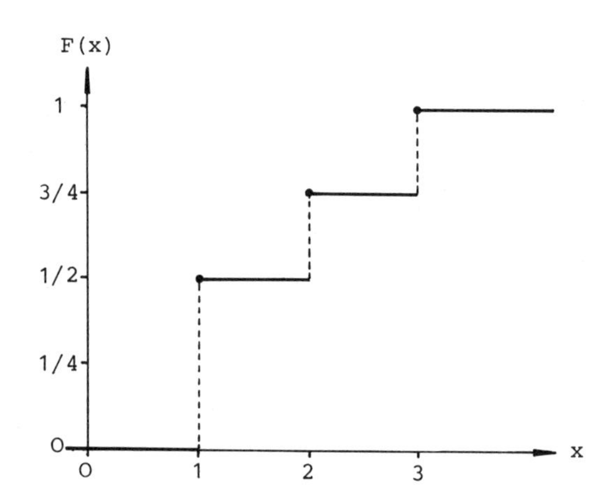

Abb. 2

LITERATUR: [1] W 2.3.1 bis W 2.3.3

ERGEBNIS: Die Massefunktion ist in (1) bzw. Abb. 1, die Verteilungsfunktion in (2) bzw. Abb. 2 angegeben.

AUFGABE W29

Die Verteilungsfunktion $F(x)$ einer Zufallsvariablen X lautet

$$F(x) = \begin{cases} 0 & x < -2 \\ 2/10 & -2 \leq x < -1 \\ 5/10 \text{ für} & -1 \leq x < 1 \\ 6/10 & 1 \leq x < 4 \\ 1 & 4 \leq x \end{cases} .$$

Wie lautet die Massefunktion von X ?

LÖSUNG:

Die Verteilungsfunktion von X ist in Abb. 1 gezeichnet.

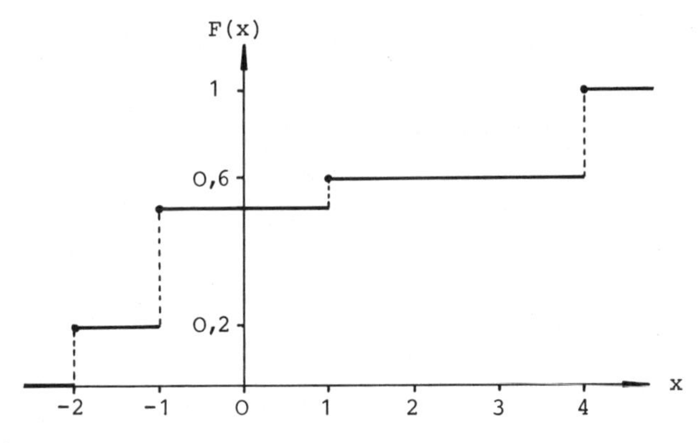

Abb. 1

$F(x)$ ist eine Treppenfunktion. Folglich ist X eine diskrete Zufallsvariable. Die Sprungstellen von $F(x)$ sind die Ausprägungen von X. Die Wahrscheinlichkeit, mit der ein Wert angenommen wird, ist gleich der Sprunghöhe der Verteilungsfunktion an dieser Stelle (vgl. Aufgabe W 28). Für die Massefunktion von X ergibt sich somit die Abb. 2 .

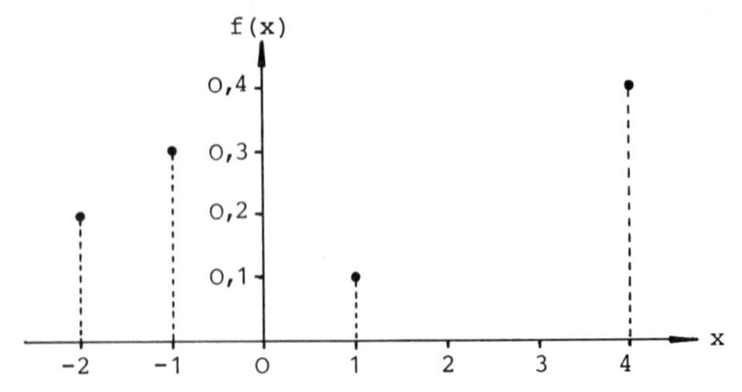

Abb. 2

LITERATUR: [1] W 2.3.1 bis W 2.3.3

ERGEBNIS: Die Massefunktion von X lautet

$$f(x) = \begin{cases} 2/10 & x = -2 \\ 3/10 & x = -1 \\ 1/10 \quad \text{für} & x = 1 \\ 4/10 & x = 4 \\ 0 & \text{sonst.} \end{cases}$$

A U F G A B E W 30

Eine diskrete Zufallsvariable X hat die folgende Massefunktion:

$$f(x) = \begin{cases} 0,1 & x = -1 \\ 0,3 & x = 0 \\ 0,6 \quad \text{für} & x = 1 \\ 0 & \text{sonst .} \end{cases}$$

Wie lautet die Massefunktion $g(y)$ der Zufallsvariablen $Y = 2X^2 + 1$?

A:

$$g(y) = \begin{cases} 0,1 & y = -1 \\ 0,3 & y = 0 \\ 0,6 \quad \text{für} & y = 1 \\ 0 & \text{sonst .} \end{cases}$$

B:

$$g(y) = \begin{cases} 0,3 & y = 0 \\ 0,7 \quad \text{für} & y = -1 ; y = +1 \\ 0 & \text{sonst} . \end{cases}$$

C:

$$g(y) = \begin{cases} 0,3 & y = 1 \\ 0,6 \quad \text{für} & y = 3 \\ 0 & \text{sonst.} \end{cases}$$

D:

$$g(y) = \begin{cases} 0,3 & y = 1 \\ 0,7 \quad \text{für} & y = 3 \\ 0 & \text{sonst.} \end{cases}$$

E: Man kann die Massefunktion von Y nicht berechnen, da X und Y abhängige Zufallsvariablen sind.

LÖSUNG:

Die Zufallsvariable X besitzt die Ausprägungen -1 , 0 und 1. Diese werden durch die Funktion

$$y = 2x^2 + 1$$

in die Werte 3 , 1 und 3 abgebildet. Dabei werden die zugehörigen Wahrscheinlichkeitsmassen mittransportiert (vgl. Abb. 1).

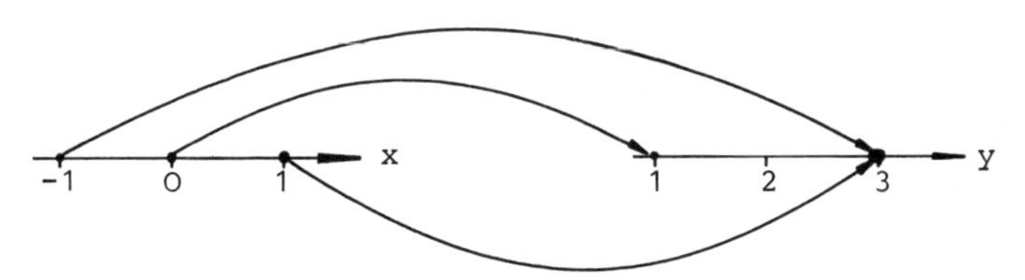

Abb. 1

Die Ausprägungen der Zufallsvariablen $Y = 2X^2 + 1$ sind demnach 1 und 3 ; für die zugehörigen Wahrscheinlichkeiten gilt:

$$W(Y=1) = W(X=0) = 0,3$$

$$W(Y=3) = W(X=-1) + W(X=1) = 0,1 + 0,6 = 0,7$$

(oder $W(Y=3) = 1 - W(X=0) = 1 - 0,3 = 0,7$).

Die Aussage D ist also richtig. Folglich sind die Aussagen A bis C falsch. An Aussage E ist richtig, daß X und Y abhängig sind. X und Y sind sogar funktional abhängig. Gerade deshalb läßt sich die Massefunktion von Y aus der Massefunktion von X berechnen. Wären X und Y unabhängige Zufallsvariablen, so könnte man die Massefunktion von Y nicht aus der Massefunktion von X erhalten. Daher ist Aussage E falsch.

LITERATUR: [1] W 2.1.5 , W 2.3.1

ERGEBNIS: Aussage D ist richtig.

AUFGABE W31

Die diskrete Zufallsvariable X besitze die folgende Wahrscheinlichkeitstabelle

x	-1	0	1
W(X = x)	0,3	0,3	0,4

.

Für welche der folgenden Fälle besitzt dann die Zufallsvariable Y die nachstehende Wahrscheinlichkeitstabelle ?

y	0	1
W(Y = y)	0,3	0,7

A: $Y = X + 1$

B: $Y = X - 1$

C: $Y = X^2$

D: $Y = 1 - X^2$

E: $Y = X^2 + 1$

F: $Y = \frac{1}{2} X (1 - X) + 1$

LÖSUNG:

Die Ausprägungen der Zufallsvariablen Y sind im Falle

A: 0 ; 1 ; 2

B: -2 ; -1 ; 0

C: 0 ; 1

D: 0 ; 1

E: 1 ; 2

F: 0 ; 1 .

Demnach stimmen die Ausprägungen nur der in C, D und F angegebenen Zufallsvariablen mit denen in der vorgelegten Wahrscheinlichkeitstabelle überein. Es muß nun noch überprüft werden, für welche dieser drei Zufallsvariablen die Wahrscheinlichkeiten der Ausprägungen mit denen in der angegebenen Wahrscheinlichkeitstabelle übereinstimmen.

Im Falle C gilt

$$W(Y=0) = W(X=0) = 0{,}3$$

(und damit $W(Y=1) = 0{,}7$). Für D hat man

$$W(Y=1) = W(X=0) = 0{,}3$$

(und folglich $W(Y=0) = 0{,}7$). Schließlich erhält man im Falle F

$$W(Y=1) = W\big(X(1-X)=0\big) = W(X=0) + W(X=1) = 0{,}7$$

(und $W(Y=0) = 0{,}3$). Somit stimmen nur die Wahrscheinlichkeitstabellen der in C und F angegebenen Zufallsvariablen mit der vorgelegten Wahrscheinlichkeitstabelle überein.

BEMERKUNG: Die in C und F angegebenen Zufallsvariablen sind verschieden. Denn für $X=-1$ gilt $Y=1$ im Falle C und $Y=0$ im Falle F. Unterschiedliche Zufallsvariablen können also durchaus die gleiche Verteilung besitzen. Man spricht dann von identisch verteilten Zufallsvariablen. Identisch verteilte (aber keineswegs identische) Zufallsvariablen sind z.B. beim zweimaligen Werfen eines echten Würfels die erste Augenzahl X_1 und die zweite Augenzahl X_2.

Wegen

$$X_1(i,j) = i \ , \ X_2(i,j) = j \qquad i,j = 1,2,\dots,6$$

gilt $X_1 \neq X_2$, aber

$$W(X_1 = x) = W(X_2 = x) = \begin{cases} 1/6 & \text{für } x = 1,2,\dots,6 \\ 0 & \text{sonst .} \end{cases}$$

LITERATUR: [1] W 2.1.5 , W 2.3.1

ERGEBNIS: Die in C und F angegebenen Zufallsvariablen besitzen die angegebene Wahrscheinlichkeitstabelle.

AUFGABE W32

In einer Gaststätte wird ein Fischgericht in drei Arbeitsgängen zubereitet

Vorgang	Zeitdauer [min]
Beilagen anrichten	7
Fisch vorbereiten	1
Fisch garen	
1.Zubereitungsart: "Backen"	5
2.Zubereitungsart: "Kochen"	7

Der zeitliche Ablauf der drei Arbeitsgänge erfolgt gemäß dem skizzierten Netzplan:

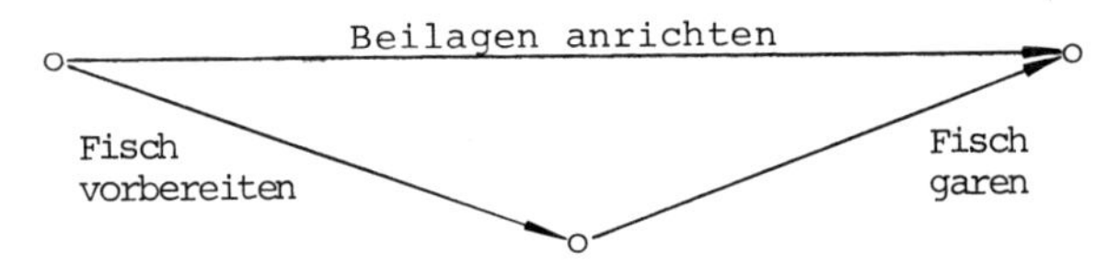

Ein Gast entscheidet sich mit der Wahrscheinlichkeit 0,7 für die Zubereitungsart "Backen". Der Gastwirt möchte die Wahrscheinlichkeitstabelle für die Zubereitungsdauer T [min] des Gerichtes wissen. Wie lautet sie ?

LÖSUNG:

Wie man dem Netzplan entnimmt, sind zur Fertigstellung des

Fischgerichts zwei parallel verlaufende Arbeitsgänge erforderlich: Das Anrichten der Beilagen und die Zubereitung des Fisches. Bezeichnet T_B die Zubereitungsdauer für die Beilagen und T_F die Zubereitungsdauer für den Fisch (Vorbereiten und Garen), so ist die Gesamtzubereitungsdauer für das Fischgericht der größere der beiden Werte T_B und T_F:

$$T = \max(T_B, T_F).$$

T_B ist eine Konstante mit dem Wert 7 Minuten. Man kann also schreiben

$$T = \max(7, T_F).$$

T_F ist eine Zufallsvariable. Je nachdem, ob der Fisch gebraten oder gekocht wird, nimmt T_F die Werte 6 Minuten bzw. 8 Minuten an. Man hat also für T_F die Wahrscheinlichkeitstabelle

t	6	8
$W(T_F = t)$	0,7	0,3

.

Da gilt

$$T = \max(7; T_F) = \begin{cases} 7 & \text{für } T_F = 6 \\ 8 & \phantom{\text{für }} T_F = 8, \end{cases}$$

ergibt sich daraus für T die Wahrscheinlichkeitstabelle

Tab. 1

t	7	8
$W(T = t)$	0,7	0,3

LITERATUR: [1] W 2.1.5, W 2.3.1

ERGEBNIS: Siehe Tab. 1.

AUFGABE W33

X sei eine stetige Zufallsvariable mit Dichtefunktion $f(x)$. Welche der folgenden Aussagen sind richtig?

A: Für jede reelle Zahl x gilt:

$$W(X < x) = W(X \leq x) .$$

B: Für jede reelle Zahl x kann die Wahrscheinlichkeit des Ereignisses $\{X = x\}$ größer als Null sein.

C: Die Verteilungsfunktion von X kann Sprungstellen besitzen.

D: Für jede reelle Zahl x gilt:

$$W(X = x) = f(x) .$$

E: Für jede reelle Zahl x gilt:

$$0 \leq f(x) \leq 1 .$$

LÖSUNG:

Für die Verteilungsfunktion $F(x)$ einer stetigen Zufallsvariablen X gilt

$$F(x) = W(X \leq x) = \int_{-\infty}^{x} f(t)\,dt \qquad (x \in R).$$

$W(X \leq x)$ ist also gleich dem Inhalt der Fläche, die von der Dichtefunktion über dem Intervall $(-\infty ; x]$ eingeschlossen wird (vgl. Abb. 1).

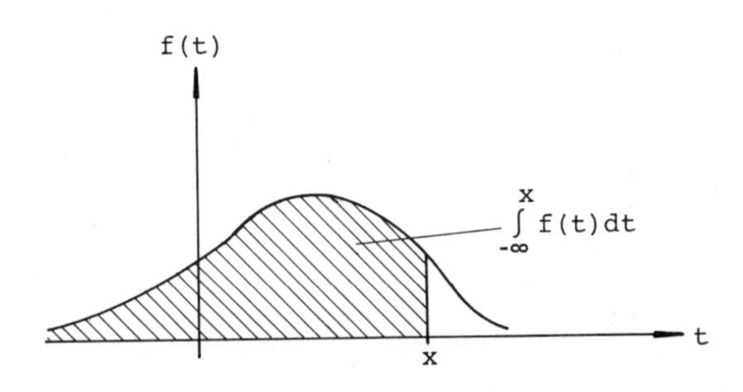

Abb. 1

Da die Zugehörigkeit eines einzelnen Punktes zu einem Intervall den Inhalt der darüberliegenden Fläche und damit auch den Wert des Integrals nicht beeinflußt, gilt für stetige Zufallsvariablen

$$W(X < x) = W(X \leq x) \qquad (x \in R)$$

oder

$$(1) \quad W(X = x) = 0 \qquad (x \in R) .$$

Folglich ist Aussage A richtig, während Aussage B falsch ist.

Ist x eine Sprungstelle der Verteilungsfunktion von X, so gibt die Sprunghöhe an, mit welcher Wahrscheinlichkeit x als Wert von X angenommen wird. Nach (1) ist bei stetigen Zufallsvariablen die "Sprunghöhe" überall null, d.h. F(x) ist überall stetig. Aussage C ist also falsch.

Aussage D ist falsch. Wahrscheinlichkeiten sind die Inhalte von Flächen zwischen f(x) und Intervallen der x-Achse, nicht aber einzelne Werte einer Dichtefunktion. Da sich der Inhalt einer Fläche zwischen f(x) und einem Intervall der x-Achse nicht ändert, wenn der Wert von f(x) in einzelnen Punkten geändert wird, ist der Wert von Dichten für einen einzelnen Punkt gar nicht eindeutig bestimmt und somit auch nicht interpretierbar.

Auch Aussage E ist falsch. In einzelnen Punkten und über entsprechend kurzen Intervallen kann eine Dichte beliebig große Werte annehmen.

LITERATUR: [1] W 2.3.5 , W 2.3.7

ERGEBNIS: Aussage A ist richtig.

AUFGABE W34

Welche der folgenden Funktionen sind Dichtefunktionen ?

A:
$$f(x) = \begin{cases} 1 & \text{für } 0 < x < 1 \\ 0 & \text{sonst} \end{cases}$$

B:
$$f(x) = \begin{cases} 1 & \text{für} \quad 0 \leq x \leq 1 \\ 0 & \text{sonst} \end{cases}$$

C:
$$f(x) = \begin{cases} \frac{1}{4} & \text{für} \quad 0 \leq x \leq 1 \\ \frac{3}{4} & \text{für} \quad 1 < x \leq 2 \\ 0 & \text{sonst} \end{cases}$$

D:
$$f(x) = \begin{cases} 2 & \text{für} \quad 0 < x < 1/2 \\ 0 & \text{sonst} \end{cases}$$

E:
$$f(x) = \begin{cases} x & \text{für} \ -1 < x < 1 \\ 0 & \text{sonst} \end{cases}$$

F:
$$f(x) = \begin{cases} -x & \text{für} \ -1 < x < 0 \\ 0 & \text{sonst} \end{cases}$$

LÖSUNG:

Die sechs angegebenen Funktionen sind in den Abbildungen 1 bis 6 dargestellt:

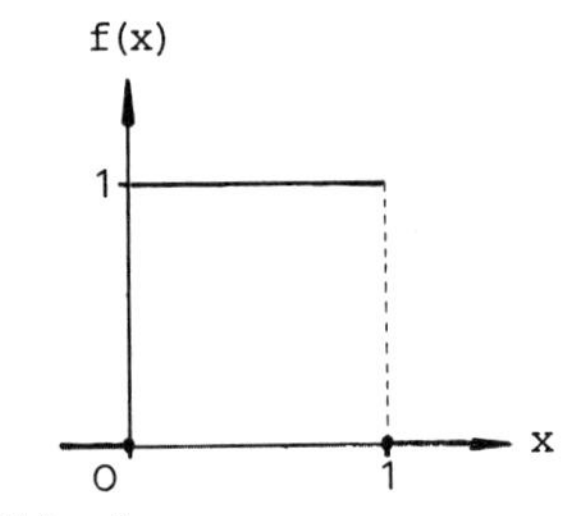

Abb. 1

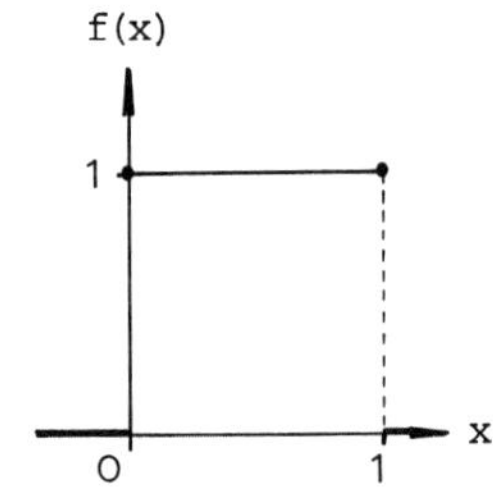

Abb. 2

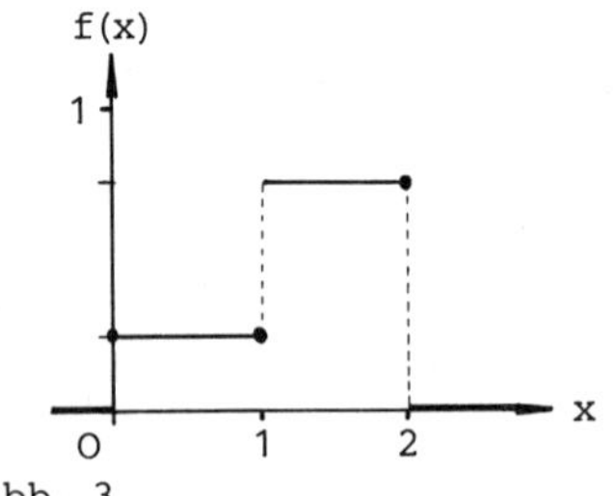

Abb. 3

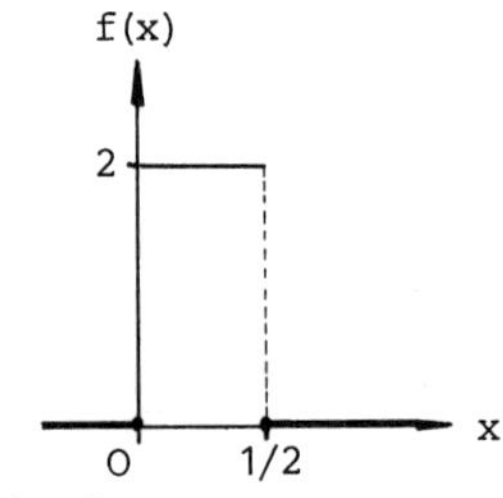

Abb. 4

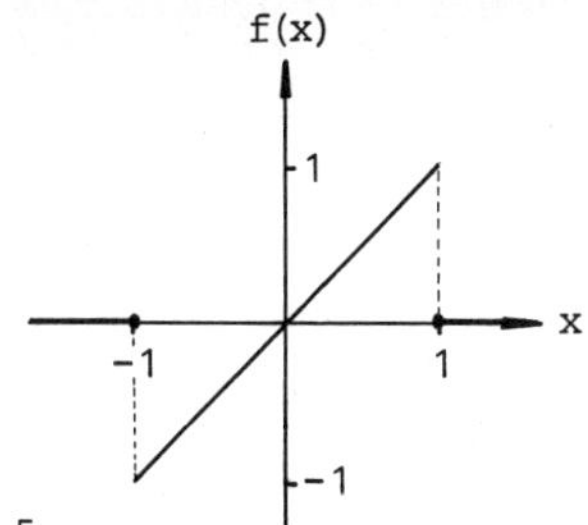

Abb. 5

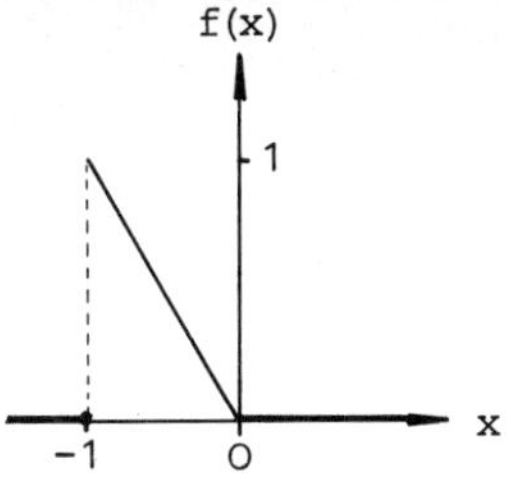

Abb. 6

f(x) ist eine Dichtefunktion, wenn überall $f(x) \geq 0$ gilt und wenn f(x) mit der x-Achse eine Fläche vom Inhalt 1 einschließt. Die Abbildungen 1 bis 4 zeigen, daß beide Bedingungen für die in A bis D angegebenen Funktionen erfüllt sind. (Weil sich die in A und B angegebenen Dichten nur in isolierten Punkten unterscheiden, beschreiben beide die gleiche Verteilung, vgl. Aufgabe W 33.).

Für Abb. 5 ist $f(x) \geq 0$ nicht überall erfüllt. Abb. 6 zeigt, daß die Fläche zwischen f(x) und der x-Achse den Inhalt 1/2 hat.

LITERATUR: [1] W 2.3.5

ERGEBNIS: Die in A bis D angegebenen Funktionen sind Dichtefunktionen.

AUFGABE W 35

Berechnen Sie für die Zufallsvariable X mit der Dichtefunktion

$$f(x) = \begin{cases} \frac{1}{2}(2-x) & \text{für } 0 < x < 2 \\ 0 & \text{sonst} \end{cases}$$

die Wahrscheinlichkeiten

a) $W(X < 1{,}2)$

b) $W(X > 1{,}6)$

c) $W(1{,}2 < X < 1{,}6)$.

LÖSUNG:

a) Da X eine Dichtefunktion besitzt, ist X eine stetige Zufallsvariable. Die Wahrscheinlichkeit, mit der X einen Wert $< 1,2$ annimmt, ist dann gleich dem Inhalt der zwischen der Dichtefunktion und der Halbachse $x < 1,2$ eingeschlossenen Fläche. Die Dichte f(x) ist in Abb. 1 dargestellt.

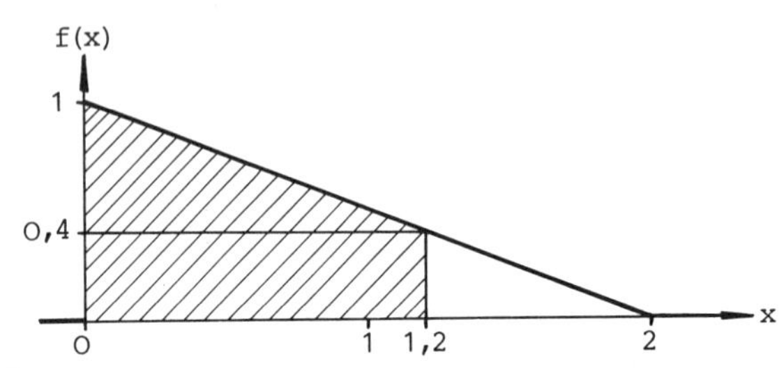

Abb. 1

Die interessierende Fläche - in Abb. 1 schraffiert - ist ein Trapez. Für den Inhalt hat man

$$W(X < 1,2) = 1,2 \cdot \frac{0,4 + 1}{2} = 0,84 .$$

Dieses Ergebnis läßt sich auch anders erhalten. Am Inhalt der Fläche ändert sich nichts, wenn man statt der Halbachse $x < 1,2$ die Halbachse $x \leq 1,2$ betrachtet. Daher ist die interessierende Wahrscheinlichkeit gleich dem Wert der Verteilungsfunktion von X an der Stelle $x = 1,2$:

$$W(X < 1,2) = W(X \leq 1,2) = F(1,2) .$$

Für stetige Zufallsvariablen erhält man die Verteilungsfunktion durch Integration der Dichte (vgl. Lösung zu Aufgabe W 33). Demnach hat man

$$F(1,2) = \int_{-\infty}^{1,2} f(x)\,dx = \int_{0}^{1,2} \frac{1}{2}(2-x)\,dx = \left[x - \frac{x^2}{4}\right]_0^{1,2}$$

$$= 1,2 - \frac{1,44}{4} = 0,84 .$$

b) $W(X > 1,6)$ ist gleich dem Inhalt der Fläche, die von der Dichtefunktion über dem Intervall $(1,6\,;\,\infty)$ eingeschlossen wird. Abb. 2 zeigt, daß es sich um ein Dreieck handelt.

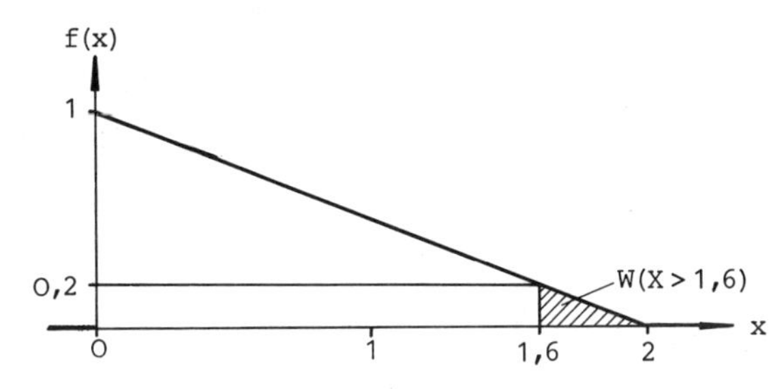

Abb.2

Folglich ist

$$W(X > 1,6) = \frac{0,2 \cdot 0,4}{2} = 0,04 .$$

Auch diese Wahrscheinlichkeit läßt sich über die Verteilungsfunktion von X bestimmen.

$$W(X > 1,6) = 1 - W(X \leq 1,6) = 1 - F(1,6) = 1 - \int_0^{1,6} \frac{1}{2}(2 - x)\,dx$$

$$= 1 - \left[x - \frac{x^2}{4}\right]_0^{1,6} = 0,04 .$$

c) Es gilt

$$W(1,2 < X < 1,6) = W(X < 1,6) - W(X \leq 1,2)$$

$$= 1 - W(X \geq 1,6) - W(X \leq 1,2) .$$

Da X eine stetige Zufallsvariable ist, folgt mit den Ergebnissen in a) und b)

$$W(1,2 < X < 1,6) = 1 - 0,04 - 0,84 = 0,12 .$$

LITERATUR: [1] W 2.3.5 bis W 2.3.7 , W 2.5.3

ERGEBNIS:

a) $W(X < 1{,}2) = 0{,}84$

b) $W(X > 1{,}6) = 0{,}04$

c) $W(1{,}2 < X < 1{,}6) = 0{,}12$

AUFGABE W36

Ein Zufallsexperiment setzt sich aus folgenden Teilexperimenten zusammen

- zweimaliges Werfen eines echten Würfels
- dreimaliges Werfen einer fairen Münze .

X sei die Augensumme beim Würfeln und Y die Anzahl von "Kopf" beim Werfen der Münze. Berechnen Sie

$$W(X = 5 \, , Y = 1) \, .$$

LÖSUNG:

Die Werte der Zufallsvariablen X und Y hängen nur vom Ergebnis des einen bzw. des anderen Teilexperiments ab. Da sich die Teilexperimente gegenseitig nicht beeinflussen, sind X und Y unabhängige Zufallsvariablen. Folglich gilt für die gemeinsame Massefunktion

$$W(X = i \, , Y = j) = W(X = i) \cdot W(Y = j) \qquad i = 2,3,\ldots,12 \, ; \, j = 0,1,2,3.$$

Es gilt

$$\{X = 5\} = \{(4,1);(3,2);(2,3);(1,4)\}$$

$$\{Y = 1\} = \{KZZ \, , ZKZ \, , ZZK\} \quad \text{mit } K = \text{"Kopf" und } Z = \text{"Zahl"}.$$

Da die Teilexperimente symmetrische Zufallsexperimente sind, hat man

$$W(X = 5) = 4/36 \quad , \; W(Y = 1) = 3/8 \, .$$

Wegen der Unabhängigkeit der Zufallsvariablen folgt dann

$$W(X = 5 \, , Y = 1) = \frac{4}{36} \cdot \frac{3}{8} = \frac{1}{24} \, .$$

LITERATUR: [1] W 2.2.1 bis W 2.2.3 ; W 2.4.3

ERGEBNIS: $W(X = 5 \, , Y = 1) = 1/24$.

AUFGABE W37

Für einen bestimmten Straßenabschnitt besitze die wöchentliche Unfallhäufigkeit folgende Wahrscheinlichkeitstabelle:

Anzahl der Unfälle	0	1	2
Wahrscheinlichkeit	0,5	0,4	0,1

Die Unfallzahlen für verschiedene Wochen seien unabhängige Zufallsvariablen. Wie lautet die Wahrscheinlichkeitstabelle für die Anzahl der Unfälle, die sich innerhalb von zwei Wochen ereignen ?

LÖSUNG:

X_1 sei die Unfallhäufigkeit für die erste Woche, X_2 die für die zweite Woche. X_1 und X_2 besitzen die oben angegebene Wahrscheinlichkeitstabelle und sind nach Voraussetzung unabhängig. Daher gilt für $i,j=0,1,2$

$$W(X_1 = i\ ,\ X_2 = j) = W(X_1 = i)\cdot W(X_2 = j)\ ,$$

d.h. in der gemeinsamen Wahrscheinlichkeitstabelle von X_1 und X_2 ist $W(X_1 = i\ ,\ X_2 = j)$ das Produkt der entsprechenden Randwahrscheinlichkeiten (vgl. Tab. 1).

Tab. 1

i \ j	0	1	2	$W(X_1=i)$
0	0,25	0,20	0,05	0,5
1	0,20	0,16	0,04	0,4
2	0,05	0,04	0,01	0,1
$W(X_2=j)$	0,5	0,4	0,1	1

Tab. 2 enthält für $X_1 = i$ und $X_2 = j$ $(i,j=0,1,2)$ die Werte der Zufallsvariablen $Y = X_1 + X_2 = i + j$.

Tab. 2

i \ j	0	1	2
0	0	1	2
1	1	2	3
2	2	3	4

Addiert man jeweils die Wahrscheinlichkeiten aller Wertepaare (i,j), die auf denselben Wert y der Zufallsvariablen Y führen, so ergibt sich folgende Wahrscheinlichkeitstabelle für Y (vgl. Tab. 3):

Tab. 3

y	W(Y = y)
0	0,25
1	0,40
2	0,26
3	0,08
4	0,01

BEMERKUNG: Beachtet man nicht, daß die Anzahl der Unfälle in der ersten Woche und die Anzahl der Unfälle in der zweiten Woche unterschiedliche Zufallsvariablen sind, sondern geht man statt dessen von einer "wöchentlichen" Unfallhäufigkeit X aus, so kann der Irrtum entstehen, es werde die Massefunktion der Zufallsvariablen

$$Y = X + X = 2X$$

gesucht. Dieser Ansatz würde bedeuten, daß sich in der zweiten Woche genau die gleiche Anzahl von Unfällen ereignet wie in der ersten. Das ist jedoch falsch.

Der Unterschied zwischen den Zufallsvariablen 2X und $X_1 + X_2$ läßt sich auch am Zufallsexperiment "Würfeln" veranschaulichen. 2X wäre zu schreiben für die doppelte Augenzahl aus einem Wurf, $X_1 + X_2$ dagegen für die Augensumme aus zwei Würfen.

LITERATUR: [1] W 2.4 , W 2.5.1

ERGEBNIS: Siehe Tab. 3

A U F G A B E W38

Batterien einer bestimmten Sorte werden von einem Einzelhandelsgeschäft als Einzel- und als Doppelpackungen angeboten. Für jeden Tag seien die Zahl X der verkauften Einzelpackungen und die Zahl Y der verkauften Doppelpackungen unabhängige Zufallsvariablen mit folgenden Wahrscheinlichkeitstabellen:

i	0	1	2
$W(X=i)$	0,3	0,6	0,1

j	0	1	2	3
$W(Y=j)$	0,1	0,4	0,3	0,2

.

Welche Massefunktion hat dann die Zahl Z der von dem Einzelhandelsgeschäft täglich verkauften Batterien ?

LÖSUNG:

Für die Zahl Z der verkauften Batterien gilt:

$$Z = X + 2Y .$$

Tab.1 enthält für jedes Wertepaar (i,j) der Zufallsvariablen X und Y den Wert $i+2j$ der Zufallsvariablen Z.

Tab. 1

$i \backslash j$	0	1	2	3
0	0	2	4	6
1	1	3	5	7
2	2	4	6	8

Da X und Y unabhängig sind, berechnet sich die gemeinsame Wahrscheinlichkeitstabelle gemäß

$$W(X=i, Y=j) = W(X=i) \cdot W(Y=j) \quad \text{für } i=0,1,2 \; ; \; j=0,1,2,3$$

(vgl. Tab.2).

Tab. 2

$i \backslash j$	0	1	2	3	$W(X=i)$
0	0,03	0,12	0,09	0,06	0,3
1	0,06	0,24	0,18	0,12	0,6
2	0,01	0,04	0,03	0,02	0,1
$W(Y=j)$	0,1	0,4	0,3	0,2	1

Ordnet man die möglichen Werte der Zufallsvariablen Z der Größe nach an und summiert jeweils die Wahrscheinlichkeiten solcher Paare (i,j), die denselben Z-Wert ergeben, so erhält man für Z die folgende Wahrscheinlichkeitstabelle (vgl. Tab.3) :

Tab. 3

k	W(Z = k)
0	0,03
1	0,06
2	0,13
3	0,24
4	0,13
5	0,18
6	0,09
7	0,12
8	0,02

LITERATUR: [1] W 2.4 , W 2.5.1

ERGEBNIS: Siehe Tab. 3 .

AUFGABE W39

Bei einem Glücksspiel werden 3 faire Würfel gleichzeitig geworfen. Der Spieler erhält

66 DM für drei Sechsen,
10 DM für zwei Sechsen,
0 DM sonst.

Welchen Mindesteinsatz c pro Spiel muß die Spielbank fordern, wenn die Einsätze die Auszahlungen auf lange Sicht ausgleichen sollen ?

LÖSUNG:

Die Auszahlung X, die ein Spieler bei Teilnahme am Glücksspiel erhält, ist eine diskrete Zufallsvariable mit den Ausprägungen 0 ; 10 und 66. Der geforderte Ausgleich tritt ein, wenn der Einsatz c pro Spiel gleich der im langfristigen Mittel zu erwartenden Auszahlung pro Spiel ist, d.h. wenn gilt

$$c = EX = 0 \cdot W(X=0) + 10 \cdot W(X=10) + 66 \cdot W(X=66) .$$

Um den Erwartungswert zahlenmäßig angeben zu können, müssen zunächst die unbekannten Wahrscheinlichkeiten bestimmt werden. Beim Ausspielen der Würfel sei X_i die Augenzahl von Würfel i $(i = 1,2,3)$. Dann gilt

$$\{X = 66\} = \{X_1 = 6, X_2 = 6, X_3 = 6\}$$

$$\begin{aligned} \{X = 10\} = & \{X_1 = 6, X_2 = 6, X_3 \leq 5\} \\ & \cup \{X_1 = 6, X_2 \leq 5, X_3 = 6\} \\ & \cup \{X_1 \leq 5, X_2 = 6, X_3 = 6\}. \end{aligned}$$

Da X_1, X_2 und X_3 unabhängige Zufallsvariablen sind, folgt

$$W(X = 66) = \left(\frac{1}{6}\right)^3 = \frac{1}{216}$$

$$W(X = 10) = 3 \cdot \left(\frac{1}{6}\right)^2 \cdot \frac{5}{6} = \frac{15}{216}$$

$$W(X = 0) = 1 - W(X = 66) - W(X = 10) = \frac{200}{216}$$

und für den Erwartungswert

$$EX = 0 \cdot \frac{200}{216} + 10 \cdot \frac{15}{216} + 66 \cdot \frac{1}{216} = 1.$$

LITERATUR: [1] W 2.2.1 bis W 2.2.3, W 3.1.1, W 3.1.2

ERGEBNIS: c = 1 DM.

AUFGABE W40

Der Besitzer eines Kiosks weiß aus Erfahrung, daß die Anzahl X der nachgefragten Exemplare einer bestimmten Tageszeitung folgende Massefunktion hat:

x_i	0	1	2	3
$f(x_i)$	0,3	0,5	0,1	0,1

Der Einkaufspreis liegt bei 0,90 DM, der Verkaufspreis bei 1,00 DM. Unverkaufte Zeitungen können nicht zurückgegeben werden. Wieviele Exemplare muß sich der Kioskbesitzer vom Grossisten liefern lassen, wenn er seinen Gewinn langfristig maximieren will?

LÖSUNG:

Die Zahl der pro Tag verkauften Exemplare der Zeitung stimmt mit der Zahl der nachgefragten Exemplare überein, solange die Nachfrage die Zahl a der vorrätigen Exemplare nicht übersteigt. Demnach ist die Zahl der verkauften Exemplare eine Zufallsvariable, deren Verteilung sowohl von der Konstanten a als auch von der Massefunktion von X abhängt. Die Zahl der verkauften Exemplare wird nachfolgend mit Y_a bezeichnet. Für den zugehörigen Gewinn G_a gilt dann

$$G_a = 1{,}0 \cdot Y_a - 0{,}9 \cdot a \; .$$

Wegen der Linearität der Erwartungswertbildung folgt für den erwarteten Tagesgewinn

$$EG_a = 1{,}0 \cdot EY_a - 0{,}9 \cdot a \; .$$

a soll nun so gewählt werden, daß EG_a maximal ist. Da täglich höchstens 3 Exemplare nachgefragt werden, kann EG_a für $a > 3$ nicht maximal sein. Es genügt daher, die Erwartungswerte EG_0, EG_1, EG_2 und EG_3 auszurechnen und festzustellen, welche dieser Zahlen die größte ist. Hierzu ermittelt man zunächst für $a = 0,1,2,3$ die Massefunktion $f_a(y)$ von Y_a und daraus EY_a.

Sind z.B. 2 Zeitungen vorrätig, d.h. $a = 2$, so wird genau dann keine Zeitung verkauft, wenn auch keine Zeitung nachgefragt wird, d.h.

$$f_2(0) = W(X = 0) = 0{,}3 \; .$$

Entsprechend wird genau dann eine Zeitung verkauft, wenn auch eine Zeitung nachgefragt wird, d.h.

$$f_2(1) = W(X = 1) = 0{,}5 \; .$$

Dagegen werden beide vorrätigen Zeitungen genau dann verkauft, wenn zwei oder mehr Zeitungen nachgefragt werden, d.h.

$$f_2(2) = W(X \geq 2) = 0{,}2 \; .$$

Verallgemeinert man die für $a = 2$ durchgeführten Überlegungen, so erhält man als Massefunktion von Y_a

$$f_a(y) = \begin{cases} W(X=y) & \text{für} \quad y=0,1,\ldots,a-1 \\ W(X \geq a) & \text{für} \quad y=a,a+1,\ldots \end{cases}$$

Tab.1 enthält für $a=0,1,2,3$ die Massefunktion $f_a(y)$, den Erwartungswert EY_a und den erwarteten Gewinn EG_a.

Tab.1

a = 0		a = 1		a = 2		a = 3	
y	$f_0(y)$	y	$f_1(y)$	y	$f_2(y)$	y	$f_3(y)$
0	1	0	0,3	0	0,3	0	0,3
		1	0,7	1	0,5	1	0,5
				2	0,2	2	0,1
						3	0,1
$EY_0=0$		$EY_1=0{,}7$		$EY_2=0{,}9$		$EY_3=1{,}0$	
$EG_0=0$		$EG_1=-0{,}2$		$EG_2=-0{,}9$		$EG_3=-1{,}7$	

Demnach sollte der Kioskbesitzer die betreffende Tageszeitung nicht führen. Denn jede andere Entscheidung brächte ihm langfristig Verlust.

BEMERKUNG: Das oben geschilderte Problem ist ein Beispiel aus der sog. ganzzahligen (stochastischen) Optimierung. Solche Probleme lassen sich im Prinzip nur dadurch lösen, daß man jeden Parameterwert auf Optimalität prüft. So ist in der obigen Aufgabe nicht etwa die durchschnittlich nachgefragte Menge $EX=1$ die optimale Bestellmenge. Das kann allgemein schon deshalb nicht richtig sein, weil EX nicht notwendig ganzzahlig ist.

LITERATUR: [1] W 2.3.1 , W 2.3.2 , W 3.1.1 bis W 3.1.6

ERGEBNIS: Der Kioskbesitzer sollte die betreffende Zeitung nicht führen.

AUFGABE W41

Die gemeinsame Wahrscheinlichkeitstabelle der Zufallsvariablen X und Y ist unvollständig in folgender Form gegeben:

$x_i \backslash y_j$	1	2	3	Σ
0	2/24	1/24	3/24	
1		3/24		
Σ			12/24	1

Welche der folgenden Aussagen sind dann richtig ?

A: $W(X=1\ ,Y=3) = 9/24$

B: $W(X=1\ ,Y=1) = 6/24$

C: X und Y sind unabhängig.

D: $E(X+Y) = EX + EY$

E: $E(X-Y) = EX - EY$

F: $EXY = EX \cdot EY$

G: $\text{var}(X+Y) = \text{var}\,X + \text{var}\,Y$

H: $\text{var}(X-Y) = \text{var}\,X - \text{var}\,Y$

LÖSUNG:

Aussage A ist richtig, da sich in der gemeinsamen Wahrscheinlichkeitstabelle die Wahrscheinlichkeiten der 3. Spalte zu 12/24 ergänzen müssen. Da weiter gilt

$$\sum_{i=1}^{2} \sum_{j=1}^{3} W(X=x_i\ ,Y=y_j) = 1$$

hat man

$$W(X=1\ ,Y=1) = 1 - \frac{2}{24} - \frac{1}{24} - \frac{3}{24} - \frac{3}{24} - \frac{9}{24} = \frac{6}{24}\ .$$

Folglich ist auch Aussage B richtig.

Die vervollständigte gemeinsame Wahrscheinlichkeitstabelle (einschließlich der Randverteilungen) lautet also (vgl. Tab. 1):

Tab. 1

x_i \ y_j	1	2	3	Σ
0	2/24	1/24	3/24	6/24
1	6/24	3/24	9/24	18/24
Σ	8/24	4/24	12/24	1

Aussage C ist richtig. Denn für Tab. 1 gilt

$$W(X=x_i\ , Y=y_j) = W(X=x_i)\cdot W(Y=y_j) \text{ für } i=1,2\,;\, j=1,2,3\,.$$

Die Aussagen D und E sind richtig, denn die Erwartungswertbildung ist für beliebige Zufallsvariablen linear.

Da X und Y unabhängig und damit unkorreliert sind, gilt

$$0 = \text{cov}(X,Y) = EXY - EX\cdot EY\,.$$

Somit ist auch Aussage F richtig.

Für die Varianz der linearen Funktion $aX+bY$ gilt allgemein

$$\text{var}(aX+bY) = a^2\text{var}\,X + b^2\text{var}\,Y + 2ab\,\text{cov}\,(X,Y)\,,$$

woraus für $a=b=1$ und $\text{cov}\,(X,Y)=0$ die Aussage G folgt.

Dagegen ist Aussage H falsch, denn für $a=1$, $b=-1$ und $\text{cov}\,(X,Y)=0$ ergibt sich aus der obigen Formel

$$\text{var}(X-Y) = \text{var}[1\cdot X + (-1)Y] = 1^2\,\text{var}\,X + (-1)^2\,\text{var}\,Y =$$
$$= \text{var}\,X + \text{var}\,Y\,.$$

Unkorrelierte Zufallsvariablen X und Y sind also dadurch gekennzeichnet, daß $X+Y$ und $X-Y$ gleich große Varianzen besitzen. Daß die Aussage H nicht richtig sein kann, erkennt man schon daran, daß sich für $\text{var}(X-Y)$ bei $\text{var}\,X < \text{var}\,Y$ ein negativer Wert ergäbe.

LITERATUR: [1] W 2.4.1 , W 2.4.2 , W 3.1.6 , W 3.1.7 , W 3.4.1 , W 3.4.2

ERGEBNIS: Die Aussagen A bis G sind richtig.

AUFGABE W42

Ein Spekulant besitzt Aktien zum Nennwert 50 DM und zwar 20 Stück von Unternehmen 1 und 10 Stück von Unternehmen 2. Die Kurswerte K_1 und K_2 der Aktien seien unabhängige Zufallsvariable mit

$$EK_1 = 150 \qquad \text{var}\, K_1 = 36$$

$$EK_2 = 200 \qquad \text{var}\, K_2 = 64\,.$$

Welchen Erwartungswert und welche Varianz besitzt der Gesamtkurswert K des Aktienpakets?

A: $EK = 350$

B: $EK = 5\,000$

C: $\text{var}\, K = 100$

D: $\text{var}\, K = 1\,360$

E: $\text{var}\, K = 20\,800$

LÖSUNG:

Der Gesamtkurswert des Aktienpakets ist

$$K = 20\, K_1 + 10\, K_2 \,.$$

Wegen der Linearität der Erwartungswertbildung hat man

$$EK = 20\, EK_1 + 10\, EK_2 = 20 \cdot 150 + 10 \cdot 200 = 5\,000\,.$$

Folglich ist Aussage B richtig und Aussage A falsch.

Da die Kurswerte K_1 und K_2 nach Voraussetzung unabhängige Zufallsvariablen sind, folgt für die Varianz

$$\begin{aligned} \text{var}\, K &= (20)^2\, \text{var}\, K_1 + (10)^2\, \text{var}\, K_2 \\ &= 400 \cdot 36 + 100 \cdot 64 = 20\,800\,. \end{aligned}$$

Daher ist Aussage E richtig. Die Aussagen C und D sind also falsch.

BEMERKUNG: Die Aussagen A und C wären richtig, wenn das Aktienpaket aus je einer Aktie der beiden Unternehmen bestünde. Die Aussage D wäre richtig, wenn das Aktienpaket je eine Aktie von 30 verschiedenen Unternehmen enthielte und die Kurswerte aller Aktien unabhängige Zufallsvariablen wären (und 20 Aktienkurse die Varianz 36, die restlichen 10 Aktienkurse die Varianz 64 hätten). In diesem Fall hätte man

$$\operatorname{var} K = 20 \cdot 36 + 10 \cdot 64 = 1\,360 .$$

Im tatsächlich vorliegenden Falle ist aber die Kursentwicklung der ersten 20 sowie der restlichen 10 Aktien jeweils identisch.

LITERATUR: [1] W 3.1.6 , W 3.4.6

ERGEBNIS: Die Aussagen B und E sind richtig.

AUFGABE W43

Die Seitenlänge eines Quadrats sei eine Zufallsvariable X mit

$$EX = 10 , \operatorname{var} X = 1 .$$

Der Umfang

$$U = 4X$$

und der Flächeninhalt

$$F = X^2$$

sind dann Zufallsvariablen. Welche der folgenden Aussagen sind richtig ?

A: $EU = 40$

B: $\operatorname{var} U = 16$

C: $EF = 100$

LÖSUNG:

Die Aussagen A und B sind richtig, denn es gilt

$$EU = E\,4X = 4\,EX = 40$$

$$\operatorname{var} U = \operatorname{var} 4X = 4^2 \operatorname{var} X = 16 .$$

Aussage C ist falsch, denn aus

$$\operatorname{var} X = EX^2 - (EX)^2$$

folgt

$$EX^2 = (EX)^2 + \operatorname{var} X$$

und damit

$$EF = 10^2 + 1 = 101 .$$

LITERATUR: [1] W 3.1 , W 3.3 , W 3.4

ERGEBNIS: Die Aussagen A und B sind richtig.

AUFGABE W44

Die Seitenlängen eines Rechtecks seien unabhängige Zufallsvariablen X und Y mit

$$EX = EY = 10$$

$$\operatorname{var} X = \operatorname{var} Y = 1 .$$

Der Umfang

$$U = 2X + 2Y$$

und der Flächeninhalt

$$F = X \cdot Y$$

sind dann Zufallsvariablen. Welche der folgenden Aussagen sind richtig ?

A: $EU = 40$

B: $\operatorname{var} U = 16$

C: $EF = 100$

LÖSUNG:

Aussage A ist richtig, denn man hat

$$EU = E(2X + 2Y) = 2EX + 2EY = 40.$$

Aussage B ist falsch. Denn aus der Unabhängigkeit von X und Y folgt

$$\operatorname{var} U = \operatorname{var}(2X + 2Y) = 2^2 \operatorname{var} X + 2^2 \operatorname{var} Y = 4 \cdot 1 + 4 \cdot 1 = 8 .$$

Aussage C ist richtig, denn wegen der Unabhängigkeit von X und Y gilt

$$EXY = EX \cdot EY$$

und damit

$$EF = 10 \cdot 10 = 100.$$

BEMERKUNG: Die Unterschiede in den Ergebnissen von Aufgabe W 43 und Aufgabe W 44 lassen sich so veranschaulichen:

Nimmt X einen großen (kleinen) Wert an, so sind beim Quadrat alle 4 Seiten groß (klein). Beim Rechteck sind dagegen zunächst nur die beiden Seiten der Länge X groß (klein), während (wegen der Unabhängigkeit von X und Y) die beiden anderen Seiten unabhängig davon groß oder klein sein können. Dieser Unterschied wirkt sich für den mittleren Umfang nicht aus. Aber die Varianz des Umfangs ist beim Quadrat größer als beim Rechteck. Auch der mittlere Flächeninhalt ist beim Quadrat größer als beim Rechteck. Denn da sich der Flächeninhalt des Quadrats bei einem überdurchschnittlichen Wert von X gegenüber $(EX)^2$ stärker vergrößert, als er sich bei einem um denselben Betrag unterdurchschnittlichen Wert verkleinert (vgl. Abb.1), hat man beim Quadrat

$$EF > (EX)^2.$$

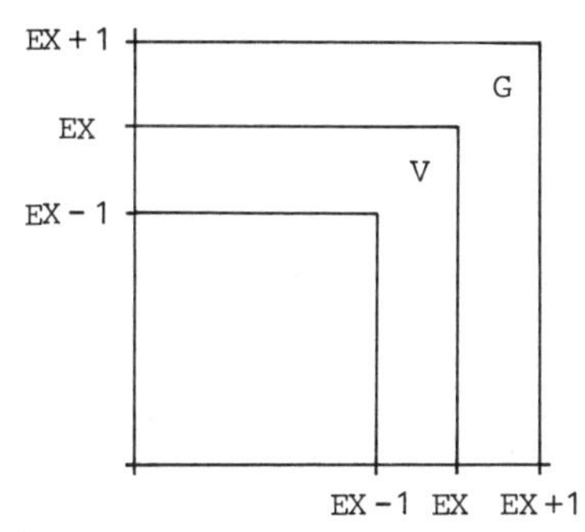

V: Verlust an Fläche gegenüber $(EX)^2$ bei Verminderung der Kantenlänge um eine Einheit.

G: Gewinn an Fläche gegenüber $(EX)^2$ bei Vergrößerung der Kantenlänge um eine Einheit.

Abb.1

Der beschriebene Sachverhalt soll noch für ein Zahlenbeispiel betrachtet werden. Seien X und Y z.B. diskrete Zufallsvariablen, die die Werte 9 und 11 je mit der Wahrscheinlichkeit 1/2 annehmen, so hat man $EX = EY = 10$ und $\text{var}\,X = \text{var}\,Y = 1$. Dann nimmt das Quadrat die Flächeninhalte $9^2 = 81$ und $11^2 = 121$ jeweils mit der Wahrscheinlichkeit 1/2 an. Die

Wahrscheinlichkeitstabelle von F lautet also

f	W(F = f)
81	1/2
121	1/2

Dann gilt für den Erwartungswert

$$EF = 81 \cdot \frac{1}{2} + 121 \cdot \frac{1}{2} = 101 .$$

Im Falle des Rechtecks hat man dagegen für die gemeinsame Wahrscheinlichkeitstabelle von X und Y

x \ y	9	11	Σ
9	1/4	1/4	1/2
11	1/4	1/4	1/2
Σ	1/2	1/2	1

und folglich für die Wahrscheinlichkeitstabelle von F

f	W(F = f)
81	1/4
99	2/4
121	1/4

und damit

$$EF = 81 \cdot \frac{1}{4} + 99 \cdot \frac{2}{4} + 121 \cdot \frac{1}{4} = 100 .$$

LITERATUR: [1] W 2.2 , W 3.1 , W 3.3 , W 3.4

ERGEBNIS: Die Aussagen A und C sind richtig.

AUFGABE W45

Ein Reiseunternehmen unterstellt folgende Massefunktionen für die Kosten X in Dollar eines Fluges Frankfurt-New York sowie den Betrag Y in DM, der für 1 Dollar zu zahlen ist:

x	W(X = x)
350	1/4
400	1/2
450	1/4

y	W(Y = y)
2,0	2/5
2,25	2/5
2,5	1/5

X und Y seien unabhängig. Wie groß sind dann für einen Flug die zu erwartenden Kosten in DM und wie groß ist die Standardabweichung der Kosten in DM ?

LÖSUNG:

Die Kosten eines Fluges betragen $X \cdot Y$ DM. Da die Zufallsvariablen X und Y nach Voraussetzung unabhängig sind, gilt

$$EXY = EX \cdot EY .$$

Wegen

$$EX = 350 \cdot \frac{1}{4} + 400 \cdot \frac{1}{2} + 450 \cdot \frac{1}{4} = 400$$

$$EY = 2{,}0 \cdot \frac{2}{5} + 2{,}25 \cdot \frac{2}{5} + 2{,}5 \cdot \frac{1}{5} = 2{,}2$$

hat man für die zu erwartenden Kosten in DM

$$EXY = 400 \cdot 2{,}2 = 880 .$$

Für die Varianz von $X \cdot Y$ gilt

$$\text{var}\, XY = E(XY)^2 - (EXY)^2 .$$

Da X und Y unabhängig sind, gilt für beliebige Zahlen x , y

$$W(X = x\, ,\, Y = y) = W(X = x) \cdot W(Y = y) .$$

Folglich hat man

$$\begin{aligned} E(XY)^2 &= \sum_i \sum_j (x_i y_j)^2\, W(X = x_i\, ,\, Y = y_j) \\ &= \sum_i \sum_j x_i^2 y_j^2\, W(X = x_i) \cdot W(Y = y_j) \\ &= \sum_i x_i^2\, W(X = x_i) \sum_j y_j^2\, W(Y = y_j) \\ &= EX^2\, EY^2 . \end{aligned}$$

Mit

$$EX^2 = 350^2 \cdot \frac{1}{4} + 400^2 \cdot \frac{1}{2} + 450^2 \cdot \frac{1}{4} = 161\,250$$

$$EY^2 = 2^2 \cdot \frac{2}{5} + 2{,}25^2 \cdot \frac{2}{5} + 2{,}5^2 \cdot \frac{1}{5} = 4{,}875$$

ergibt sich

$$\begin{aligned} \operatorname{var} XY &= 161\,250 \cdot 4{,}875 - 880^2 \\ &= 786\,093{,}75 - 774\,400 \\ &= 11\,693{,}75 \end{aligned}$$

und für die Standardabweichung

$$\sqrt{\operatorname{var} XY} = 108{,}14 \,.$$

BEMERKUNG: Oben wurde gezeigt: Für unabhängige Zufallsvariablen X und Y gilt

$$E(XY)^2 = EX^2 \cdot EY^2 \,.$$

Dies läßt sich auch dadurch beweisen, daß man zeigt: Mit den Zufallsvariablen X und Y sind auch die Zufallsvariablen X^2 und Y^2 unabhängig.

Diese Aussage läßt sich verallgemeinern. Sind $u = u(x)$ und $v = v(y)$ Funktionen, so vererbt sich die Unabhängigkeit der Zufallsvariablen X und Y auf die Zufallsvariablen $u(X)$ und $v(Y)$. Es gilt also bei Unabhängigkeit von X und Y

$$Eu(X)v(Y) = Eu(X) \cdot Ev(Y) \,.$$

LITERATUR: [1] W 2.2 , W 3.1 , W 3.3

ERGEBNIS: Die erwarteten Kosten des Fluges betragen 880 DM, die Standardabweichung der Kosten besitzt den Wert 108,14 DM.

AUFGABE W 46

Es wird folgendes Glücksspiel betrachtet: Ein echter Würfel wird einmal ausgespielt. Der Spieler kann Spielmarken auf die Ereignisse

$$A = \{1,3,5\} \text{ bzw. } B = \{5,6\} \text{ bzw. } C = \{6\}$$

setzen. Für eine auf A (bzw. B, bzw. C) gesetzte Marke erhält er 1 DM (bzw. 2 DM, bzw. 6 DM), falls A (bzw. B, bzw. C) eintritt und sonst nichts.

Für eine Durchführung des Spiels bezeichne X_A (bzw. X_B, bzw. X_C) die Auszahlung, die ein Spieler erhält, der eine Marke auf A (bzw. B, bzw. C) gesetzt hat.

a) Wie lautet die Wahrscheinlichkeitstabelle von X_A, von X_B und von X_C? Berechnen Sie den Erwartungswert und die Varianz von X_A, X_B und X_C.

b) Wie lautet die gemeinsame Wahrscheinlichkeitstabelle von (X_A, X_B), von (X_A, X_C) und von (X_B, X_C)? Welche dieser Paare sind unabhängig, welche korreliert?

c) Spieler 1 setzt je 3 Marken auf A, B und C. Wie groß sind Erwartungswert und Varianz der Auszahlung?

d) Spieler 2 setzt 1 Marke auf A, 6 Marken auf B und 2 Marken auf C. Wie groß sind Erwartungswert und Varianz der Auszahlung?

e) Spieler 3 möchte seine 9 Marken so plazieren, daß der Erwartungswert der Auszahlung 6,50 DM beträgt und die Varianz minimal ist. Wie muß er die Marken setzen?

LÖSUNG:

a) Mit

$$W(A) = 1/2, \quad W(B) = 1/3, \quad W(C) = 1/6$$

folgt für die Wahrscheinlichkeitstabellen der Zufallsvariablen X_A, X_B bzw. X_C

x	$W(X_A = x)$
0	1/2
1	1/2

x	$W(X_B = x)$
0	2/3
2	1/3

x	$W(X_C = x)$
0	5/6
6	1/6

Für die Erwartungswerte und die Varianzen hat man

$EX_A = 1 \cdot \frac{1}{2} = \frac{1}{2}$, $EX_B = 2 \cdot \frac{1}{3} = \frac{2}{3}$, $EX_C = 6 \cdot \frac{1}{6} = 1$

$EX_A^2 = 1^2 \cdot \frac{1}{2} = \frac{1}{2}$, $EX_B^2 = 2^2 \cdot \frac{1}{3} = \frac{4}{3}$, $EX_C^2 = 6^2 \cdot \frac{1}{6} = 6$

$\text{var}\, X_A = \frac{1}{2} - \left(\frac{1}{2}\right)^2 = \frac{1}{4}$, $\text{var}\, X_B = \frac{4}{3} - \left(\frac{2}{3}\right)^2 = \frac{8}{9}$, $\text{var}\, X_C = 6 - 1^2 = 5$

b) Die in a) ermittelten Wahrscheinlichkeiten sind die Randwahrscheinlichkeiten der gemeinsamen Wahrscheinlichkeitstabellen. Diese lassen sich im vorliegenden Fall vervollständigen, wenn man jeweils einen Wert der gemeinsamen Wahrscheinlichkeitstabelle kennt. Es genügt also, beispielsweise die folgenden Wahrscheinlichkeiten zu bestimmen:

$$W(X_A = 1\, , X_B = 2) = W(\{5\}) = 1/6$$

$$W(X_A = 1\, , X_C = 6) = W(\emptyset) = 0$$

$$W(X_B = 2\, , X_C = 6) = W(\{6\}) = 1/6\ .$$

Man erhält für die gemeinsamen Wahrscheinlichkeitstabellen:

$x_A \backslash x_B$	0	2	$W(X_A = x_A)$
0	2/6	1/6	3/6
1	2/6	1/6	3/6
$W(X_B = x_B)$	4/6	2/6	1

$x_A \backslash x_C$	0	6	$W(X_A = x_A)$
0	2/6	1/6	3/6
1	3/6	0	3/6
$W(X_C = x_C)$	5/6	1/6	1

$x_B \backslash x_C$	0	6	$W(X_B = x_B)$
0	4/6	0	4/6
2	1/6	1/6	2/6
$W(X_C = x_C)$	5/6	1/6	1

Die Zufallsvariablen X_A und X_B sind offenbar unabhängig. Dagegen sind die Zufallsvariablen X_A und X_C bzw. X_B und X_C abhängig (wie schon das Auftreten der Null in den gemeinsamen Wahrscheinlichkeitstabellen anzeigt).

Da X_A und X_B unabhängig sind, gilt

$$\operatorname{cov}(X_A\,,X_B) = 0\,.$$

Die übrigen Kovarianzen müssen berechnet werden. Den gemeinsamen Wahrscheinlichkeitstabellen entnimmt man

$$EX_AX_C = 0 \quad , \quad EX_BX_C = 2\cdot 6\cdot \tfrac{1}{6} = 2\,.$$

Damit folgt

$$\operatorname{cov}(X_A\,,X_C) = EX_AX_C - EX_A\cdot EX_C = 0 - \tfrac{1}{2}\cdot 1 = -\tfrac{1}{2}$$

$$\operatorname{cov}(X_B\,,X_C) = EX_BX_C - EX_B\cdot EX_C = 2 - \tfrac{2}{3}\cdot 1 = \tfrac{4}{3}\,.$$

Die Zufallsvariablen X_B und X_C sind also positiv korreliert, d.h. Gewinne auf B und C begünstigen einander. Das folgt schon aus $C \subset B$. Dagegen sind X_A und X_C negativ korreliert, d.h. Gewinne auf A und C behindern einander, was schon aus $A \cap C = \emptyset$ ersichtlich ist.

c) X_1 sei die Zufallsvariable, die angibt, welche Auszahlung der Spieler 1 bei einer Durchführung des Glücksspiels erhält. Gemäß der Setzung von Spieler 1 gilt

$$X_1 = 3X_A + 3X_B + 3X_C\,.$$

Für den Erwartungswert folgt dann

$$\begin{aligned} EX_1 &= 3EX_A + 3EX_B + 3EX_C \\ &= 3\cdot\tfrac{1}{2} + 3\cdot\tfrac{2}{3} + 3\cdot 1 = 6{,}5\,. \end{aligned}$$

Für die Varianz hat man

$$\begin{aligned} \operatorname{var} X_1 &= 3^2\operatorname{var} X_A + 3^2\operatorname{var} X_B + 3^2\operatorname{var} X_C \\ &\quad + 2\cdot 3\cdot 3\operatorname{cov}(X_A,X_B) + 2\cdot 3\cdot 3\operatorname{cov}(X_A,X_C) + 2\cdot 3\cdot 3\operatorname{cov}(X_B,X_C) \\ &= 70{,}25\,. \end{aligned}$$

d) Für die Auszahlung X_2, die Spieler 2 bei einer Durchführung des Glücksspiels erhält, gilt

$$X_2 = X_A + 6X_B + 2X_C$$

und damit

$$EX_2 = EX_A + 6EX_B + 2EX_C$$

$$= \frac{1}{2} + 6\cdot\frac{2}{3} + 2\cdot 1 = 6{,}5 \ ,$$

$$\text{var}\, X_2 = \text{var}\, X_A + 6^2\, \text{var}\, X_B + 2^2\, \text{var}\, X_C$$

$$+ 2\cdot 1\cdot 6\, \text{cov}(X_A, X_B) + 2\cdot 1\cdot 2\, \text{cov}(X_A, X_C) + 2\cdot 6\cdot 2\, \text{cov}(X_B, X_C)$$

$$= 82{,}25 \ .$$

Spieler 1 und Spieler 2 können also beide pro Spiel eine Auszahlung von DM 6,50 erwarten. Die Varianzen zeigen jedoch, daß für Spieler 2 die Auszahlungsbeträge stärker streuen als für Spieler 1.

e) Setzt der dritte Spieler a Marken auf A, b Marken auf B und c Marken auf C, so gilt für die Auszahlung X_3, die er bei einer Durchführung des Glücksspiels erhält

$$X_3 = aX_A + bX_B + cX_C \ .$$

Dabei wird vorausgesetzt, daß gilt

(1) $a + b + c = 9$

(2) $EX_3 = a\cdot\frac{1}{2} + b\cdot\frac{2}{3} + c\cdot 1 = 6{,}5$.

Ferner sollten a, b und c so gewählt werden, daß $\text{var}\, X_3$ minimal wird. Durch Subtraktion der Gleichung (2) von Gleichung (1) erhält man

(3) $\frac{1}{2}\cdot a + \frac{1}{3}\cdot b = 2{,}5$ oder $a = 5 - \frac{2}{3}\cdot b$

und weiter mit (1) und (3)

(4) $c = 9 - a - b = 9 - (5 - \frac{2}{3}\cdot b) - b = 4 - \frac{1}{3}\cdot b$.

Also kann man für X_3 schreiben

$$X_3 = (5 - \tfrac{2}{3}b)X_A + bX_B + (4 - \tfrac{1}{3}b)X_C \ .$$

Für $\text{var}\, X_3$ folgt dann

$$\operatorname{var} X_3 = (5-\tfrac{2}{3}b)^2 \operatorname{var} X_A + b^2 \operatorname{var} X_B + (4-\tfrac{1}{3}b)^2 \operatorname{var} X_C$$

$$+ 2(5-\tfrac{2}{3}b)b \cdot \operatorname{cov}(X_A,X_B) + 2(5-\tfrac{2}{3}b)(4-\tfrac{1}{3}b)\operatorname{cov}(X_A,X_C)$$

$$+ 2b(4-\tfrac{1}{3}b)\operatorname{cov}(X_B,X_C)$$

$$= (5-\tfrac{2}{3}b)^2 \cdot \tfrac{1}{4} + b^2 \cdot \tfrac{8}{9} + (4-\tfrac{1}{3}b)^2 \cdot 5$$

$$+ 0 + 2(5-\tfrac{2}{3}b)(4-\tfrac{1}{3}b)(-\tfrac{1}{2}) + 2b(4-\tfrac{1}{3}b)\tfrac{4}{3}$$

$$= b^2\left[\tfrac{1}{9}+\tfrac{8}{9}+\tfrac{5}{9}-\tfrac{2}{9}-\tfrac{8}{9}\right] + b\left[-\tfrac{5}{3}-\tfrac{40}{3}+\tfrac{13}{3}+\tfrac{32}{3}\right] + K$$

$$= \tfrac{4}{9}b^2 + 0 \cdot b + K .$$

K bezeichnet dabei die Summe der Terme, die b nicht enthalten. K spielt für die Bestimmung des Wertes von b, für den $\operatorname{var} X_3$ minimal wird, keine Rolle.

$\operatorname{var} X_3$ ist offenbar dann minimal, wenn $\frac{4}{9}b^2$ minimal ist, d.h. für $b = 0$. Für a und c gilt dann wegen (3) und (4)

$$a = 5 \ , \ c = 4 .$$

Für die Varianz erhält man

$$\operatorname{var} X_3 = \operatorname{var}(5X_A + 4X_C)$$

$$= 5^2 \operatorname{var} X_A + 4^2 \operatorname{var} X_C + 2 \cdot 5 \cdot 4 \cdot \operatorname{cov}(X_A,X_C)$$

$$= 66{,}25 .$$

BEMERKUNG:

1. Der in e) gewählte Lösungsweg führt nur dann zum Ziel, wenn die Lösung ganzzahlig ist. Ist das nicht der Fall, so hat man alle ganzzahligen Kombinationen (a,b,c) zu bestimmen, die die Nebenbedingungen (1) und (2) erfüllen und festzustellen, für welche Kombination $\operatorname{var} X_3$ minimal wird (vgl. auch Bemerkung zu Aufgabe W 40). Auch dabei gibt es hier keine Schwierigkeiten. Man entnimmt (3), daß a nur dann ganzzahlig ist, wenn b ein Vielfaches von 3 ist, also $b = 0 ; 3 ; 6$ (für größere b-Werte wird a negativ). Bei Einsatz von 9 Spielmarken führen also gerade die drei in c) bis e) behandelten Aufteilungen

zu dem erwarteten Gewinn von DM 6,50.

2. Die in e) betrachtete Problemstellung hat eine wichtige Anwendung in der portfolio-Theorie. Dabei entsprechen X_A, X_B und X_C Renditen von Wertpapieren, deren (paarweise) gemeinsame Wahrscheinlichkeitstabellen von Fachleuten geschätzt werden. Ziel ist es, Wertpapierbündel so zu bilden, daß entweder

   - für vorgegebene Rendite das Risiko (= Varianz) minimal wird (wie in e) behandelt)

   oder daß

   - für vorgegebenes Risiko die Rendite maximal wird.

LITERATUR: [1] W 2.2, W 3.1, W 3.3, W 3.4

ERGEBNIS: Siehe Lösung.

AUFGABE W47

X und Y sind unabhängige Zufallsvariablen mit

$$EX = 5\ ,\quad \text{var}\,X = 0{,}4$$

$$EY = 5\ ,\quad \text{var}\,Y = 2{,}5\ .$$

Geben Sie für die Zufallsvariablen X, Y und $Z = 10X - 3Y - 25$ jeweils ein möglichst kurzes Intervall an, in das die Werte der genannten Zufallsvariablen mit einer Wahrscheinlichkeit von mehr als 90% fallen.

LÖSUNG:

Da die Verteilungen der Zufallsvariablen X, Y und Z unbekannt sind, lassen sich die gesuchten Intervalle nur mit der TSCHEBYSCHEFF'schen Ungleichung konstruieren. Diese besagt, daß für eine Zufallsvariable U (mit $\text{var}\,U > 0$) und jedes $c > 0$ gilt

$$W(EU - c \leq U \leq EU + c) > 1 - \frac{\text{var}\,U}{c^2}\ .$$

Da aus

$$1 - \frac{\operatorname{var} U}{c^2} = 0{,}9$$

folgt

$$c = \sqrt{10 \operatorname{var} U} \ ,$$

gilt also

$$W(EU - \sqrt{10 \operatorname{var} U} \le U \le EU + \sqrt{10 \operatorname{var} U}) > 0{,}9 \ .$$

Für die Zufallsvariable X gilt

$$\sqrt{10 \operatorname{var} X} = \sqrt{4} = 2 \ .$$

Daher nimmt X mit mehr als 90% Wahrscheinlichkeit Werte aus dem Intervall [3 ; 7] an.

Für die Zufallsvariable Y hat man

$$\sqrt{10 \operatorname{var} Y} = \sqrt{25} = 5 \ .$$

Es gilt also

$$W(0 \le Y \le 10) > 0{,}9 \ .$$

Wegen der Linearität der Erwartungswertbildung gilt

$$EZ = 10\,EX - 3\,EY - 25 = 10 \ .$$

Da X und Y unabhängige Zufallsvariablen sind, hat man für var Z

$$\operatorname{var} Z = \operatorname{var}(10X - 3Y - 25) = 10^2 \operatorname{var} X + (-3)^2 \operatorname{var} Y = 62{,}5$$

und daher

$$\sqrt{10 \operatorname{var} Z} = \sqrt{625} = 25 \ .$$

Für die Zufallsvariable Z ist also [-15 ; 35] das gesuchte Intervall.

LITERATUR: [1] W 3.1.6, W 3.3.7, W 3.4.6

ERGEBNIS: Mit mehr als 90% Wahrscheinlichkeit nimmt die Zufallsvariable

- X Werte aus dem Intervall [3 ; 7] an;
- Y Werte aus dem Intervall [0 ; 10] an;
- Z Werte aus dem Intervall [-15 ; 35] an.

AUFGABE W48

$(X_1, X_2, \ldots, X_n)$ sei eine Stichprobe vom Umfang $n > 1$ aus der Verteilung einer Zufallsvariablen X mit $EX = \mu$ und $\operatorname{var} X = \sigma^2 > 0$. Weiter sei

$$\overline{X} = \frac{1}{n} \sum_{i=1}^{n} X_i$$

das Stichprobenmittel und

$$S^2 = \frac{1}{n-1} \sum_{i=1}^{n} (X_i - \overline{X})^2$$

die Stichprobenvarianz. Welche der folgenden Aussagen sind richtig ?

A: $EX_i = \overline{X}$ $\quad i = 1,2,\ldots,n$

B: $\frac{1}{n} EX_i = \overline{X}$ $\quad i = 1,2,\ldots,n$

C: $EX_i = E\overline{X}$ $\quad i = 1,2,\ldots,n$

D: $\operatorname{var} \overline{X} = S^2$

E: $\operatorname{var} \overline{X} = \frac{S^2}{n}$

F: $\frac{1}{n} \operatorname{var} X_i = \operatorname{var} \overline{X}$ $\quad i = 1,2,\ldots,n$

G: $\operatorname{var} X_i = ES^2$ $\quad i = 1,2,\ldots,n$

H: $\operatorname{var} \overline{X} = E\frac{S^2}{n}$

LÖSUNG:

Da $(X_1, \ldots, X_n)$ eine Stichprobe aus der Verteilung von X ist, haben die Stichprobenvariablen $X_1, \ldots, X_n$ alle die gleiche Verteilung wie X. Insbesondere ist

$$EX_1 = \ldots = EX_n = EX = \mu$$

$$\operatorname{var} X_1 = \ldots = \operatorname{var} X_n = \operatorname{var} X = \sigma^2 .$$

Da $X_1, \ldots, X_n$ unabhängig sind, gilt für das Stichprobenmittel bzw. die Stichprobenvarianz

$$E\overline{X} = \mu, \quad \text{var}\,\overline{X} = \frac{\sigma^2}{n}$$

$$ES^2 = \sigma^2 .$$

Daher sind die Aussagen C , F , G und H richtig. Dagegen sind die Aussagen A , B , D und E falsch. Denn dort steht jeweils auf der linken Seite des Gleichheitszeichens eine feste Zahl (ein Erwartungswert bzw. eine Varianz), während auf der rechten Seite eine Zufallsvariable (das Stichprobenmittel $\overline{X}$ bzw. die Stichprobenvarianz S^2) steht.

LITERATUR: [1] W 3.5.1 bis W 3.5.4

ERGEBNIS: Die Aussagen C , F , G und H sind richtig.

AUFGABE W49

Interessiert bei einem Zufallsexperiment nur, ob ein bestimmtes Ereignis A_1 oder sein Komplement $\overline{A}_1$ eintritt, so spricht man von einem BERNOULLI-Experiment. Θ bezeichne die Wahrscheinlichkeit, mit der A_1 bei einer einzelnen Durchführung eintritt. Ein solches Experiment werde n-mal wiederholt. X_i sei die Zufallsvariable, die den Wert 1 bzw. 0 annimmt, je nachdem ob bei der i-ten Wiederholung des BERNOULLI-Experiments A_1 bzw. $\overline{A}_1$ eintritt. Welche Aussagen sind richtig?

A: $X_i^2 = X_i \qquad i = 1,2,\ldots,n$

B: $W(X_i = x) = \begin{cases} \Theta & \text{für } x = 1 \\ 1-\Theta & \text{für } x = 0 \end{cases} \qquad i = 1,2,\ldots,n$

C: $(X_1, X_2, \ldots, X_n)$ ist eine Stichprobe aus der BERNOULLI-Verteilung mit Parameter Θ .

D: $EX_i = \Theta \qquad i = 1,2,\ldots,n$

E: $\text{var}\,X_i = \Theta(1 - \Theta) \qquad i = 1,2,\ldots,n$

F: $E\sum_1^n X_i = n\Theta$

G: $\operatorname{var} \sum_{1}^{n} X_i = n\Theta(1-\Theta)$

H: $W(\sum_{1}^{n} X_i = x) = \binom{n}{x} \Theta^x (1-\Theta)^{n-x} \qquad x = 0,1,\dots,n$

LÖSUNG:

Aussage A ist richtig, da X_i^2 genau dann den Wert 0 bzw. 1 annimmt, wenn X_i den Wert 0 bzw. 1 annimmt. Folglich sind die Zufallsvariablen X_i und X_i^2 identisch.

Aussage B ist richtig. $\{X_i = 1\}$ ist das Ereignis "Bei der i-ten Wiederholung des BERNOULLI-Experiments tritt A_1 ein". Folglich hat man

$$W(X_i = 1) = W(A_1) = \Theta$$

und entsprechend

$$W(X_i = 0) = W(\overline{A}_1) = 1 - \Theta$$

d.h. X_i ist BERNOULLI-verteilt mit Parameter Θ.

Aussage C ist richtig. Die Zufallsvariablen $X_1, X_2, \dots, X_n$ sind alle BERNOULLI-verteilt mit demselben Parameter Θ. Da der Wert, den X_i bei den n Wiederholungen des BERNOULLI-Experiments annimmt, nur abhängt vom Ergebnis der Wiederholung Nr. i, sind die Zufallsvariablen $X_1, X_2, \dots, X_n$ unabhängig. Folglich ist $(X_1, X_2, \dots, X_n)$ eine Stichprobe vom Umfang n aus der BERNOULLI-Verteilung mit Parameter Θ.

Die Aussagen D und E sind richtig. Es gilt

$$EX_i = 1 \cdot W(X_i = 1) + 0 \cdot W(X_i = 0) = 1 \cdot \Theta + 0 \cdot (1-\Theta) = \Theta$$

und wegen $X_i^2 = X_i$ folgt weiter

$$\operatorname{var} X_i = EX_i^2 - (EX_i)^2 = EX_i - (EX_i)^2 = \Theta - \Theta^2 = \Theta(1-\Theta).$$

Auch Aussage F ist richtig. Wegen der Linearität der Erwartungswertbildung hat man nämlich

$$E \sum_{1}^{n} X_i = \sum_{1}^{n} EX_i = \sum_{1}^{n} \Theta = n\Theta .$$

Aussage G ist ebenfalls richtig; denn da $X_1, X_2, \dots, X_n$ unabhängig sind, gilt

$$\operatorname{var}\sum_1^n X_i = \sum_1^n \operatorname{var} X_i = \sum_1^n \Theta(1-\Theta) = n\Theta(1-\Theta) .$$

Auch die Aussage H ist richtig. Die Zufallsvariablen X_i haben nur die Ausprägungen 0 und 1. Folglich gibt $\sum_1^n X_i$ an, wieviele der Zufallsvariablen $X_1, X_2, \ldots, X_n$ den Wert 1 annehmen, d.h. wie oft bei n Wiederholungen des BERNOULLI-Experiments das Ereignis A_1 eintritt. Die Häufigkeit, mit der bei n Wiederholungen eines BERNOULLI-Experiments das Ereignis A_1 eintritt, ist aber binomialverteilt mit den Parametern n und Θ, wobei Θ die Wahrscheinlichkeit ist, mit der A_1 bei einer einzelnen Durchführung des BERNOULLI-Experiments auftritt. Also ist $\sum_1^n X_i$ binomialverteilt mit den Parametern n und Θ und nimmt daher die Werte $0,1,\ldots,n$ mit den in Aussage H angegebenen Wahrscheinlichkeiten an.

BEMERKUNG: Aus der Richtigkeit der Aussage H kann die Richtigkeit der Aussagen F und G auch ohne Rechnung gefolgert werden. Denn eine mit den Parametern n und Θ binomialverteilte Zufallsvariable hat den Erwartungswert $n\Theta$ und die Varianz $n\Theta(1-\Theta)$. Weiter kann man die Aussagen D und E als Spezialfall der Aussagen F und G für $n = 1$ auffassen. Denn da X_i angibt, mit welcher Häufigkeit das Ereignis A_1 bei der i-ten Wiederholung (also einer einmaligen Durchführung des BERNOULLI-Experiments) auftritt, ist die BERNOULLI-verteilte Zufallsvariable X_i binomialverteilt mit den Parametern 1 und Θ.

LITERATUR: [1] W 2.2.3 , W 3.5.1 , W 4.1.1 bis W 4.1.3 , W 4.2.1 bis W 4.2.3

ERGEBNIS: Die Aussagen A bis H sind richtig.

AUFGABE W50

Welche der folgenden Zufallsvariablen sind binomialverteilt?

A = Die Häufigkeit von "Kopf" beim dreimaligen Werfen einer fairen Münze.

B = Die Häufigkeit von "Kopf" beim dreimaligen Werfen einer nicht fairen Münze.

C = Die Häufigkeit von "Kopf" beim gleichzeitigen Werfen von drei fairen Münzen.

D = Die Häufigkeit von "Kopf" beim gleichzeitigen Werfen dreier beliebiger Münzen.

E = Die Häufigkeit von "Sechs" beim Werfen eines echten Würfels.

F = Die Augenzahl beim Werfen eines echten Würfels.

G = Die Differenz der Augenzahlen beim zweimaligen Werfen eines echten Würfels.

H = Die Häufigkeit von "Rot" bei 100 Rouletteausspielungen.

I = Die relative Häufigkeit von "Rot" bei 100 Rouletteausspielungen.

J = Die Anzahl der roten Kugeln beim zehnmaligen Ziehen mit Zurücklegen aus einer Urne mit 80 roten und 20 weißen Kugeln.

K = Die Anzahl der Gewinnlose beim Kauf von 100 Losen aus einer Lostrommel mit 1000 Losen, von denen 50 Gewinnlose sind.

L = Die Anzahl der schlechten Stücke unter 20 aufeinanderfolgenden Teilen einer Produktionsserie, wenn sich die Produktionsvorgänge für die einzelnen Teile gegenseitig nicht beeinflussen.

M = Die Anzahl der schlechten Stücke unter 20 aus der ersten Tagesproduktion eines neuen Produkts zufällig ausgewählten Stücke.

LÖSUNG:

Die (absolute) Häufigkeit, mit der bei n Durchführungen eines Zufallsexperiments ein bestimmtes Ereignis A_1 auftritt, ist binomialverteilt mit den Parametern n und Θ. Dabei ist Θ die Wahrscheinlichkeit von A_1 bei der einmaligen Durchführung des Zufallsexperiments.

Folglich sind die Zufallsvariablen A und B binomialverteilt

mit den Parametern $n = 3$ und Θ = Wahrscheinlichkeit für "Kopf" beim einmaligen Werfen der Münze. Für A ist $\Theta = 1/2$, für B ist $\Theta \neq 1/2$.

Auch C ist binomialverteilt. Da es für Wahrscheinlichkeitsaussagen unerheblich ist, ob sich gegenseitig nicht beeinflussende Zufallsexperimente gleichzeitig oder nacheinander durchgeführt werden, besitzen C und A die gleiche Verteilung.

D ist nicht binomialverteilt: Θ_i bezeichne die Wahrscheinlichkeit, mit der beim einmaligen Wurf der Münze i "Kopf" erscheint ($i = 1,2,3$). Für das Zufallsexperiment "Werfen der drei Münzen" sei X_i die Zufallsvariable, die den Wert 1 annimmt, wenn Münze i "Kopf" zeigt, und sonst den Wert 0 ($i = 1,2,3$). X_1, X_2 und X_3 sind dann unabhängige BERNOULLI-Variable mit den Parametern Θ_1, Θ_2 bzw. Θ_3. Da

$$D = X_1 + X_2 + X_3$$

ist, hat man

$$\{D = 0\} = \{X_1 = 0\} \cap \{X_2 = 0\} \cap \{X_3 = 0\}$$

$$\{D = 3\} = \{X_1 = 1\} \cap \{X_2 = 1\} \cap \{X_3 = 1\}$$

und wegen der Unabhängigkeit von X_1, X_2 und X_3

$$W(D = 0) = W(X_1 = 0)W(X_2 = 0)W(X_3 = 0) = (1 - \Theta_1)(1 - \Theta_2)(1 - \Theta_3)$$

$$W(D = 3) = W(X_1 = 1)W(X_2 = 1)W(X_3 = 1) = \Theta_1 \Theta_2 \Theta_3 .$$

Gilt für die drei Münzen z.B.

$$\Theta_1 = 1/3 \; ; \; \Theta_2 = 1/2 \; ; \; \Theta_3 = 3/4 ,$$

so folgt

$$(1) \quad W(D = 3) = \frac{1}{3} \cdot \frac{1}{2} \cdot \frac{3}{4} = \left(\frac{1}{2}\right)^3$$

$$(2) \quad W(D = 0) = \left(1 - \frac{1}{3}\right)\left(1 - \frac{1}{2}\right)\left(1 - \frac{3}{4}\right) = \frac{1}{12} .$$

Angenommen, D ist binomialverteilt mit den Parametern n und Θ. Da 3 der größte Wert ist, den D annimmt, ist $n = 3$ und es gilt

(3) $W(D=x) = \binom{3}{x}\Theta^x(1-\Theta)^{3-x} \qquad x=0,1,2,3\,.$

Für einen geeigneten Θ-Wert müssen sich dann aus (3) für $x=0$ und $x=3$ die Wahrscheinlichkeiten (1) und (2) ergeben. Nach (3) ist

$$W(D=3) = \Theta^3\,.$$

Mit (1) folgt hieraus $\Theta = 1/2$. Nach (3) gilt dann

$$W(D=0) = (1-\Theta)^3 = (1-\tfrac{1}{2})^3 = \frac{1}{8}$$

im Widerspruch zu (2). Also ist die Annahme, D sei binomialverteilt, falsch.

Nur in dem speziellen Fall, daß alle drei Münzen mit gleicher Wahrscheinlichkeit "Kopf" zeigen, ist D binomialverteilt. Denn für $\Theta_1 = \Theta_2 = \Theta_3$ kann das Werfen der drei Münzen auch als dreimaliges Durchführen desselben Zufallsexperiments interpretiert werden.

E ist eine BERNOULLI-Variable mit Parameter $\Theta = 1/6$ und als solche binomialverteilt mit den Parametern $n=1$ und $\Theta = 1/6$ (vgl. auch Aufgabe W 49).

F ist nicht binomialverteilt. Das erkennt man z.B. daran, daß jede binomialverteilte Zufallsvariable den Wert 0 mit positiver Wahrscheinlichkeit annimmt, die Augenzahl beim Würfeln aber nicht.

Auch G ist nicht binomialverteilt. Binomialverteilte Zufallsvariable nehmen keine negativen Werte an, während die Zufallsvariable "Differenz der Augenzahlen" auch die Ausprägungen $-5\,;\,-4\,;\,\ldots\,;\,-1$ besitzt.

H ist binomialverteilt. Da es sich bei den 100 Rouletteausspielungen um Wiederholungen desselben Zufallsexperiments handelt, ist die Häufigkeit für "Rot" binomialverteilt mit den Parametern $n=100$ und $\Theta = 18/37$ (von den Ergebnissen $0\,;\,1\,;\,\ldots\,;\,36$ zählen 18 zu "Rot").

Dagegen ist I nicht binomialverteilt. Die Werte von I sind Vielfache von 1/100. Binomialverteilte Zufallsvariable nehmen aber nur ganzzahlige Werte an.

J ist binomialverteilt. Denn da beim Ziehen mit Zurücklegen vor jeder neuen Ziehung die Ausgangssituation wiederhergestellt wird, kann das n-malige Ziehen mit Zurücklegen als n-maliges Wiederholen des Zufallsexperiments "Ziehen einer Kugel" aufgefaßt werden. Daher ist im obigen Falle die Anzahl der roten Kugeln in der Stichprobe binomialverteilt mit den Parametern $n = 10$ und $\Theta = 0{,}8$.

K ist nicht binomialverteilt, denn die gekauften Lose werden der Lostrommel ohne Zurücklegen entnommen. Folglich ist die Anzahl der Gewinnlose hypergeometrisch verteilt mit den Parametern $n = 100$, $N = 1000$ und $M = 50$.

L ist binomialverteilt. Unter den angegebenen Bedingungen kann die Herstellung der 20 Teile als 20-fache Wiederholung des Zufallsexperiments "Herstellung eines Teiles" betrachtet werden. Die Häufigkeit, mit der dabei das Ereignis A_1 = "Das produzierte Teil ist schlecht" auftritt, ist also binomialverteilt mit den Parametern $n = 20$ und $\Theta = W(A_1)$.

M ist nicht binomialverteilt, denn die 20 zufällig ausgewählten Stücke werden ohne Zurücklegen gezogen. Daher ist die Anzahl der schlechten Stücke in der Stichprobe hypergeometrisch verteilt. Die Parameter sind: Der Stichprobenumfang n = 20, der Umfang N der ersten Tagesproduktion und die Zahl M der schlechten Stücke in dieser Tagesproduktion.

LITERATUR: [1] W 4.1.1 , W 4.1.2 , W 4.2.1 bis W 4.2.3 , W 4.3.1

ERGEBNIS: Die Zufallsvariablen A , B , C , E , H , J und L sind binomialverteilt.

AUFGABE W51

Bei einem Glücksspiel hat der Spieler die Gewinnchance 1/2. Ist es wahrscheinlicher, daß der Spieler

a) 3 von 4 oder 5 von 8 Partien

b) mindestens 3 von 4 oder mindestens 5 von 8 Partien

gewinnt ?

LÖSUNG:

Die Zufallsvariable $X_{(n)}$, die angibt, wieviele von n Partien gewonnen werden, ist binomialverteilt mit den Parametern n und 1/2. Man hat daher

$$W(X_{(n)} = x) = \binom{n}{x} \left(\frac{1}{2}\right)^x \left(1 - \frac{1}{2}\right)^{n-x} = \binom{n}{x} \left(\frac{1}{2}\right)^n \qquad x = 0,1,\ldots,n.$$

a) Wegen

$$W(X_{(4)} = 3) = \binom{4}{3} \left(\frac{1}{2}\right)^4 = \frac{1}{4}$$

$$W(X_{(8)} = 5) = \binom{8}{5} \left(\frac{1}{2}\right)^8 = \frac{7}{32} = \frac{1}{4} \cdot \frac{7}{8}$$

gilt

$$W(X_{(4)} = 3) > W(X_{(8)} = 5)$$

b) Aus

$$W(X_{(4)} \geq 3) = \left(\frac{1}{2}\right)^4 \left[\binom{4}{3} + \binom{4}{4}\right] = \frac{5}{16}$$

$$W(X_{(8)} \geq 5) = \left(\frac{1}{2}\right)^8 \left[\binom{8}{5} + \binom{8}{6} + \binom{8}{7} + \binom{8}{8}\right]$$

$$= \left(\frac{1}{2}\right)^8 [\ 56 + 28 + 8 + 1\ ]$$

$$= \frac{93}{256} = \frac{5}{16} \cdot \frac{93}{80}$$

folgt

$$W(X_{(4)} \geq 3) < W(X_{(8)} \geq 5) .$$

BEMERKUNG: Da 5 von 8 Partien 62,5%, 3 von 4 Partien 75% entsprechen, überrascht das Resultat in b) nicht, wohl aber das in a). Gefühlsmäßig mag man es für wahrscheinlicher halten, 5 von 8 Partien zu gewinnen als 3 von 4. Das Resultat in a) wird aber plausibel, wenn man bedenkt, daß die Zufallsvariable $X_{(4)}$ nur 5 Ausprägungen, die Zufallsvariable $X_{(8)}$ aber 9 Ausprägungen besitzt. Somit wird anschaulich gesprochen die Wahrscheinlichkeit einer Ausprägung von $X_{(4)}$ praktisch auf etwa zwei Ausprägungen von $X_{(8)}$ "aufgeteilt".

LITERATUR: [1] W 4.2.1 , W 4.6.1

ERGEBNIS: Es ist wahrscheinlicher, daß der Spieler

a) 3 von 4 Partien als 5 von 8 Partien

b) mindestens 5 von 8 Partien als mindestens 3 von 4 Partien

gewinnt.

AUFGABE W52

Während einer Flugstrecke fallen die Flugzeugmotoren eines bestimmten Typs unabhängig voneinander mit der Wahrscheinlichkeit Θ aus. Ein Flugzeug erreicht das Ziel, wenn wenigstens die Hälfte der Motoren läuft. Für welche Werte von Θ ist eine zweimotorige Maschine einer viermotorigen vorzuziehen?

LÖSUNG:

Die Beanspruchung der einzelnen Flugzeugmotoren während des Fluges kann als unabhängige Durchführung von BERNOULLI-Experimenten betrachtet werden, wobei das Ereignis

A : "Der Motor fällt aus"

mit Wahrscheinlichkeit Θ eintritt.

Bezeichnet $X_{(2)}$ bzw. $X_{(4)}$ für einen Flug mit einer zweimotorigen bzw. einer viermotorigen Maschine die Häufigkeit, mit der A eintritt, so ist $X_{(2)}$ bzw. $X_{(4)}$ binomialverteilt mit den Parametern 2 und Θ bzw. 4 und Θ. Für die Wahrscheinlichkeit, mit der eine zweimotorige Maschine das Ziel erreicht, hat man

$$\begin{aligned} W(X_{(2)} \leq 1) &= 1 - W(X_{(2)} = 2) \\ &= 1 - \binom{2}{2}\Theta^2(1-\Theta)^0 \\ &= 1 - \Theta^2 . \end{aligned}$$

Die viermotorige Maschine erreicht das Ziel mit der Wahrscheinlichkeit

$$\begin{aligned} W(X_{(4)} \leq 2) &= 1 - W(X_{(4)} = 3) - W(X_{(4)} = 4) \\ &= 1 - \binom{4}{3}\Theta^3(1-\Theta)^1 - \binom{4}{4}\Theta^4(1-\Theta)^0 \\ &= 1 - 4\,\Theta^3(1-\Theta) - \Theta^4 . \end{aligned}$$

Für die Differenz der beiden Wahrscheinlichkeiten gilt

$$\begin{aligned} W(X_{(4)} \leq 2) - W(X_{(2)} \leq 1) &= 1 - 4\,\Theta^3(1-\Theta) - \Theta^4 - 1 + \Theta^2 \\ &= \Theta^2[-4\,\Theta(1-\Theta) - \Theta^2 + 1] \\ &= \Theta^2(1-\Theta)(1-3\Theta) . \end{aligned}$$

Für die Werte von Θ, für die diese Differenz 0 wird, ist die Flugsicherheit beider Flugzeuge gleich groß. Für $\Theta = 0$, $\Theta = 1$ und $\Theta = 1/3$ erreichen also beide Maschinentypen das Ziel jeweils mit gleicher Wahrscheinlichkeit, und zwar

für $\Theta = 0$ mit Wahrscheinlichkeit 1

für $\Theta = 1$ mit Wahrscheinlichkeit 0

für $\Theta = \frac{1}{3}$ mit Wahrscheinlichkeit $\frac{8}{9}$.

Da gilt

$$\Theta^2(1-\Theta) > 0 \quad \text{für} \quad 0 < \Theta < 1 ,$$

ist die oben betrachtete Differenz für $0 < \Theta < 1$ genau dann positiv, wenn

$$1 - 3\Theta > 0 .$$

Daher ist der viermotorige Maschinentyp dem zweimotorigen vorzuziehen, wenn

$$0 < \Theta < \frac{1}{3} .$$

Für $\frac{1}{3} < \Theta < 1$ ist es umgekehrt.

BEMERKUNG: Eine Kurvendiskussion des Verlaufs von $W(X_{(2)} \leq 1)$ bzw. $W(X_{(4)} \leq 2)$ als Funktion von Θ ergibt folgendes Bild (vgl. Abb.1 ; in der Zeichnung ist die Einschränkung $0 \leq \Theta \leq 1$ außer Acht gelassen).

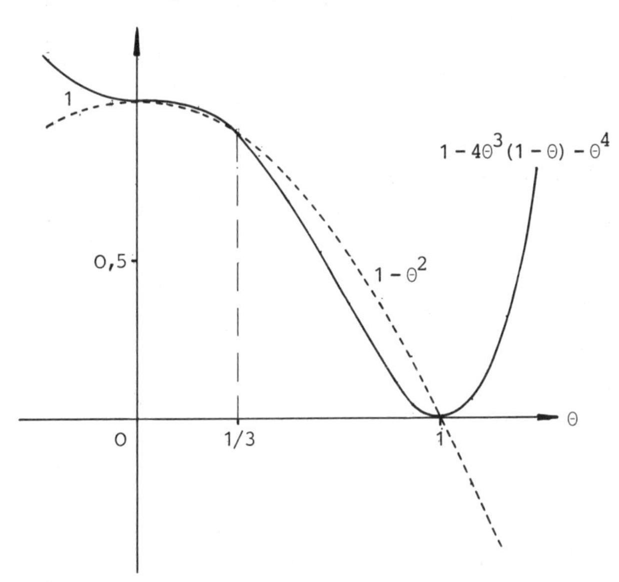

Abb.1

LITERATUR: [1] W 4.1.1 , W 4.1.2 , W 4.2.1

ERGEBNIS: Für $0 < \Theta < \frac{1}{3}$ ist eine viermotorige Maschine einer zweimotorigen vorzuziehen.

AUFGABE W53

Beim Skatspiel erhält jeder der drei Spieler von den 32 Karten des Skatblattes 10 zufällig ausgewählte Karten. Mit welcher Wahrscheinlichkeit erhält bei einem Skatspiel

a) ein bestimmter Spieler

b) einer der Spieler

alle vier Buben ?

c) Wie oft gelangen im Durchschnitt bei 20 Skatspielen alle Buben in eine Hand ?

d) Wie groß ist die Wahrscheinlichkeit dafür, daß bei 20 Skatspielen wenigstens einmal alle Buben in eine Hand gelangen ?

LÖSUNG:

Die drei Spieler seien von 1 bis 3 numeriert. A_i bezeichne das Ereignis, daß der Spieler i alle vier Buben erhält ($i = 1,2,3$). Aus Symmetriegründen gilt

$$W(A_1) = W(A_2) = W(A_3) .$$

a) Das Ausgeben der Karten an den Spieler 1 kann aufgefaßt werden als zehnmaliges Ziehen ohne Zurücklegen aus den 32 Karten eines Skatblattes. Da dieses 4 Buben enthält, ist die Anzahl X der Buben, die der Spieler 1 erhält, hypergeometrisch verteilt mit den Parametern $N = 32$, $M = 4$ und $n = 10$. Man hat also

$$W(A_1) = W(X = 4) = \frac{\binom{4}{4}\binom{28}{6}}{\binom{32}{10}} = \frac{\frac{28!}{6!\,22!}}{\frac{32!}{10!\,22!}} = \frac{28!\,10!}{32!\,6!}$$

$$= \frac{7 \cdot 8 \cdot 9 \cdot 10}{29 \cdot 30 \cdot 31 \cdot 32} = 0{,}00584 .$$

b) Bezeichne A das Ereignis, daß irgendeiner der drei Spieler alle vier Buben erhält. Da die Ereignisse A_1, A_2, A_3 eine Zerlegung von A bilden, gilt

$$W(A) = W(A_1) + W(A_2) + W(A_3) = 3\,W(A_1) = 0{,}01752 .$$

c) Y bezeichne die Anzahl der Spiele, bei denen alle Buben in eine Hand gelangen. Y ist binomialverteilt mit den Parametern $n = 20$ und $\Theta = W(A) = 0{,}01752$. Daher gilt

$$EY = n\Theta = 20 \cdot 0{,}01752 = 0{,}3504 \; .$$

d) Für die Wahrscheinlichkeit, daß bei 20 Spielen wenigstens einmal ein Spieler alle Buben erhält, gilt

$$W(Y \geq 1) = 1 - W(Y = 0)$$

$$= 1 - \binom{20}{0} 0{,}01752^0 \, (1 - 0{,}01752)^{20}$$

$$= 1 - 0{,}98248^{20} = 1 - 0{,}7022 = 0{,}2978 \; .$$

LITERATUR: [1] W 4.2 , W 4.3.1 , W 4.6.1 , W 4.6.2

ERGEBNIS: Bei einem Skatspiel erhält

a) ein bestimmter Spieler mit Wahrscheinlichkeit 0,00584

b) irgendein Spieler mit Wahrscheinlichkeit 0,01752

alle vier Buben.

Bei 20 Skatspielen gelangen

c) durchschnittlich 0,3504 - mal

d) mit Wahrscheinlichkeit 0,2978 wenigstens einmal

alle vier Buben in eine Hand.

AUFGABE W54

Bei einer Untersuchung werden Wasserproben auf Verunreinigung durch Heizöl untersucht. Da nur 1% aller Proben verunreinigt sind, wird vorgeschlagen, Sammelproben aus jeweils 8 Einzelproben zu bilden und zunächst die Sammelprobe zu untersuchen. Wird in der Sammelprobe kein Öl festgestellt, so ist die Untersuchung für die 8 Einzelproben dieser Sammelprobe beendet. Im anderen Fall muß jede der 8 Einzelproben gesondert untersucht werden.

a) Wie groß ist die Wahrscheinlichkeit, in einer Sammelprobe Öl zu finden?

b) Wieviele Analysen werden im Durchschnitt für jede Sammelprobe benötigt?

c) Wieviel Prozent der Analysen werden durch die Bildung von Sammelproben im Durchschnitt eingespart?

LÖSUNG:

a) Die Entnahme einer Wasserprobe kann als Zufallsexperiment betrachtet werden, bei dem das Ereignis "Verschmutzung durch Heizöl" mit der Wahrscheinlichkeit 0,01 beobachtet wird. Die Zufallsvariable X gebe an, wieviele der 8 zu einer Sammelprobe zusammengefaßten Einzelproben durch Öl verunreinigt sind. Dann ist X binomialverteilt mit den Parametern $n = 8$ und $\Theta = 0{,}01$. Da die Sammelprobe genau dann Öl enthält, wenn $X > 0$ gilt, hat man für die gesuchte Wahrscheinlichkeit

$$W(X > 0) = 1 - W(X = 0) = 1 - \binom{8}{0} 0{,}01^0 (1 - 0{,}01)^8$$

$$= 1 - 0{,}99^8 = 1 - 0{,}9227$$

$$= 0{,}0773 .$$

b) Wird bei der Analyse der Sammelprobe kein Öl festgestellt, so ist durch diese eine Analyse nachgewiesen, daß alle 8 Einzelproben ölfrei sind. Wird jedoch bei der Analyse der Sammelprobe Öl gefunden, so werden 8 weitere Analysen (für die Einzelproben) notwendig. Bezeichnet also die Zufallsvariable Y die Anzahl der Analysen, die für eine vorgelegt Sammelprobe erforderlich sind, so gilt

$$Y = \begin{cases} 1 & \text{für} \quad X = 0 \\ 9 & \text{für} \quad X > 0 \end{cases}$$

und demnach

$$W(Y = 1) = W(X = 0) \quad \text{und} \quad W(Y = 9) = W(X > 0) .$$

Für die durchschnittliche Analysenzahl pro Sammelprobe hat man dann

$$EY = 1 \cdot W(X = 0) + 9 \cdot W(X > 0)$$

$$= 1 \cdot 0{,}9227 + 9 \cdot 0{,}0773 = 1{,}6184 .$$

c) Werden keine Sammelproben gebildet, so sind bei 8 Einzelproben auch 8 (Einzel-)Analysen erforderlich. Durch die Bildung von Sammelproben werden also im Durchschnitt

$$8 - EY = 8 - 1{,}6184 = 6{,}3816$$

Analysen gespart. Das entspricht einer Einsparung von

$$\frac{6{,}3816}{8} \cdot 100\% \approx 80\% \;.$$

BEMERKUNG: In der Aufgabe ist der Sammelprobenumfang (mit 8) vorgegeben. Bezeichnet allgemein Y_n die Anzahl der erforderlich werdenden Analysen, wenn n Einzelproben zu einer Sammelprobe zusammengefaßt werden, so ist die dadurch erreichte durchschnittliche relative Einsparung an Analysen gegeben durch

$$\frac{n - EY_n}{n} = 1 - \frac{EY_n}{n} \;.$$

Interessant ist natürlich die Frage, für welchen Wert von n dieser Anteil (und damit auch die Kostenersparnis) maximal wird. Dieses optimale n hängt natürlich ab vom Anteil Θ der verschmutzten Proben. Eine leichte Verallgemeinerung der obigen Überlegungen zeigt:

$$1 - \frac{EY_n}{n} = 1 - \frac{1 \cdot (1-\Theta)^n + (n+1)[1-(1-\Theta)^n]}{n} \;.$$

Man rechnet z.B. nach, daß bei $\Theta = 0{,}01$ (wie oben) die Einsparung maximal wird für $n = 10$ und $n = 11$. (Sie beträgt 80,44% ; vgl. [17] S. 472 - 478).

LITERATUR: [1] W 4.2.1 , W 4.6.1

ERGEBNIS:

a) In einer Sammelprobe wird mit Wahrscheinlichkeit 0,0773 Öl gefunden.

b) Pro Sammelprobe sind im Durchschnitt etwa 1,6 Analysen erforderlich.

c) Durch Bildung von Sammelproben verringert sich die Analysenzahl im Durchschnitt um etwa 80% .

AUFGABE W55

Von einer binomialverteilten Zufallsvariablen X mit den Parametern n und Θ ist $EX = 2$ und $\text{var}\, X = 4/3$ bekannt. Wie groß sind n und Θ?

LÖSUNG:

Für X gilt

$$EX = n\Theta$$

$$\text{var}\, X = n\Theta(1 - \Theta)$$

und daher

$$\frac{\text{var}\, X}{EX} = 1 - \Theta .$$

Demnach ergibt sich hier

$$\Theta = 1 - \frac{\text{var}\, X}{EX} = 1 - \frac{4/3}{2} = \frac{1}{3}$$

$$n = \frac{EX}{\Theta} = \frac{2}{1/3} = 6 .$$

LITERATUR: [1] W 4.2.2

ERGEBNIS: $n = 6$; $\Theta = 1/3$

AUFGABE W56

Für eine $(\mu;\sigma)$-normalverteilte Zufallsvariable gilt:

A: μ ist der Erwartungswert.

B: Der Maximalwert der Dichte ist μ.

C: Das Maximum der Dichte liegt an der Stelle μ.

D: σ ist die Standardabweichung.

E: σ ist die Varianz.

F: Je größer σ, umso kleiner ist das Maximum der Dichte.

LÖSUNG:

Eine (stetige) Zufallsvariable X ist $(\mu;\sigma)$-normalverteilt, wenn X die Dichte

$$\varphi(x|\mu,\sigma) = \frac{1}{\sqrt{2\pi}\sigma} e^{-\frac{1}{2}\left(\frac{x-\mu}{\sigma}\right)^2} \qquad -\infty < x < \infty$$

besitzt. Dabei ist μ der Erwartungswert und σ die Standardabweichung von X. Also sind die Aussagen A und D richtig und Aussage E ist falsch. Die Funktion $\varphi(x|\mu,\sigma)$ hat einen glockenförmigen Verlauf mit Maximum bei $x = \mu$ und Wendepunkten bei $x = \mu - \sigma$ und $x = \mu + \sigma$ (vgl. Abb.1).

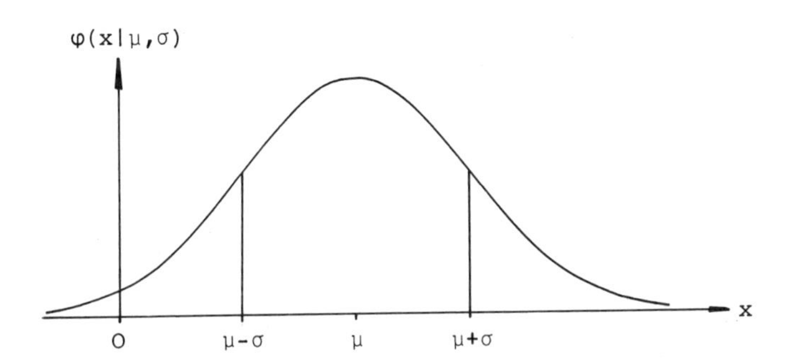

Abb. 1

Folglich ist Aussage C richtig. Da für den Maximalwert von $\varphi(x|\mu;\sigma)$ gilt

$$\varphi(\mu|\mu,\sigma) = \frac{1}{\sqrt{2\pi}\sigma} \ ,$$

ist Aussage B falsch und Aussage F richtig.

LITERATUR: [1] W 5.1.1 , W 5.1.2 , W 5.1.7

ERGEBNIS: Die Aussagen A , C , D und F sind richtig.

AUFGABE W57

Für eine (μ,σ)-normalverteilte Zufallsvariable X gilt $W(X \leq 57) = 0{,}33$ und $W(X \leq 114) = 0{,}758$. Welchen Wert haben dann μ und σ?

LÖSUNG:

X ist (μ,σ)-normalverteilt. Dann ist die standardisierte Zufallsvariable

$$\frac{X - \mu}{\sigma}$$

(0;1)-normalverteilt, d.h. standardnormalverteilt. Bezeichnet also $\Phi(x|\mu,\sigma)$ die Verteilungsfunktion einer (μ,σ)-normalverteilten Zufallsvariablen und $\Phi(z)$ die Verteilungsfunktion einer (0;1)-normalverteilten Zufallsvariablen, so gilt

$$W(X \leq x) = \Phi(x|\mu,\sigma) = \Phi\left(\frac{x - \mu}{\sigma}\right) .$$

Aus den Zahlenwerten der Aufgabe folgt demnach

$$\Phi\left(\frac{57 - \mu}{\sigma}\right) = 0{,}33 \qquad (1)$$

und

$$\Phi\left(\frac{114 - \mu}{\sigma}\right) = 0{,}758 . \qquad (2)$$

Stellt man die in den Gleichungen (1) und (2) auf der rechten Seite stehenden Wahrscheinlichkeiten als schraffierte Flächen unter der Dichte der Standardnormalverteilung dar, so erhält man Abb. 1 .

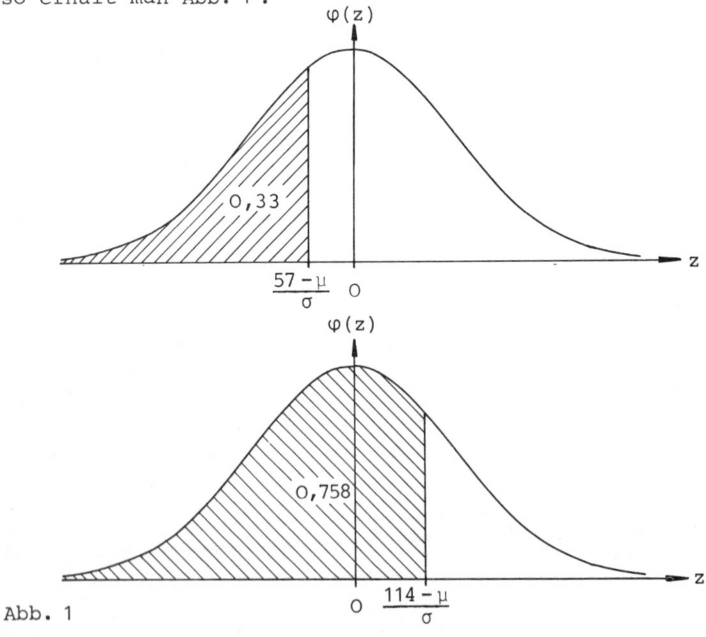

Abb. 1

In der Tabelle der Standardnormalverteilung (Tab. I) ist $\Phi(z)$ in Abhängigkeit vom Abszissenwert z tabelliert. Dort findet man

$$0{,}758 = \Phi(0{,}7) .$$

Mit (2) folgt

$$(3) \qquad \frac{114 - \mu}{\sigma} = 0{,}7 .$$

Die Abszisse des Φ-Wertes 0,33 läßt sich dagegen der Tabelle nicht direkt entnehmen, denn diese enthält nur Φ-Werte $\geq 0{,}5$. Da die Dichte $\varphi(z)$ symmetrisch zu $z = 0$ verläuft, gilt aber für die Verteilungsfunktion $\Phi(z)$

$$1 - \Phi(z) = \Phi(-z)$$

(vgl Abb. 2).

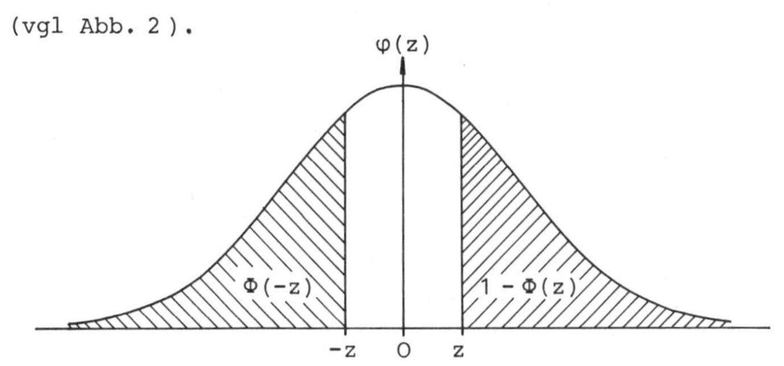

Abb. 2

Wegen

$$1 - 0{,}33 = 0{,}67 = \Phi(0{,}44)$$

ist dann

$$0{,}33 = \Phi(-0{,}44) .$$

Hieraus folgt mit (1)

$$(4) \qquad \frac{57 - \mu}{\sigma} = -\,0{,}44 .$$

Durch Auflösen der Gleichungen (3) und (4) erhält man

$$\mu = 79 \;,\; \sigma = 50 .$$

LITERATUR: [1] W 5.1

ERGEBNIS: X ist (79 ; 50)-normalverteilt.

AUFGABE W58

Der Durchmesser X von Wellen, die auf einer bestimmten Drehbank gefertigt werden, ist (μ,σ)-normalverteilt. Während der mittlere Durchmesser μ der Wellen an der Drehbank eingestellt werden kann, läßt sich die Fertigungsgenauigkeit σ nicht verändern. Es gilt $\sigma = 0{,}1$ mm.

Für einen bestimmten Großauftrag sind nur Wellen im Toleranzbereich 9,93 bis 10,17 [mm] brauchbar.

a) Wie groß ist der Ausschußanteil, wenn die Maschine auf $\mu = 10$ mm eingestellt ist ?

b) Auf welchen Wert μ muß eingestellt werden, wenn der Ausschußanteil minimal sein soll und wie hoch ist er dann ?

c) Ein Werkzeugmaschinenhersteller bietet eine gleichartige Drehbank mit $\sigma = 0{,}05$ [mm] an. Auf welchen Wert läßt sich der Ausschußanteil bei einer solchen Drehbank senken ?

LÖSUNG:

Da die Wellen den Ausschuß bilden, deren Durchmesser kleiner als 9,93 mm bzw. größer als 10,17 mm ist, hat man für den Ausschußanteil Θ

$$\Theta = W(X < 9{,}93) + W(X > 10{,}17) .$$

Wenn X (μ,σ)-normalverteilt ist, gilt

$$W(X \leq 9{,}93) = \Phi(9{,}93 | \mu,\sigma)$$

$$W(X > 10{,}17) = 1 - W(X \leq 10{,}17) = 1 - \Phi(10{,}17 | \mu,\sigma) .$$

Da normalverteilte Zufallsvariablen stetige Zufallsvariablen sind, ist (vgl. Aufgabe W 33)

$$W(X < 9{,}93) = W(X \leq 9{,}93)$$

und man hat für Θ

$$\Theta = \Phi(9{,}93 | \mu,\sigma) + [1 - \Phi(10{,}17 | \mu,\sigma)] .$$

Θ ist also gleich dem Inhalt der in Abb.1 schraffierten Fläche.

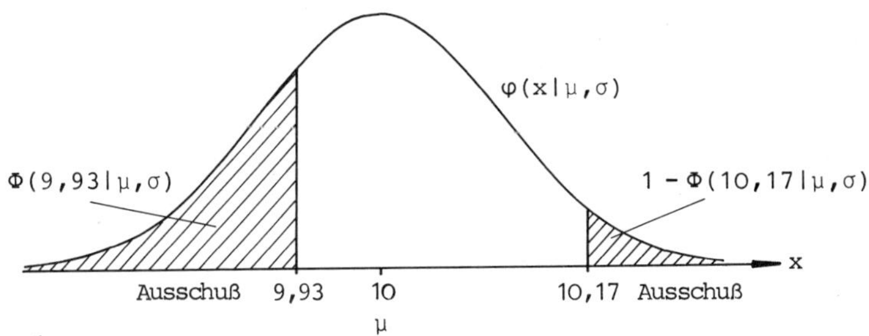

Abb. 1

a) Für $\mu = 10$ [mm] und $\sigma = 0{,}1$ [mm] ergibt sich der Ausschußanteil

$$\begin{aligned}\Theta &= \Phi(9{,}93|10;0{,}1) + [1 - \Phi(10{,}17|10;0{,}1)] \\ &= \Phi(-0{,}7) + [1 - \Phi(1{,}7)] \\ &= 1 - \Phi(0{,}7) + [1 - \Phi(1{,}7)] = 0{,}2866 \,.\end{aligned}$$

b) Wie Abb.1 zeigt, wird Θ dann möglichst klein, wenn μ so gewählt wird, daß $\varphi(x|\mu,\sigma)$ links von 9,93 und rechts von 10,17 möglichst kleine Werte annimmt. Θ wird offenbar minimal, wenn jeder Wert von $\varphi(x|\mu,\sigma)$ außerhalb des Intervalls [9,93 ; 10,17] kleiner ist als alle Werte, die $\varphi(x|\mu,\sigma)$ im Intervall [9,93 ; 10,17] annimmt. Das ist aber nur für

$$\varphi(9{,}93|\mu,\sigma) = \varphi(10{,}17|\mu,\sigma)$$

erreichbar. Da $\varphi(x|\mu,\sigma)$ symmetrisch zu $x = \mu$ verläuft, muß dann

$$\mu = \frac{9{,}93 + 10{,}17}{2} = 10{,}05$$

gelten (vgl. Abb.2) .

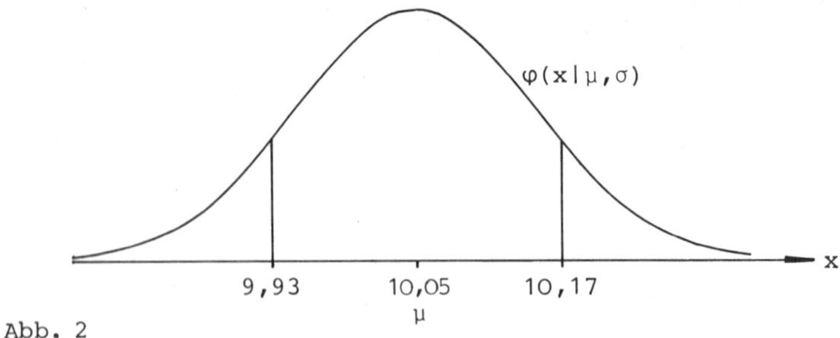

Abb. 2

Der Ausschußanteil wird also minimal, wenn μ auf die Toleranzmitte eingestellt wird. Für Θ gilt dann

$$\Theta = \Phi(9{,}93|10{,}05;0{,}1) + [1 - \Phi(10{,}17|10{,}05;0{,}1)]$$

$$= \Phi(-1{,}2) + 1 - \Phi(1{,}2) = 0{,}2302\ .$$

c) Auch für die neue Maschine mit $\sigma = 0{,}05$ [mm] ist der Ausschußanteil Θ nach b) minimal, wenn der mittlere Durchmesser μ auf 10,05 [mm] eingestellt wird. Für Θ gilt dann

$$\Theta = \Phi(9{,}93|10{,}05;0{,}05) + [1 - \Phi(10{,}17|10{,}05;0{,}05)]$$

$$= 2[1 - \Phi(2{,}4)] = 0{,}0164\ .$$

LITERATUR: [1] W 5.1 , W 5.5.1

ERGEBNIS:

a) Der Ausschußanteil beträgt ungefähr 29% .

b) Durch Einstellen des mittleren Durchmessers auf die Mitte des Toleranzbereichs sinkt der Ausschußanteil auf etwa 23% .

c) Bei der mit halber Standardabweichung arbeitenden neuen Maschine läßt sich der Ausschußanteil auf etwa 2% senken.

AUFGABE W59

Für die standardnormalverteilte Zufallsvariable Z gilt

$$W(-2 \leq Z \leq 1) = 0{,}8185 .$$

Welche der folgenden Aussagen gilt dann für die Zufallsvariable $X = 4 - 3Z$?

A: X ist normalverteilt.

B: X ist (4;3)-normalverteilt.

C: $W(1 \leq X \leq 10) = 0{,}8185$.

D: $W(-2 \leq X \leq 7) = 0{,}8185$.

LÖSUNG:

Aussage A ist richtig, denn alle (nicht konstanten) linearen Funktionen einer normalverteilten Zufallsvariablen sind ebenfalls normalverteilt. Dann ist Aussage B auch richtig, falls

$$EX = 4 \quad \text{und} \quad \text{var}\, X = 3^2 .$$

Das ist der Fall: Da Z standardnormalverteilt ist, gilt

$$EZ = 0 \quad \text{und} \quad \text{var}\, Z = 1$$

und es folgt

$$EX = E(4 - 3Z) = 4 - 3\,EZ = 4$$

$$\text{var}\, X = \text{var}(4 - 3Z) = (-3)^2\, \text{var}\, Z = 3^2 .$$

Aussage C ist richtig. Es ist nämlich

$$\{1 \leq X \leq 10\} = \{1 \leq 4 - 3Z \leq 10\}$$

$$= \{-3 \leq -3Z \leq 6\}$$

$$= \{1 \geq Z \geq -2\}$$

$$= \{-2 \leq Z \leq 1\}$$

und daher

$$W(1 \leq X \leq 10) = W(-2 \leq Z \leq 1)$$

$$= 0{,}8185 .$$

Auch Aussage D ist richtig. Denn das Intervall [-2 ; 7] geht durch Spiegelung am Punkt $x = 4$ aus dem Intervall [1 ; 10] hervor. Da die Dichte $\varphi(x|4;3)$ von X symmetrisch zum Punkt $x = 4$ verläuft, sind die Flächen zwischen $\varphi(x|4;3)$ und dem Intervall [1;10] bzw. [-2;7] gleich groß (vgl. Abb.1) .

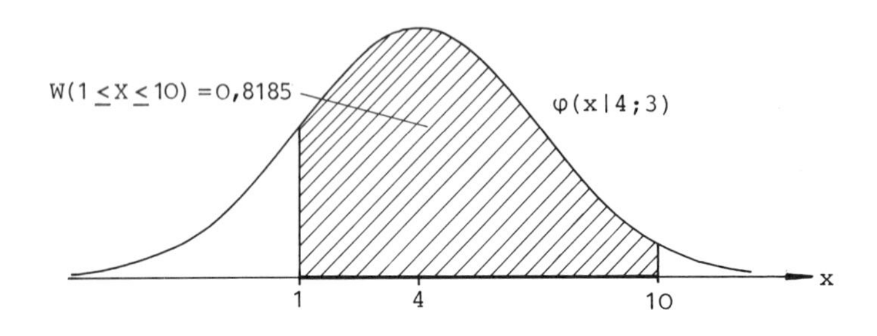

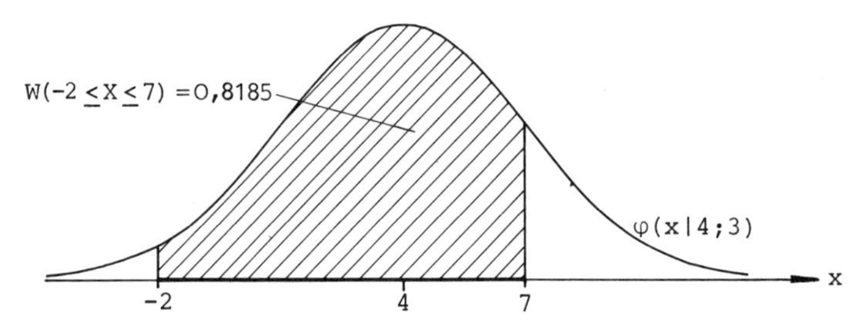

Abb. 1

LITERATUR: [1] W 3.3.6 , W 5.1.1 bis W 5.1.4 , W 5.2.1

ERGEBNIS: Die Aussagen A bis D sind richtig.

AUFGABE W60

Die Zufallsvariable X sei normalverteilt mit Erwartungswert 120 und Varianz 100. Für welche Zahl c gilt dann

a) $W(X \leq c) = 0{,}67$

b) $W(X \geq c) = 0{,}05$

c) $W(X \geq 120 + c) = 0{,}975$

d) $W(120 - c \leq X \leq 120 + c) = 0{,}8$?

LÖSUNG:

Für die normalverteilte Zufallsvariable X gilt (vgl. Aufgabe W 57)

$$(1)\qquad W(X \leq x) = \Phi(x|120;10) = \Phi\left(\frac{x-120}{10}\right) .$$

Im folgenden sei z_α der Abszissenwert, der den Flächeninhalt unter der Dichte der Standardnormalverteilung im Verhältnis $1-\alpha$ (links) und α (rechts) teilt (vgl. Abb.1).

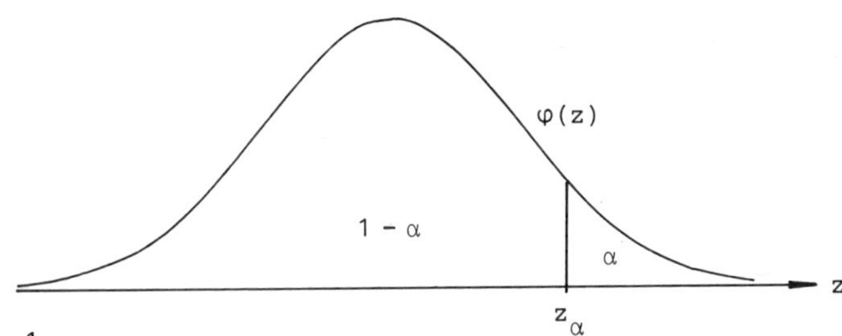

Abb. 1

Formal bedeutet das

$$\Phi(z_\alpha) = 1-\alpha .$$

In der Tabelle der Standardnormalverteilung (Tab. I) ist z_α demnach als der zur Wahrscheinlichkeit $1-\alpha$ gehörende Abszissenwert abzulesen.

a) Für c gilt nach (1)

$$\Phi\left(\frac{c-120}{10}\right) = 0{,}67 .$$

Dann ist

$$\frac{c-120}{10} = z_{1-0,67} = z_{0,33}$$

oder

$$c = 120 + 10 \cdot z_{0,33} .$$

In Tab. I findet man für die Wahrscheinlichkeit 0,67 den Abszissenwert

$$z_{0,33} = 0,44$$

und erhält

$$c = 120 + 10 \cdot 0,44 = 124,4 \,.$$

b) Wegen

$$W(X \geq c) = 1 - W(X < c) = 1 - W(X \leq c)$$

bestimmt sich c aus der Gleichung

$$1 - \Phi\left(\frac{c - 120}{10}\right) = 0,05$$

oder

$$\Phi\left(\frac{c - 120}{10}\right) = 0,95 \,.$$

Dann ist

$$\frac{c - 120}{10} = z_{0,05}$$

oder

$$c = 120 + 10 \cdot z_{0,05} \,.$$

In Tab. I ist $z_{0,05}$ der zur Wahrscheinlichkeit 0,95 gehörende Abszissenwert. Man findet (mittels Interpolation)

$$z_{0,05} = 1,645$$

und erhält

$$c = 120 + 10 \cdot 1,645 = 136,45 \,.$$

c) Wegen

$$W(X \geq 120 + c) = 1 - \Phi\left(\frac{120 + c - 120}{10}\right) = 1 - \Phi\left(\frac{c}{10}\right)$$

bestimmt sich c aus der Gleichung

$$1 - \Phi\left(\frac{c}{10}\right) = 0,975$$

oder

$$\Phi\left(-\frac{c}{10}\right) = 0,975 \,.$$

Also ist

$$-\frac{c}{10} = z_{0,025} .$$

$z_{0,025}$ findet man in Tab. I als Abszissenwert zur Wahrscheinlichkeit 0,975. Man hat

$$z_{0,025} = 1,96$$

oder

$$c = -10 \cdot 1,96 = -19,6 .$$

d) Wegen

$$W(120 - c \leq X \leq 120 + c) = W(X \leq 120 + c) - W(X < 120 - c)$$

bestimmt sich c gemäß (1) aus der Gleichung

$$\Phi\left(\frac{c}{10}\right) - \Phi\left(-\frac{c}{10}\right) = 0,8 .$$

Mit

$$\Phi\left(-\frac{c}{10}\right) = 1 - \Phi\left(\frac{c}{10}\right)$$

folgt

$$2\Phi\left(\frac{c}{10}\right) - 1 = 0,8$$

d.h.

$$\Phi\left(\frac{c}{10}\right) = 0,9 .$$

Somit ist

$$\frac{c}{10} = z_{0,1} .$$

Für die Wahrscheinlichkeit 0,9 findet man in Tab. I (mit Interpolation) den Abszissenwert

$$z_{0,1} = 1,282 .$$

Folglich gilt

$$c = 10 \cdot 1,282 = 12,82 .$$

LITERATUR: [1] W 5.1.1 bis W 5.1.6

ERGEBNIS: Es gilt

a) $c = 124{,}4$

b) $c = 136{,}45$

c) $c = -19{,}6$

d) $c = 12{,}82$.

AUFGABE W61

$(X_1, X_2, \ldots, X_n)$ sei eine Stichprobe aus einer Verteilung mit Erwartungswert μ und Varianz σ^2 . Dann gilt:

A: Das Stichprobenmittel $\overline{X}$ ist normalverteilt.

B: Das Stichprobenmittel $\overline{X}$ ist für großes n näherungsweise $(\mu;\sigma)$-normalverteilt.

C: Das Stichprobenmittel $\overline{X}$ ist für großes n näherungsweise $(\mu;\frac{S}{\sqrt{n}})$-normalverteilt. Dabei ist S die Stichprobenstandardabweichung.

D: Die Stichprobensumme $\sum_1^n X_i$ ist für großes n näherungsweise $(\mu;\sigma)$-normalverteilt.

Die Stichprobe $(X_1, X_2, \ldots, X_n)$ entstamme einer BERNOULLI-Verteilung mit Paramter Θ. Dann gilt:

E: Der Stichprobenanteil P ist normalverteilt.

F: Der Stichprobenanteil P ist für großes n näherungsweise $\left(\Theta; \sqrt{\frac{\Theta(1-\Theta)}{n}}\right)$-normalverteilt.

G: Die Stichprobensumme $\sum_1^n X_i$ ist für großes n normalverteilt.

LÖSUNG:
Nach dem Zentralen Grenzwertsatz sind die Standardisierungen von $\overline{X}$ und P bei großem Stichprobenumfang n näherungsweise $(0;1)$-normalverteilt. Da jede (nicht konstante) lineare Funktion einer normalverteilten Zufallsvariablen selbst

normalverteilt ist, sind für großes n auch $\overline{X}$ und P und alle (nicht konstanten) linearen Funktionen dieser Stichprobenfunktionen näherungsweise normalverteilt. Die Parameter dieser Normalverteilung sind der Erwartungswert und die Standardabweichung der jeweiligen Stichprobenfunktion. Da gilt:

$$E\overline{X} = \mu \quad , \quad \operatorname{var} \overline{X} = \frac{\sigma^2}{n}$$

$$EP = \Theta \quad , \quad \operatorname{var} P = \frac{\Theta(1-\Theta)}{n} \quad ,$$

ist $\overline{X}$ für großes n näherungsweise $(\mu;\frac{\sigma}{\sqrt{n}})$- normalverteilt

und P für großes n näherungsweise $\left(\Theta;\sqrt{\frac{\Theta(1-\Theta)}{n}}\right)$-normalverteilt. Demnach ist Aussage F richtig. Die Aussage B ist falsch, da die Standardabweichung der angegebenen Normalverteilung nicht mit der Standardabweichung von $\overline{X}$ übereinstimmt.

Aussage C ist schon deshalb falsch, weil es eine $(\mu;\frac{S}{\sqrt{n}})$-Normalverteilung nicht gibt. Denn die Parameter von Verteilungen sind feste reelle Zahlen, die Stichprobenstandardabweichung S aber ist eine Zufallsvariable.

Die Aussagen A und E sind falsch. Zwar gilt Aussage A, wenn die Stichprobe einer Normalverteilung entstammt. Aber sie ist z.B. für alle diskreten Verteilungen falsch. Und selbst für großes n folgt aus dem Zentralen Grenzwertsatz nur, daß $\overline{X}$ näherungsweise normalverteilt ist. Der Stichprobenanteil P ist als diskrete Zufallsvariable in keinem Fall exakt normalverteilt.

Da für die Stichprobensumme gilt

$$\sum_1^n X_i = n\overline{X} \quad \text{mit} \quad E\sum_1^n X_i = n\mu \quad \text{und} \quad \operatorname{var}\sum_1^n X_i = n\sigma^2 \quad ,$$

ist $\sum_1^n X_i$ als lineare Funktion von $\overline{X}$ bei großem n näherungsweise $(n\mu;\sqrt{n}\sigma)$-normalverteilt. Also ist Aussage D falsch, da die Parameter der angegebenen Normalverteilung nicht die von ΣX_i sind.

Aussage G ist schon deshalb falsch, weil in diesem Falle $\sum_1^n X_i$ eine diskrete Zufallsvariable ist, die binomialverteilt ist mit den Parametern n und Θ (vgl. Aufgabe W 49). Allerdings ist $\sum_1^n X_i$ für großes n näherungsweise normalverteilt, wegen

$$E\sum_1^n X_i = n\Theta \quad ; \quad \mathrm{var}\sum_1^n X_i = n\Theta(1-\Theta)$$

also näherungsweise $(n\Theta;\sqrt{n\Theta(1-\Theta)})$-normalverteilt.

LITERATUR: [1] W 5.2.1, W 5.3.1 bis W 5.3.7

ERGEBNIS: Aussage F ist richtig.

AUFGABE W62

$(X_1, X_2, \ldots, X_n)$ sei eine Stichprobe aus der Verteilung mit der Massefunktion

$$f(x) = \begin{cases} 2/3 & \text{für } x = -1 \\ 1/3 & \text{für } x = 2 \\ 0 & \text{sonst}. \end{cases}$$

$\overline{X}$ sei das Stichprobenmittel. Welche der folgenden Zufallsvariablen sind dann für großes n näherungsweise standardnormalverteilt?

$A = X_n$

$B = \overline{X}$

$C = \dfrac{\overline{X}}{\sqrt{2}}$

$D = \sqrt{n/2}\,\overline{X}$

$E = \sum_1^n X_i$

$F = \dfrac{1}{\sqrt{2n}}\Sigma X_i$

LÖSUNG:

Die diskrete Zufallsvariable A besitzt die Massefunktion f(x). A nimmt also nur die Werte $x=-1$ und $x=2$ an. Eine solche Zufallsvariable ist nicht näherungsweise normalverteilt.

Für die in der Aufgabe angegebene Verteilung hat man

$$EX_i = 0 \quad , \quad \operatorname{var} X_i = 2 \qquad i = 1,2,\dots,n .$$

Daher gilt

$$E\,\Sigma X_i = 0 \quad \text{und} \quad E\overline{X} = 0$$

und mit der Unabhängigkeit von $X_1, X_2, \dots, X_n$ folgt

$$\operatorname{var} \sum_1^n X_i = 2n \quad \text{und} \quad \operatorname{var} \overline{X} = \frac{2}{n} .$$

Nach dem Zentralen Grenzwertsatz (vgl. Tab. III) sind damit die Zufallsvariablen

$$\frac{\sum_1^n X_i - 0}{\sqrt{2n}} = \frac{1}{\sqrt{2n}} \sum_1^n X_i = F$$

bzw.

$$\frac{\overline{X} - 0}{\sqrt{\frac{2}{n}}} = \sqrt{\frac{n}{2}}\,\overline{X} = D$$

für großes n näherungsweise (0;1)-normalverteilt.

Weiter sind für großes n

$E = \sum_1^n X_i$ näherungsweise $(0;\sqrt{2n})$-normalverteilt;

$B = \overline{X}$ näherungsweise $\left(0\,;\sqrt{\frac{2}{n}}\right)$-normalverteilt;

$C = \frac{\overline{X}}{\sqrt{2}}$ näherungsweise $\left(0\,;\sqrt{\frac{1}{n}}\right)$-normalverteilt.

LITERATUR: [1] W 5.2.1 , W 5.3.1 bis W 5.3.3

ERGEBNIS: Nur die Zufallsvariablen D und F sind für großes n näherungsweise standardnormalverteilt.

AUFGABE W63

Die Körpergewichte von Fluggästen seien unabhängige, identisch verteilte Zufallsvariablen mit dem Erwartungswert 75 kp und der Standardabweichung 5 kp. Wie groß ist dann die Wahrscheinlichkeit, daß das Gesamtgewicht von 100 Fluggästen mehr als 7 600 kp beträgt ?

LÖSUNG:

Werden die Körpergewichte der 100 Fluggäste mit $X_1, X_2, \ldots, X_{100}$ bezeichnet, so stellt die Zufallsvariable $\sum_{i=1}^{100} X_i$ das Gesamtgewicht der Fluggäste dar. Nach den Voraussetzungen über die Zufallsvariablen $X_1, \ldots, X_{100}$ gilt für

$$\frac{\overline{X} - E\overline{X}}{\sqrt{\operatorname{var}\overline{X}}} = \frac{n(\overline{X} - E\overline{X})}{n\sqrt{\operatorname{var}\overline{X}}} = \frac{\sum_1^{100} X_i - E\sum_1^{100} X_i}{\sqrt{\operatorname{var}\sum_1^{100} X_i}}$$

der Zentrale Grenzwertsatz (vgl. Tab. III). Wegen

$$E\sum_{i=1}^{100} X_i = \sum_{i=1}^{100} EX_i = \sum_{i=1}^{100} 75 = 7\,500$$

$$\operatorname{var}\sum_{i=1}^{100} X_i = \sum_{i=1}^{100} \operatorname{var} X_i = \sum_{i=1}^{100} 5^2 = 2\,500$$

ist also

$$\frac{\sum_1^{100} X_i - 7\,500}{\sqrt{2\,500}}$$

näherungsweise (0;1)-normalverteilt. Also ist $\sum_1^{100} X_i$ näherungsweise (7 500 ; 50)-normalverteilt. Daher hat man für die gesuchte Wahrscheinlichkeit

$$W\left(\sum_1^{100} X_i > 7\,600\right) = 1 - W\left(\sum_1^{100} X_i \leq 7\,600\right)$$

$$\approx 1 - \Phi(7600\,|\,7500;50) = 1 - \Phi\left(\frac{7600 - 7500}{50}\right)$$

$$= 1 - 0{,}9772 = 0{,}0228 .$$

LITERATUR: [1] W 5.3.1 bis W 5.3.5 , W 5.5.4

ERGEBNIS: Das Gesamtgewicht von 100 Fluggästen überschreitet 7 600 kp mit einer Wahrscheinlichkeit von etwa 2% .

AUFGABE W64

Für die Korrektur einer Klausurarbeit braucht man die Zeit X, von der $EX = 10$ [min] und $\operatorname{var} X = 9$ [min^2] bekannt sind. Wie groß ist näherungsweise die Wahrscheinlichkeit, daß die Arbeiten von 225 Klausurteilnehmern von 5 Korrektoren an einem achtstündigen Arbeitstag korrigiert werden können ?

LÖSUNG:
Betrachtet man die Korrektur der 225 Klausurarbeiten als 225-malige Wiederholung des Zufallsexperiments "Korrektur einer Klausur", so sind die zugehörigen Korrekturzeiten $X_1, X_2, \dots, X_{225}$ unabhängige, identisch verteilte Zufallsvariablen. Daher ist die zur Korrektur aller Klausuren aufgewendete Zeit

$$T = \sum_{i=1}^{225} X_i$$

nach dem Zentralen Grenzwertsatz (näherungsweise) normalverteilt mit

$$ET = \sum_{i=1}^{225} EX_i = 225 \cdot 10 = 2\,250 \ ,$$

$$\operatorname{var} T = \sum_{i=1}^{225} \operatorname{var} X_i = 225 \cdot 9 = 45^2 \ .$$

Daher hat man (vgl. Aufgabe W 63)

$$W(T \leq x) \approx \Phi(x \mid 2250; 45) = \Phi\left(\frac{x - 2250}{45}\right).$$

Ein achtstündiger Arbeitstag à 5 Korrektoren entspricht $5 \cdot 8 \cdot 60 = 2\,400$ Minuten Korrekturzeit. Für die Wahrscheinlichkeit, daß die Korrektur aller Klausuren an einem Tag erfolgen kann, gilt also

$$W(T \leq 2\,400) \approx \Phi\left(\frac{2\,400 - 2\,250}{45}\right) = \Phi(3,\overline{3}) = 0,9996 \ .$$

LITERATUR: [1] W 5.3.1 bis W 5.3.5

ERGEBNIS: Die Korrektur aller Klausuren ist nach einem Tag praktisch mit Wahrscheinlichkeit 1 beendet.

AUFGABE W65

Eine multiple-choice-Klausur besteht aus 50 Aufgaben mit jeweils 5 vorgegebenen Antworten, von denen genau eine richtig ist. Die Aufgaben können unabhängig voneinander bearbeitet werden.

a) Wie groß sind Erwartungswert und Varianz der Anzahl der richtig gelösten Aufgaben, wenn versucht wird, die Aufgaben durch Raten zu lösen?

b) Wie groß ist die Wahrscheinlichkeit, durch Raten

b1) keine Aufgabe
b2) nur eine Aufgabe
b3) höchstens 20 Aufgaben
b4) mindestens 15 Aufgaben

richtig zu lösen ?

c) Wie groß ist die Wahrscheinlichkeit, daß jemand mindestens 15 Aufgaben richtig löst, wenn er bei 12 Aufgaben die richtige Lösung durch Nachdenken findet und die restlichen Aufgaben durch Raten zu lösen versucht ?

LÖSUNG:

a) Der Versuch, eine einzelne Aufgabe durch Raten zu lösen, kann als ein BERNOULLI-Experiment aufgefaßt werden, bei dem das Ereignis "Die Aufgabe wird richtig gelöst" mit der Wahrscheinlichkeit 1/5 eintritt. Da die Klausuraufgaben unabhängig voneinander lösbar sind, kann die Bearbeitung der Klausur als 50-fache Wiederholung des beschriebenen BERNOULLI-Experiments aufgefaßt werden. Die Anzahl X der richtig gelösten Aufgaben ist demnach binomialverteilt mit den Parametern $n = 50$ und $\Theta = 1/5$. Für Erwartungswert und Varianz von X gilt dann

$$EX = n\Theta = 50\cdot\frac{1}{5} = 10$$

$$\operatorname{var} X = n\Theta(1-\Theta) = 50\cdot\frac{1}{5}\cdot\frac{4}{5} = 8\,.$$

b) Da X binomialverteilt ist, gilt

$$W(X=x) = \binom{50}{x}\left(\frac{1}{5}\right)^{x}\left(\frac{4}{5}\right)^{50-x} \qquad \text{für } x=0;1;\ldots;50\,.$$

b1) $W(X=0) = \binom{50}{0}\left(\frac{1}{5}\right)^{0}\left(\frac{4}{5}\right)^{50} = \left(\frac{4}{5}\right)^{50} = 0{,}14271\cdot10^{-5}\,.$

b2) $W(X=1) = \binom{50}{1}\left(\frac{1}{5}\right)^{1}\left(\frac{4}{5}\right)^{49} = 50\cdot\frac{1}{5}\cdot\left(\frac{4}{5}\right)^{49}$

$$= \frac{50}{4}\cdot W(X=0) = 0{,}17839\cdot10^{-4}\,.$$

b3) $W(X\leq 20) = \sum_{x=0}^{20} W(X=x) = \sum_{x=0}^{20}\binom{50}{x}\left(\frac{1}{5}\right)^{x}\left(\frac{4}{5}\right)^{50-x}\,.$

Die Auswertung der Summe auf der rechten Seite ist sehr mühsam. Da der Parameter n groß genug ist, kann aber die vorliegende Binomialverteilung nach dem Zentralen Grenzwertsatz (vgl. Tab. III) mit hinreichender Genauigkeit durch eine Normalverteilung approximiert werden. Mit den Ergebnissen von a) folgt dann

$$W(X\leq 20) \approx \Phi(20\,|\,10;\sqrt{8}) = \Phi\left(\frac{20-10}{\sqrt{8}}\right) = \Phi(3{,}54) = 0{,}9998.$$

b4) $W(X\geq 15) = \sum_{x=15}^{50}\binom{50}{x}\left(\frac{1}{5}\right)^{x}\left(\frac{4}{5}\right)^{50-x} = 1-\sum_{x=0}^{14}\binom{50}{x}\left(\frac{1}{5}\right)^{x}\left(\frac{4}{5}\right)^{50-x}$

Analog zu b3) ergibt sich

$$W(X\geq 15) \approx 1-\Phi(14\,|\,10;\sqrt{8}) = 1-\Phi\left(\frac{14-10}{\sqrt{8}}\right) = 1-\Phi(\sqrt{2})$$

$$= 1-0{,}9213 = 0{,}0787\,.$$

c) Mindestens 15 Aufgaben sind dann richtig gelöst, wenn außer den 12 durch Überlegung richtig gelösten Aufgaben noch mindestens 3 der verbleibenden 38 Aufgaben durch Raten richtig gelöst werden. In diesem Falle wird das in a) beschriebene BERNOULLI-Experiment nur 38-mal wiederholt. Die Zahl Y der dabei richtig gelösten Aufgaben ist dann binomialverteilt mit den Parametern $n = 38$ und $\Theta = 1/5$. Daher gilt für die gesuchte Wahrscheinlichkeit

$$W(Y \geq 3) = \sum_{y=3}^{38} \binom{38}{y} \left(\frac{1}{5}\right)^{y} \left(\frac{4}{5}\right)^{38-y} = 1 - \sum_{y=0}^{2} \binom{38}{y} \left(\frac{1}{5}\right)^{y} \left(\frac{4}{5}\right)^{38-y} .$$

In diesem Falle ist nach der vereinbarten Konvention (vgl. Tab. III) der Parameter n nicht groß genug, um die Verteilung von Y nach dem Zentralen Grenzwertsatz genügend genau durch die Normalverteilung approximieren zu können. Es ist

$$\sum_{y=0}^{2} \binom{38}{y} \left(\frac{1}{5}\right)^{y} \left(\frac{4}{5}\right)^{38-y} = \left(\frac{4}{5}\right)^{38} + 38 \cdot \frac{1}{5} \left(\frac{4}{5}\right)^{37} + \frac{38 \cdot 37}{2} \left(\frac{1}{5}\right)^{2} \left(\frac{4}{5}\right)^{36}$$

$$= 34{,}84 \cdot 0{,}8^{36} = 0{,}0113$$

und damit

$$W(Y \geq 3) = 1 - 0{,}0113 = 0{,}9887 .$$

LITERATUR: [1] W 4.2 , W 5.4

ERGEBNIS:

a) Die Anzahl der richtig gelösten Aufgaben hat den Erwartungswert 10 und die Varianz 8 .

b) Die Wahrscheinlichkeit, durch Raten

  b1) keine bzw. b2) nur eine Aufgabe richtig zu lösen, ist praktisch 0;

  b3) höchstens 20 Aufgaben richtig zu lösen, ist praktisch 1;

  b4) mindestens 15 Aufgaben richtig zu lösen, beträgt etwa 8% .

c) Wenn 12 Aufgaben durch Nachdenken richtig gelöst sind, erhöht sich durch Raten die Anzahl der insgesamt richtig gelösten Aufgaben mit rund 99% Wahrscheinlichkeit auf mindestens 15 .

AUFGABE W66

In einer Produktionsserie vom Umfang 10 000 sind 2 000 Teile Ausschuß. Es werden 100 Teile ohne Zurücklegen zufällig ausgewählt.

a) Wie groß ist die Wahrscheinlichkeit, daß der Ausschußanteil in der Stichprobe

 a1) höchstens 0,3 beträgt ?

 a2) wenigstens 0,1 beträgt ?

 a3) zwischen 0,15 und 0,25 liegt ?

b) Für welche Zahl c ist der Ausschußanteil in der Stichprobe mit einer Wahrscheinlichkeit von 0,9 nicht größer als c ?

LÖSUNG:

P bezeichne den Ausschußanteil in der Stichprobe. Da einerseits der Stichprobenumfang groß genug, andererseits der Auswahlsatz klein genug ist, läßt sich der Zentrale Grenzwertsatz auf P anwenden (vgl. Tab. III). Wegen

$$EP = \Theta = \frac{2\,000}{10\,000} = 0{,}2$$

$$\operatorname{var} P = \frac{\Theta(1-\Theta)}{n}\,\frac{N-n}{N-1} \approx \frac{\Theta(1-\Theta)}{n} = \frac{0{,}2\cdot 0{,}8}{100} = 0{,}0016$$

ist also P näherungsweise (0,2;0,04)-normalverteilt.

a1) $W(P \leq 0{,}3) \approx \Phi(0{,}3|0{,}2;0{,}04) = \Phi(2{,}5) = 0{,}9938$.

a2) $W(P \geq 0{,}1) = 1 - W(P < 0{,}1) \approx 1 - \Phi(0{,}1|0{,}2;0{,}04)$

$= 1 - \Phi(-2{,}5) = \Phi(2{,}5) = 0{,}9938$.

a3) $W(0{,}15 \leq P \leq 0{,}25) = W(P \leq 0{,}25) - W(P < 0{,}15)$

$\approx \Phi(0{,}25|0{,}2;0{,}04) - \Phi(0{,}15|0{,}2;0{,}04)$

$= \Phi(1{,}25) - \Phi(-1{,}25)$

$= 2\Phi(1{,}25) - 1 = 0{,}7888$.

b) Da für c gelten soll

 $W(P \leq c) = 0{,}9$,

hat man

$$\Phi(c|0,2;0,04) = 0,9$$

oder

$$\Phi\left(\frac{c-0,2}{0,04}\right) = 0,9 .$$

Nach Tab. I gilt dann

$$\frac{c-0,2}{0,04} = 1,282$$

oder

$$c = 0,04 \cdot 1,282 + 0,2 = 0,2513 .$$

Beim Stichprobenumfang 100 entspricht das einem Ausschußanteil von 25% .

BEMERKUNG: Daß man in a1) und a2) die gleiche Wahrscheinlichkeit erhält, folgt auch ohne Rechnung aus Symmetriegründen (vgl. Abb.1).

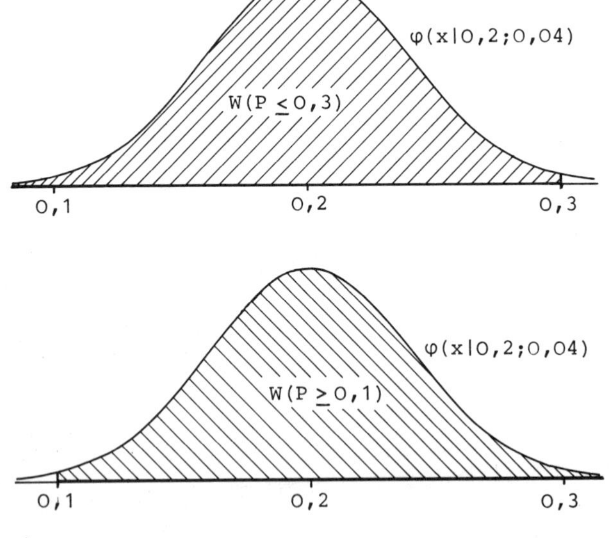

Abb. 1

LITERATUR: [1] W 5.3.1 bis W 5.3.7 , W 5.5.5

ERGEBNIS:

a) Der Ausschußanteil in der Stichprobe

   a1) beträgt ungefähr mit Wahrscheinlichkeit 0,99 höchstens 30% ;

   a2) beträgt ungefähr mit Wahrscheinlichkeit 0,99 wenigstens 10% ;

   a3) liegt ungefähr mit Wahrscheinlichkeit 0,79 zwischen 15% und 25% .

b) Mit Wahrscheinlichkeit 0,9 ist der Ausschußanteil in der Stichprobe nicht größer als 25% .

AUFGABE W67

Vor einer Wahl planen die Meinungsforschungsinstitute A und B unabhängig voneinander jeweils 950 zufällig ausgewählte Personen danach zu befragen, ob sie beabsichtigen, "Grün" zu wählen. Wie groß ist die Wahrscheinlichkeit dafür, daß die Anteile der "Grün"-Wähler in den beiden Stichproben um höchstens einen Prozentpunkt differieren, wenn 5% der Bevölkerung beabsichtigen, "Grün" zu wählen ?

LÖSUNG:

Die Anteile der "Grün"-Wähler in den beiden Stichproben seien mit P_A und P_B bezeichnet. Gesucht ist die Wahrscheinlichkeit dafür, daß die Differenz

$$D = P_A - P_B$$

Werte zwischen -0,01 und +0,01 annimmt:

$$W(-0{,}01 \leq D \leq 0{,}01) = W(D \leq 0{,}01) - W(D < -0{,}01) .$$

Um die gesuchte Wahrscheinlichkeit angeben zu können, muß man die Verteilung von D kennen. Da die Stichprobenumfänge groß und die Auswahlsätze offensichtlich klein sind, gilt für P_A und P_B der Zentrale Grenzwertsatz (vgl. Tab. III) . Folglich sind P_A und P_B beide näherungsweise normalverteilt. Da nach Voraussetzung die beiden Stichprobenziehungen unabhängige Zufallsexperimente sind, sind P_A und P_B unabhängig. Dann ist D als lineare Funktion von P_A und P_B auch näherungsweise normalverteilt.

Wegen

$$EP_A = EP_B = \Theta = 0{,}05$$

$$\operatorname{var} P_A = \operatorname{var} P_B \approx \frac{\Theta(1-\Theta)}{n} = \frac{0{,}05 \cdot 0{,}95}{950} = 0{,}00005$$

hat man

$$ED = EP_A - EP_B = 0$$

$$\operatorname{var} D = \operatorname{var} P_A + \operatorname{var} P_B = 0{,}0001.$$

D ist demnach näherungsweise (0;0,01)-normalverteilt. Folglich gilt

$$W(-0{,}01 \leq D \leq 0{,}01) \approx \Phi(0{,}01|0;0{,}01) - \Phi(-0{,}01|0;0{,}01)$$
$$= 2\Phi(1) - 1 = 0{,}6826 .$$

LITERATUR: [1] W 5.2.1 , W 5.2.2 , W 5.3.7

ERGEBNIS: Die Wahrscheinlichkeit dafür, daß die beiden Umfrageergebnisse um höchstens einen Prozentpunkt differieren, beträgt etwa 68% .

Induktive Statistik

AUFGABE I1

In einer Firma mit N Mitarbeitern soll die Anzahl M der Mitarbeiter, die bei Gewährung einer entsprechenden Abfindung zum Ausscheiden aus der Firma bereit sind, an Hand einer Befragung von n zufällig ausgewählten Mitarbeitern geschätzt werden. Es sei X die Anzahl der Mitarbeiter in der Stichprobe, die zum Ausscheiden bereit sind, und $P = X/n$ sei der entsprechende Stichprobenanteil. Welche der folgenden Schätzfunktionen A bis F sind erwartungstreu für M ?

$A = P \qquad D = X/N$

$B = X \qquad E = N \cdot X$

$C = \frac{N}{n} \cdot X \qquad F = P \cdot N$.

LÖSUNG:
Beim Ziehen mit Zurücklegen ist X binomialverteilt mit den Parametern n und $\Theta = M/N$, beim Ziehen ohne Zurücklegen hypergeometrisch verteilt mit den Parametern n,N,M. In beiden Fällen besitzt X den Erwartungswert $EX = n \cdot M/N$. Folglich sind C und F erwartungstreu für M, denn es gilt:

$$F = P \cdot N = \frac{X}{n} N = C \quad \text{und} \quad EC = E\left(\frac{N}{n} X\right) = \frac{N}{n} EX = \frac{N}{n} \cdot n \cdot \frac{M}{N} = M.$$

Die Schätzfunktionen A,B,D und E haben von M verschiedene Erwartungswerte. Im einzelnen gilt:

$$EP = M/N; \; EX = n \cdot M/N; \; E(X/N) = n \cdot M/N^2; \; E(N \cdot X) = n \cdot M .$$

LITERATUR: [1] AS 1.4.3; W 4.2.4; W 4.3.4

ERGEBNIS: Die Schätzfunktionen C und F sind erwartungstreu für M.

AUFGABE I2

Sei (X_1,X_2,X_3,X_4,X_5) eine Stichprobe vom Umfang $n=5$ aus einer Verteilung mit Erwartungswert μ und Varianz $\sigma^2 > 0$. Welche der folgenden Schätzfunktionen A bis I für μ

a) sind linear?

b) sind erwartungstreu?

c) ist unter den linearen und erwartungstreuen Schätzfunktionen diejenige mit der kleinsten Varianz?

$$A = X_1 + \frac{3}{5}X_2 - \frac{1}{5}X_3 - \frac{1}{5}X_4 - \frac{1}{5}X_5$$

$$B = \frac{1}{5}X_1 + \frac{2}{5}X_2 + \frac{3}{5}X_3 + \frac{2}{5}X_4 + \frac{1}{5}X_5$$

$$C = \frac{1}{10}(X_1 + X_2) + \frac{2}{10}(X_3 + X_4) + \frac{4}{10}X_5$$

$$D = \frac{1}{5}(X_1 + X_2 + X_3 + X_4 + X_5)$$

$$E = \frac{1}{2}(X_1 + X_5)$$

$$F = 1 + \frac{1}{5}(X_1 + X_2 + X_3 + X_4 + X_5)$$

$$G = \frac{1}{5}(X_1^2 + X_2^2 + X_3^2 + X_4^2 + X_5^2)$$

$$H = \frac{1}{4}\left[(X_1 - \overline{X})^2 + (X_2 - \overline{X})^2 + (X_3 - \overline{X})^2 + (X_4 - \overline{X})^2 + (X_5 - \overline{X})^2\right]$$

mit $\overline{X} = \frac{1}{5}\sum_{i=1}^{5} X_i$

$$I = X_1 \cdot X_2 \cdot X_3 \cdot X_4 \cdot X_5 \, .$$

LÖSUNG:

a) Eine Schätzfunktion ist linear, wenn sie eine lineare Funktion der Stichprobenvariablen X_i, $i=1,\ldots,n$ ist, wenn sie also die Gestalt

$$c_0 + \sum_{i=1}^{n} c_i X_i$$

besitzt. Demnach sind die Schätzfunktionen A,B,C,D,E,F linear.

Die Schätzfunktionen G,H und I sind offensichtlich nichtlinear.

b) Eine Schätzfunktion U ist erwartungstreu für μ, wenn $EU = \mu$ gilt.

Wegen $EX_i = \mu$ $(i=1,\ldots,n)$ und wegen der Linearitätseigenschaft des Erwartungswertes ist speziell eine lineare Schätzfunktion $c_o + \sum_{i=1}^{n} c_i X_i$ genau dann erwartungstreu für μ, wenn $c_o = 0$ und $\sum_{i=1}^{n} c_i = 1$ gilt. Demgemäß sind die linearen Schätzfunktionen A,C,D und E erwartungstreu für μ.

B ist nicht erwartungstreu für μ, da $\Sigma c_i = 9/5 \neq 1$.

F ist nicht erwartungstreu für μ, da $c_o \neq 0$.

G ist nicht erwartungstreu für μ; wegen $EX_i^2 = \mu^2 + \sigma^2$ gilt nämlich: $E\left(\frac{1}{n} \sum X_i^2\right) = \sum_{i=1}^{n} \frac{1}{n} EX_i^2 = \mu^2 + \sigma^2$.

H ist nicht erwartungstreu für μ, denn H ist die Stichprobenvarianz $S^2 = \sum (X_i - \overline{X})^2/(n-1)$ mit $ES^2 = \sigma^2$.

I ist nicht erwartungstreu für μ, denn wegen der Unabhängigkeit der X_i gilt $EI = E(X_1 \cdot X_2 \cdot X_3 \cdot X_4 \cdot X_5) = (EX_1)\cdot(EX_2)\cdot(EX_3)\cdot(EX_4)\cdot(EX_5) = \mu^5$.

c) Unter <u>allen</u> aus X_1, X_2, X_3, X_4, X_5 gebildeten linearen, erwartungstreuen Schätzfunktionen für μ ist $\overline{X} = \sum_{i=1}^{5} X_i/5$ diejenige mit der kleinsten Varianz. Daher besitzt $D = \overline{X}$ die kleinste Varianz speziell auch unter den Schätzfunktionen A,C,D,E.

LITERATUR: [1] W 3.5.1, S 1.2.3, S 1.3.4, S 1.3.5, S 1.3.6

ERGEBNIS:

a) Die Schätzfunktionen A,B,C,D,E und F sind linear.

b) Die Schätzfunktionen A,C,D und E sind erwartungstreu für μ.

c) Die Schätzfunktion D ist unter den linearen, erwartungstreuen Schätzfunktionen für μ diejenige mit der kleinsten Varianz.

AUFGABE I3

Aus einer Verteilung mit Erwartungswert μ und Varianz $\sigma^2 > 0$ werden unabhängig voneinander zwei Stichproben gezogen: $(X_1,\dots,X_m)$ und $(Y_1,\dots,Y_n)$ mit den Stichprobenumfängen $m = 200$ und $n = 50$. Aus den arithmetischen Mitteln $\overline{X} = \frac{1}{m}\sum_{i=1}^{m} X_i$ und $\overline{Y} = \frac{1}{n}\sum_{j=1}^{n} Y_j$ bildet man die Schätzfunktionen U und V für μ:

$$U = \frac{1}{2}(\overline{X} + \overline{Y})$$

$$V = \frac{m}{n+m}\overline{X} + \frac{n}{n+m}\overline{Y} \quad .$$

Welche der folgenden Aussagen sind richtig?

A: $EU = EV = \mu$

B: $\operatorname{var} U < \operatorname{var} V$

C: $\operatorname{var} U = \operatorname{var} V$

D: $\operatorname{var} U > \operatorname{var} V$.

LÖSUNG:

Aussage A ist richtig; denn wegen $E\overline{X} = E\overline{Y} = \mu$ gilt:

$$EU = \frac{1}{2}E\overline{X} + \frac{1}{2}E\overline{Y} = \mu\ ;\quad EV = \frac{m}{n+m}E\overline{X} + \frac{n}{n+m}E\overline{Y} = \mu .$$

Aussage D ist richtig. Denn wegen $\operatorname{var}\overline{X} = \sigma^2/m = \sigma^2/200$ sowie $\operatorname{var}\overline{Y} = \sigma^2/n = \sigma^2/50$ und wegen der Unabhängigkeit von $\overline{X}$ und $\overline{Y}$ hat man

$$\operatorname{var} U = \left(\frac{1}{2}\right)^2 \operatorname{var}\overline{X} + \left(\frac{1}{2}\right)^2 \operatorname{var}\overline{Y} = \frac{1}{4}\,\frac{\sigma^2}{200} + \frac{1}{4}\,\frac{\sigma^2}{50} = \frac{5}{4}\,\frac{\sigma^2}{200}\ ;$$

$$\operatorname{var} V = \left(\frac{200}{250}\right)^2 \cdot \operatorname{var}\overline{X} + \left(\frac{50}{250}\right)^2 \cdot \operatorname{var}\overline{Y} = \left(\frac{4}{5}\right)^2 \cdot \frac{\sigma^2}{200} + \left(\frac{1}{5}\right)^2 \cdot \frac{\sigma^2}{50} = \frac{4}{5}\cdot\frac{\sigma^2}{200} \ .$$

Die Aussagen B und C sind daher falsch.

BEMERKUNG: V ist das gewogene Mittel aus $\overline{X}$ und $\overline{Y}$ und es gilt:

$$V = \frac{1}{m+n}(m\overline{X} + n\overline{Y}) = \frac{1}{m+n}\left(\sum_{i=1}^{m} X_i + \sum_{j=1}^{n} Y_j\right) \quad .$$

V stellt also das arithmetische Mittel aus allen $m + n$ Stichprobenvariablen X_i und Y_j dar. Somit ist V unter den in $(X_1,\dots,X_m,Y_1,\dots,Y_n)$ linearen, erwartungstreuen Schätzfunktionen für μ diejenige mit der kleinsten Varianz.

Aussage D ist daher für alle m und n richtig, für die U und V verschieden sind, d.h. für $m \neq n$. Für $m = n$ gilt wegen $U = V$ Aussage C.

LITERATUR: [1] W 3.1.6, W 3.2.4, W 3.4.7, W 3.5.2, W 3.5.3, W 3.6.4, S 1.2.3, S 1.3.4 - S 1.3.6

ERGEBNIS: Die Aussagen A und D sind richtig.

AUFGABE I4

Aus einer Grundgesamtheit von N Elementen mit dem quantitativen Merkmal X sollen n Elemente zufällig entnommen werden. Das aus den Beobachtungen $X_1, \ldots, X_n$ gebildete arithmetische Stichprobenmittel $\overline{X}_m$ beim Ziehen mit Zurücklegen bzw. $\overline{X}_o$ beim Ziehen ohne Zurücklegen soll als Schätzfunktion für das arithmetische Mittel μ der Grundgesamtheit verwendet werden. Für die Varianz σ^2 des Merkmals in der Gesamtheit gelte $\sigma^2 > 0$.

Welche der folgenden Aussagen sind dann richtig?

A: $\overline{X}_m$ ist erwartungstreu für μ.

B: $\overline{X}_o$ ist nicht erwartungstreu für μ.

C: Mit $\overline{X}_o$ kann man μ nur dann erwartungstreu schätzen, wenn der Auswahlsatz hinreichend klein ist.

D: $\operatorname{var} \overline{X}_m$ ist umso kleiner, je größer n ist.

E: $\operatorname{var} \overline{X}_o$ ist umso kleiner, je größer n ist.

F: Wählt man $n = N$, so ist $\operatorname{var} \overline{X}_o = 0$.

G: Wählt man $n = N$, so ist $\operatorname{var} \overline{X}_m = 0$.

H: Für $n > 1$ ist $\operatorname{var} \overline{X}_o < \operatorname{var} \overline{X}_m$.

I: $\overline{X}_m$ ist eine konsistente Schätzfunktion für μ.

J: $\overline{X}_m$ ist eine stetige Zufallsvariable.

K: Für die Verteilung von $\frac{\overline{X}_m - \mu}{\sigma} \sqrt{n}$ ist die Standardnormalverteilung eine gute Näherung.

LÖSUNG:

Aussage A ist richtig, denn es ist $E\overline{X}_m = \mu$.

Aussage B ist falsch, denn es ist $E\overline{X}_o = \mu$.

Aussage C ist falsch, denn $E\overline{X}_o = \mu$ gilt für alle n, $1 \leq n \leq N$.

Aussage D ist richtig, denn es gilt: $\operatorname{var}\overline{X}_m = \sigma^2/n$.

Aussage E ist richtig, denn es gilt: $\operatorname{var}\overline{X}_o = \frac{\sigma^2}{n}\cdot\frac{N-n}{N-1} = \frac{\sigma^2}{N-1}\cdot\left(\frac{N}{n}-1\right)$.

Aussage F ist richtig; das folgt unmittelbar aus der Formel für $\operatorname{var}\overline{X}_o$. Die Richtigkeit von F wird aber auch daraus ersichtlich, daß für $n = N$ alle Elemente der Gesamtheit ausgewählt werden und deshalb $\overline{X}_o = \mu$ ist. $\overline{X}_o$ ist also für $n = N$ konstant. Daher ist $\operatorname{var}\overline{X}_o = 0$.

Aussage G ist falsch; denn wegen $\sigma^2 > 0$ und $\operatorname{var}\overline{X}_m = \sigma^2/n$ gilt für $n = N$: $\operatorname{var}\overline{X}_m = \sigma^2/N > 0$. Da beim Ziehen mit Zurücklegen Elemente mehrfach ausgewählt werden können, ist $\overline{X}_m$ auch bei $n = N$ keineswegs konstant.

Aussage H ist richtig, denn es gilt $\operatorname{var} X_o = \operatorname{var}\overline{X}_m\cdot\frac{N-n}{N-1}$ und für $n > 1$ ist $(N-n)/(N-1) < 1$.

Aussage I ist richtig. Da $X_1, X_2, \ldots$ beim Ziehen mit Zurücklegen unabhängige, identisch verteilte Zufallsvariablen sind, gilt für das Stichprobenmittel $\overline{X}_m$ das schwache Gesetz der großen Zahlen. Dieses besagt:

$$\lim_{n\to\infty} W(|\overline{X}_m - \mu| \leq \varepsilon) = 1 \quad \text{für alle } \varepsilon > 0.$$

Demnach ist $\overline{X}_m$ eine konsistente Schätzfunktion für μ.

Aussage J ist falsch; denn die Stichprobenvariablen X_i können nur die endlich vielen Merkmalswerte der Elemente in der Grundgesamtheit als Ausprägungen annehmen. Die X_i und damit auch $\overline{X}$ sind daher diskrete Zufallsvariablen.

Aussage K ist falsch. Zwar sind $X_1, X_2, \ldots$ beim Ziehen mit Zurücklegen unabhängige, identisch verteilte Zufallsvariablen mit Erwartungswert μ und nicht verschwindender Varianz, so daß nach dem Zentralen Grenzwertsatz das angegebene standardisierte Stichprobenmittel asymptotisch standardnormalverteilt ist. Aber aus dieser Grenzaussage läßt sich näherungsweise Normalverteilung im allgemeinen nur für große n folgern. Über die Größenordnung von n ist hier aber nichts gesagt.

LITERATUR: [1] AS 1.2.1 - AS 1.2.4, W 2.3.5, W 3.5.5, W 5.3.3, W 5.3.6, S 1.2.4

ERGEBNIS: Die Aussagen A,D,E,F,H und I sind richtig.

AUFGABE I5

Welche der folgenden Aussagen sind richtig?

A: Eine Schätzfunktion ist keine Zufallsvariable.

B: Ein Schätzwert ist keine Zufallsvariable.

C: Vor der Stichprobennahme sind die Grenzen eines Konfidenzintervalls für einen Parameter einer Verteilung Zufallsvariablen.

D: Nach der Stichprobennahme sind die Grenzen eines Konfidenzintervalls für einen Parameter einer Verteilung Realisationen von Zufallsvariablen.

E: Eine Intervallschätzung für einen Parameter einer Verteilung besteht darin, daß man Intervallgrenzen angibt, zwischen denen der Parameter mit dem vorgegebenen Sicherheitsgrad schwankt.

LÖSUNG:
Aussage A ist falsch; denn eine Schätzfunktion U ist eine Funktion der Stichprobenvariablen $X_1,...,X_n$, d.h. es gilt $U = f(X_1,...,X_n)$. Mit $X_1,...,X_n$ ist auch U eine Zufallsvariable.
Aussage B ist richtig. Einen Schätzwert u erhält man, wenn man in die Schätzfunktion $U = f(X_1,...,X_n)$ die Realisationen x_i von X_i einsetzt, also $u = f(x_1,...,x_n)$. Demnach ist u als Realisation der Schätzfunktion U eine reelle Zahl und keine Zufallsvariable.
Aussage C ist richtig. Die Grenzen eines Konfidenzintervalls werden mit Hilfe von Schätzfunktionen gebildet und sind somit <u>vor</u> einer Stichprobennahme Zufallsvariablen, siehe Lösung zu Aussage A.
Aussage D ist richtig, denn <u>nach</u> einer Stichprobennahme liegt die Realisation der Schätzfunktion, der Schätzwert, vor; vgl. auch Lösung zu Aussage B.
Aussage E ist falsch, denn ein Parameter einer Verteilung ist eine feste reelle Zahl, die nicht "schwankt".

LITERATUR: [1] S 1.2.1, S 2.1.1, S 2.2.2

ERGEBNIS: Die Aussagen B,C und D sind richtig.

AUFGABE I6

Es wurden 200 Versicherte einer großen Kfz-Haftpflichtversicherung zufällig ausgewählt und nach ihrer jährlichen Fahrleistung X befragt. Die Auswertung der Befragungsaktion ergab:

arithmetisches Mittel $\overline{X} = 25$ [1000 km] ,

Varianz $S^2 = 128$ [10^6 km^2] .

Wie lautet das Konfidenzintervall zum Sicherheitsgrad 0,95 für die durchschnittliche jährliche Fahrleistung μ eines Versicherten?

LÖSUNG:
Da einerseits $n = 200$ hinreichend groß, andererseits bei einer großen Versicherung der Auswahlsatz n/N für $n = 200$ hinreichend klein ist (vgl. Tab. III), sind hier die mit Hilfe des Zentralen Grenzwertsatzes konstruierten Grenzen $\overline{X} \pm z_{\alpha/2} \sqrt{S^2/n}$ des Konfidenzintervalls für μ anwendbar.
Mit den beobachteten Daten und mit dem zu $1 - \alpha = 0,95$ gehörigen Wert $z_{\alpha/2} = 1,96$ (vgl. Aufgabe W 60) erhält man für das Konfidenzintervall:

$$[\,25 - 1,96\sqrt{128/200}\;;\;25 + 1,96\sqrt{128/200}\,] = [23,432;26,568].$$

LITERATUR: [1] S 2.3.4

ERGEBNIS: Das gesuchte Konfidenzintervall lautet:
[23 432 km ; 26 568 km].

AUFGABE I7

In einer Manufaktur wurden an 100 zufällig ausgewählten gleichartigen Produkteinheiten die Produktionszeiten X_i , $i = 1,...,100$, gemessen. Dabei ergab sich die durchschnittliche Produktionszeit $\overline{X} = 28$ min/Einheit und die Standardabweichung $S = 2$ min/Einheit.
Wie lautet das Konfidenzintervall zum Sicherheitsgrad

0,9544 für

a) den Erwartungswert μ der Produktionszeit einer Einheit?

b) den Erwartungswert τ der Produktionszeit von $N = 1000$ Einheiten?

LÖSUNG:

a) Die Faustregeln zur Anwendung des Zentralen Grenzwertsatzes auf $\overline{X}$ sind erfüllt (vgl. Tab. III). Damit errechnen sich die Grenzen des Konfidenzintervalls aus der Formel $\overline{X} \pm z_{\alpha/2} S/\sqrt{n}$. Für $1 - \alpha = 0{,}9544$ hat man $z_{\alpha/2} = 2$ und damit das Konfidenzintervall $[27{,}6\,;\,28{,}4]$.

b) Es ist $\tau = N \cdot \mu$. Daher wird τ durch $N \cdot \overline{X}$ geschätzt. Nach dem Zentralen Grenzwertsatz läßt sich die Verteilung von $N \cdot \overline{X}$ durch die Normalverteilung mit $E(N \cdot \overline{X}) = N \cdot \mu$ und $\mathrm{var}(N \cdot \overline{X}) = N^2 \cdot \sigma^2/n$ approximieren. Das gilt auch dann, wenn die Varianz von $N \cdot \overline{X}$ durch $N^2 \cdot S^2/n$ geschätzt wird. Somit ergibt sich in Analogie zum Konfidenzintervall für μ das Konfidenzintervall für $\tau = N \cdot \mu$ aus der Formel $N(\overline{X} \pm z_{\alpha/2} S/\sqrt{n})$ zu $[27\,600\,;\,28\,400]$.

LITERATUR: [1] S2.3.4, S3.2

ERGEBNIS:

a) Das Konfidenzintervall für μ lautet $[27{,}6 \frac{\text{min}}{\text{Einheit}}\,;\,28{,}4 \frac{\text{min}}{\text{Einheit}}]$.

b) Das Konfidenzintervall für $\tau = 1000\mu$ lautet:

$$[\,27\,600 \frac{\text{min}}{1000 \text{ Einheiten}}\,;\,28\,400 \frac{\text{min}}{1000 \text{ Einheiten}}\,].$$

AUFGABE I8

Welche der folgenden Aussagen über die Länge des Konfidenzintervalls $[\,\overline{X} - z_{\alpha/2}\,\sigma/\sqrt{n}\,;\,\overline{X} + z_{\alpha/2}\,\sigma/\sqrt{n}\,]$ für den Erwartungswert μ einer Verteilung mit bekannter Standardabweichung $\sigma > 0$ sind richtig, wenn man bei den einzelnen Aussagen stets nur die Auswirkungen der jeweils variierten Größe betrachtet?

A: Je größer $1 - \alpha$, desto länger ist das Konfidenzintervall.

B: Eine Verdopplung von $z_{\alpha/2}$ bewirkt eine Verdopplung der Länge.

C: Je größer n, desto länger ist das Konfidenzintervall.

D: Eine Verdopplung von n bewirkt eine Halbierung der Länge.

E: Eine Vervierfachung von n bewirkt eine Halbierung der Länge.

F: Je größer σ ist, desto länger ist das Konfidenzintervall.

LÖSUNG:

Die Länge L des Konfidenzintervalls ist der Abstand von Obergrenze $\overline{X} + z_{\alpha/2}\sigma/\sqrt{n}$ und Untergrenze $\overline{X} - z_{\alpha/2}\sigma/\sqrt{n}$; somit gilt:

$$(1) \qquad L = 2z_{\alpha/2}\sigma/\sqrt{n} \; .$$

Aussage A ist richtig, denn je größer $1-\alpha$ ist, umso größer ist $z_{\alpha/2}$ (vgl. Abb. 1), umso länger ist auch das Konfidenzintervall.

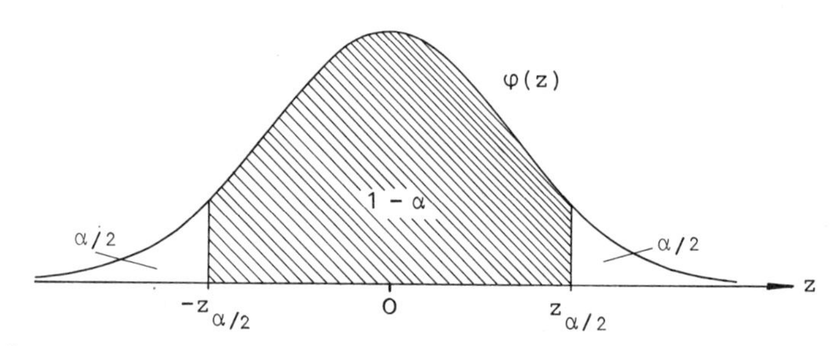

Abb. 1

Aussage B ist richtig, denn die Länge ist proportional zu $z_{\alpha/2}$.

Aussage C ist falsch, denn bei wachsendem n nimmt $1/\sqrt{n}$ und damit die Länge ab. Wäre C richtig, so würde sich die mit einem größeren n erkaufte zusätzliche Stichprobeninformation nicht in einer Erhöhung der Schätzgenauigkeit, d.h. in einer Verkürzung des Konfidenzintervalls auswirken.
Aussage D ist falsch, denn die Länge ist proportional zu $1/\sqrt{n}$ und nicht zu $1/n$.

Aussage E ist richtig, da $1/\sqrt{4n} = 0{,}5/\sqrt{n}$ gilt.
Aussage F ist richtig, denn die Länge ist proportional zu σ.

BEMERKUNG: Bei der obigen Fragestellung mag unrealistisch erscheinen, daß μ unbekannt, σ jedoch bekannt ist. Solche Fälle kommen aber z.B. bei technischen Anwendungen vor, wo σ die bekannte Maschinengenauigkeit, μ dagegen die Maschineneinstellung beschreibt.

LITERATUR: [1] S2.3.1

ERGEBNIS: Die Aussagen A,B,E und F sind richtig.

AUFGABE I9

Von 6 400 zufällig ausgewählten Personen aus der Bevölkerung gaben 2 304 an, Raucher zu sein.
Bestimmen Sie das Konfidenzintervall zum Sicherheitsgrad 0,9544 für den Anteil Θ der Raucher in der Bevölkerung.

LÖSUNG:
Da die Voraussetzungen zur Anwendung des Zentralen Grenzwertsatzes erfüllt sind (vgl. Tab. III), lassen sich die Grenzen des Konfidenzintervalls für Θ gemäß $P \pm z_{\alpha/2} \sqrt{P(1-P)/n}$ berechnen, wobei P der Stichprobenanteil der Raucher ist.
Mit $n = 6\,400$, $P = 2\,304/6\,400 = 0{,}36$ und $z_{\alpha/2} = 2$ ergibt sich $[0{,}348;0{,}372]$.

LITERATUR: [1] AS1.4.4

ERGEBNIS: Das gesuchte Konfidenzintervall lautet:
$[0{,}348;0{,}372]$.

AUFGABE I10

Ein Marktforschungsinstitut ermittelte auf Stichprobenbasis für den Anteil der Jugendlichen, welche den Namen eines bestimmten Produkts kennen, zum Sicherheitsgrad 0,9974 das (mit Hilfe des Zentralen Grenzwertsatzes gebildete) Konfidenzintervall $[0{,}16;0{,}24]$.

Welchen Stichprobenumfang n verwendete das Institut bei der Untersuchung?

LÖSUNG:
Bezeichnet man mit P den Stichprobenanteil und mit n den Stichprobenumfang, so berechnen sich die Endpunkte des Konfidenzintervalls nach $P \pm z_{\alpha/2}\sqrt{P(1-P)/n}$. Demnach ist P die Mitte des Konfidenzintervalls. Für das Intervall $[0{,}16;0{,}24]$ hat man also $P = 0{,}2$ und $z_{\alpha/2}\sqrt{P(1-P)/n} = 0{,}04$. Mit dem zum Sicherheitsgrad $1-\alpha = 0{,}9974$ gehörenden $z_{\alpha/2} = 3$ erhält man hieraus durch Auflösen nach n den Wert $n = 900$.

LITERATUR: [1] AS1.4.4

ERGEBNIS: Es wurden 900 Jugendliche befragt.

AUFGABE I11

An einer Universität mit $N = 8\,000$ Studierenden ermittelte man aus einer Zufallsstichprobe vom Umfang $n = 256$ mit Hilfe des Zentralen Grenzwertsatzes das Konfidenzintervall $[0{,}568;0{,}712]$ für den Anteil Θ der Studenten, die regelmäßig in der Mensa essen.

a) Welcher Sicherheitsgrad liegt der Berechnung zugrunde?

Wie lautet das Konfidenzintervall zum gleichen Sicherheitsgrad für

b) den Anteil $1-\Theta$ der Studenten, die nicht regelmäßig in der Mensa essen?

c) die Anzahl M der Studenten, die regelmäßig in der Mensa essen?

LÖSUNG:

a) Bei Anwendung des Zentralen Grenzwertsatzes auf den Stichprobenanteil P (vgl. Tab. III) errechnen sich die Grenzen des Konfidenzintervalls für Θ gemäß $P \pm z_{\alpha/2}\sqrt{P(1-P)/n}$. Die Mitte des Intervalls $[0{,}568;0{,}712]$ ist $0{,}64$; somit hat P den Wert $0{,}64$. Durch Einsetzen von $P = 0{,}64$ und $n = 256$ in $P - z_{\alpha/2}\sqrt{P(1-P)/n} = 0{,}568$ (oder in $P + z_{\alpha/2}\sqrt{P(1-P)/n} = 0{,}712$) und Auflösen nach

$z_{\alpha/2}$ findet man $z_{\alpha/2} = 2{,}4$ und daraus $1-\alpha = 0{,}9836$.

b) Im folgenden werden drei Lösungswege dargestellt.

1) Das Intervall [a;b] überdeckt den Parameter Θ genau dann, wenn das Intervall [1-b;1-a] den Parameter $1-\Theta$ überdeckt, vgl. Abb. 1 .

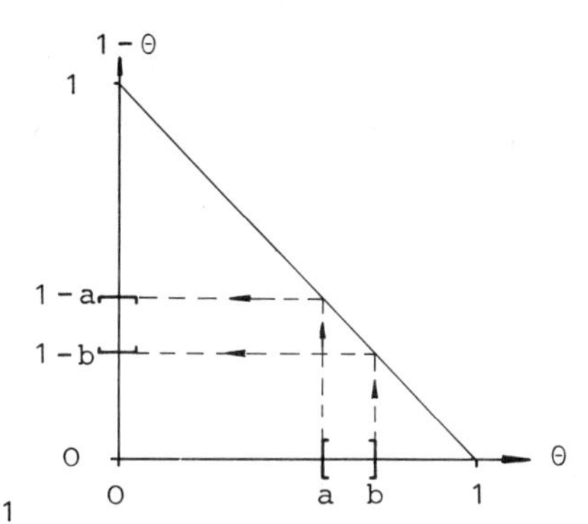

Abb. 1

Daher erhält man zum Sicherheitsgrad 0,9836 aus dem Konfidenzintervall [0,568;0,712] für Θ das Konfidenzintervall [0,288;0,432] für $1-\Theta$.

2) $P' = 1-P = 0{,}36$ ist der Schätzwert für den Anteil $\Theta' = 1-\Theta$. Das Konfidenzintervall für Θ' errechnet sich aus

$$P' \pm z_{\alpha/2}\sqrt{P'(1-P')/n} = (1-P) \pm z_{\alpha/2}\sqrt{(1-P)\cdot P/n}$$

$$= 1-(P \mp z_{\alpha/2}\sqrt{P(1-P)/n}) \; .$$

Aus der oberen Grenze 0,712 bzw. der unteren Grenze 0,568 des Konfidenzintervalls für Θ erhält man $1-0{,}712 = 0{,}288$ als untere bzw. $1-0{,}568 = 0{,}432$ als obere Grenze des Konfidenzintervalls für $1-\Theta$.

3) Die Stichprobenanteile P und $1-P$ besitzen die gleiche Varianz $\Theta(1-\Theta)/n$. Das hat zur Folge, daß die Konfidenzintervalle für Θ und $1-\Theta$ beim gleichen Sicherheitsgrad gleich breit sind. Aus dem Konfidenzintervall [0,568;0,712] für Θ und dem Schätzwert $1-P = 0{,}36$ für $1-\Theta$ ergibt sich daher [0,288;0,432] für das gesuchte Konfidenzintervall.

c) Es ist $M = N \cdot \Theta$. Daher wird M durch $N \cdot P$ erwartungstreu geschätzt (vgl. auch Aufgabe I1) und es ist $\text{var}(N \cdot P) = N^2 \cdot \text{var}\, P = N^2 \cdot \Theta(1-\Theta)/n$. Analog zu den Überlegungen in Aufgabe I7b) findet man daher die Grenzen des Konfidenzintervalls für M zu $N[P \pm z_{\alpha/2}\sqrt{P(1-P)/n}\,]$. Damit ergibt sich das gesuchte Intervall zu $[\,8\,000 \cdot 0{,}568; 8\,000 \cdot 0{,}712\,] = [4\,544;\, 5\,696\,]$.

LITERATUR: [1] AS1.4.3, AS1.4.4, S3.2

ERGEBNIS:

a) Der Sicherheitsgrad ist 0,9836.

b) $[0{,}288; 0{,}432]$ ist das Konfidenzintervall für $1-\Theta$ zum Sicherheitsgrad 0,9836.

c) $[\,4\,544; 5\,696\,]$ ist das Konfidenzintervall für M zum Sicherheitsgrad 0,9836.

AUFGABE I12

Der Anteil Θ der Erwachsenen in der Bundesrepublik, die in ihrer Kindheit eine bestimmte Kinderkrankheit gehabt haben, soll an Hand einer Zufallsstichprobe von $n = 1\,600$ Erwachsenen geschätzt werden.

Welche maximale Länge L_{max} kann dann das mit Hilfe des Zentralen Grenzwertsatzes konstruierte Konfidenzintervall für Θ beim Sicherheitsgrad 0,9544 annehmen?

LÖSUNG:

Die Länge L des Konfidenzintervalls ist gegeben durch:

$$L = (P + z_{\alpha/2}\sqrt{P(1-P)/n}) - (P - z_{\alpha/2}\sqrt{P(1-P)/n}) = 2 \cdot z_{\alpha/2}\sqrt{P(1-P)/n}\,.$$

Bei Vorgabe von $n = 1\,600$ und $1-\alpha = 0{,}9544$, d.h. $z_{\alpha/2} = 2$, ist L nur vom Stichprobenanteil P abhängig. Es ist $L = L_{max}$ für den Wert von P aus dem Intervall $0 \leq P \leq 1$, für den $P(1-P) = \mathbf{P} - \mathbf{P}^2$ maximal ist. Die Parabel $\mathbf{P} - \mathbf{P}^2$ nimmt ihren Maximalwert 0,25 bei $P = 0{,}5$ an, vgl. Abb. 1 .

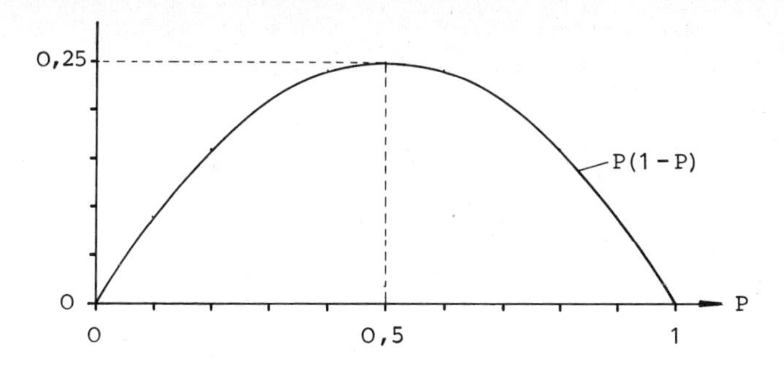

Abb.1

Somit hat man allgemein:

$$L \le L_{max} = 2 \cdot z_{\alpha/2} \sqrt{\max_{0 \le P \le 1} P(1-P)}/\sqrt{n} = z_{\alpha/2}/\sqrt{n}.$$

Speziell für $n = 1\,600$ und $z_{\alpha/2} = 2$ hat man also $L_{max} = 0{,}05$.

LITERATUR: [1] AS 1.4.4, S 2.4.2, W 4.1.5

ERGEBNIS: Es ist $L_{max} = 0{,}05$.

AUFGABE I13

Vor einer Wahl soll für den Stimmenanteil Θ einer großen Partei mit Hilfe des Zentralen Grenzwertsatzes ein Konfidenzintervall zum Sicherheitsgrad $1 - \alpha$ ermittelt werden. Wenn die Länge des Konfidenzintervalls beim Sicherheitsgrad $1 - \alpha$ den Wert $L_1 = 0{,}06$ nicht überschreiten soll, muß ein Stichprobenumfang von mindestens $n_1 = 1\,600$ gewählt werden. Auf welchen Wert n_2 müßte der Stichprobenumfang erhöht werden, wenn bei gleichem Sicherheitsgrad die Länge den Wert $L_2 = 0{,}02$ nicht überschreiten soll?

LÖSUNG:

Gemäß Aufgabe I12 ist die maximale Länge des Konfidenzintervalles gegeben durch $L_{max} = z_{\alpha/2}/\sqrt{n}$. Aus $L_1 = z_{\alpha/2}/\sqrt{n_1} = 0{,}06$ und $L_2 = z_{\alpha/2}/\sqrt{n_2} = 0{,}02$ folgt für $L_1/L_2 = \sqrt{n_2/n_1} = 3$ oder $n_2 = 9 \cdot n_1 = 9 \cdot 1\,600 = 14\,400$.

BEMERKUNG: Die Rechnung zeigt, daß bei gleichem Sicherheitsgrad eine Erhöhung des Stichprobenumfangs um den Faktor f eine Reduktion der (maximalen) Länge um den Faktor $1/\sqrt{f}$ bewirkt; vgl. auch Aussage E von Aufgabe I8.

LITERATUR: [1] S 2.3.1, S 2.4.3

ERGEBNIS: Der Stichprobenumfang muß auf 14 400 erhöht werden.

AUFGABE I14

Ein Meinungsforschungsinstitut möchte vor einer Landtagswahl den Stimmenanteil Θ einer Partei schätzen.

a) Wie groß muß die Anzahl n zufällig ausgewählter und befragter Wahlberechtigter sein, wenn mit einer Wahrscheinlichkeit von mindestens 0,9544 der Stimmenanteil P der Partei in der Stichprobe um nicht mehr als 0,01 von Θ abweichen soll?

b) Wie ist Frage a) zu beantworten, wenn anzunehmen ist, daß höchstens 20% der Wahlberechtigten für diese Partei stimmen?

LÖSUNG:

a) Für die Abweichung $P - \Theta$ wird hier gefordert:

$$W(|P-\Theta| \leq 0{,}01) = W(-0{,}01 \leq P-\Theta \leq 0{,}01) \geq 0{,}9544.$$

Falls man zunächst n so groß unterstellt, daß der Zentrale Grenzwertsatz auf $(P-\Theta)/\sqrt{\Theta(1-\Theta)/n}$ anwendbar ist, so findet man:

$$W(-0{,}01 \leq P-\Theta \leq 0{,}01) = \Phi(0{,}01/\sqrt{\Theta(1-\Theta)/n}) - \Phi(-0{,}01/\sqrt{\Theta(1-\Theta)/n}) =$$

$$= 2\Phi(0{,}01/\sqrt{\Theta(1-\Theta)/n}) - 1 \, .$$

Demnach ist n so zu wählen, daß gilt:

$$2\Phi(0{,}01/\sqrt{\Theta(1-\Theta)/n}) - 1 \geq 0{,}9544$$

oder

$$\Phi(0{,}01/\sqrt{\Theta(1-\Theta)/n}) \geq 0{,}9772.$$

Wegen $\Phi(2) = 0{,}9772$ und der Monotonie von $\Phi(z)$ folgt hieraus

$$\frac{0{,}01}{\sqrt{\Theta(1-\Theta)/n}} \geq 2 \, .$$

Durch Auflösen nach n erhält man:

$$(1) \qquad n \geq \frac{2^2 \cdot \Theta(1-\Theta)}{(0{,}01)^2} \; .$$

Da über Θ keine Information vorliegt, muß (1) für jeden Wert von Θ aus dem Bereich $0 \leq \Theta \leq 1$ gefordert werden, also auch für den Wert $\Theta = 1/2$, für den $\Theta(1-\Theta)$ den maximalen Wert 1/4 annimmt. Somit ergibt sich:

$$n \geq 2^2(1/4)/(0{,}01)^2 = 10\,000 \; .$$

Aufgrund dieses Ergebnisses ist die oben unterstellte Anwendbarkeit des Zentralen Grenzwertsatzes gerechtfertigt, vgl. Tab. III .

b) Im Bereich $0 \leq \Theta \leq 0{,}2$ steigt die Funktion $\Theta(1-\Theta)$ monoton (vgl. auch Abb.1 von Aufgabe I12), so daß sie in diesem Bereich an der Stelle 0,2 ihren größten Wert, nämlich den Wert $0{,}2 \cdot 0{,}8 = 0{,}16$ annimmt. Somit ergibt sich analog zu den Überlegungen bei a)

$$n \geq 2^2 \cdot 0{,}16/(0{,}01)^2 = 6\,400 \; .$$

Nachträglich erweist sich auch hier der Zentrale Grenzwertsatz als anwendbar, vgl. Tab. III .

LITERATUR: [1] S 2.4.2, S 2.4.3, W 4.1.5

ERGEBNIS:

a) Es müssen mindestens 10 000 Wahlberechtigte befragt werden.

b) Es müssen mindestens 6 400 Wahlberechtigte befragt werden.

AUFGABE I15

Bei einer Umfrage wurden 1 350 wahlberechtigte Bürger zufällig ausgewählt und befragt. P sei der Stimmenanteil einer bestimmten Partei in der Stichprobe und Θ der entsprechende Anteil in der wahlberechtigten Bevölkerung zum Umfragezeitpunkt. Als Konfidenzintervall für Θ zum Sicherheitsgrad 0,8664 ergab sich $[0{,}38\,;\,0{,}42]$. Welche der folgenden Aussagen sind richtig?

A: Θ schwankt zwischen 0,38 und 0,42 .

B: Es ist möglich, daß Θ nicht im Konfidenzintervall [0,38 ; 0,42] liegt.

C: Es ist sicher, daß Θ im Konfidenzintervall [0,38 ; 0,42] liegt.

D: Mit Wahrscheinlichkeit 0,8664 liegt Θ im Konfidenzintervall [0,38 ; 0,42].

E: Die Wahrscheinlichkeit, daß Θ von 0,40 um weniger als 0,02 abweicht, beträgt 0,8664 .

LÖSUNG:
Aussage A ist falsch, denn der Stimmenanteil Θ in der wahlberechtigten Bevölkerung zum Umfragezeitpunkt ist eine feste reelle Zahl, die allerdings unbekannt ist.

Aussage B ist richtig. Hat Θ z.B. den Wert 0,43 , so ist es wegen des Zufalls bei der Stichprobennahme durchaus möglich, daß für P der Wert 0,4 beobachtet wird und sich das angegebene Konfidenzintervall [0,38 ; 0,42] ergibt. Damit liegt aber Θ nicht im beobachteten Konfidenzintervall. Nach erfolgter Stichprobennahme gibt es also prinzipiell nur zwei Fälle: Entweder Θ liegt im Konfidenzintervall oder nicht.

Aus der Richtigkeit von B folgt, daß C,D und E falsch sind; vgl. hierzu auch Aussage B von Aufgabe I16 und die Aussagen C und D von Aufgabe I5.

LITERATUR: [1] S 2.2.2 , AS 1.4.4

ERGEBNIS: Aussage B ist richtig.

AUFGABE I 16

Welche generelle Bedeutung hat der Sicherheitsgrad $1-\alpha$ bei der Bildung von Konfidenzintervallen für den Parameter π einer Verteilung?

A: Vor der Stichprobenziehung gilt die Aussage: Mit Wahrscheinlichkeit $1-\alpha$ überdeckt das Konfidenzintervall den Parameter π .

B: Nach der Stichprobenziehung gilt die Aussage: Der Parameter π liegt mit Wahrscheinlichkeit $1-\alpha$ im beobachteten Konfidenzintervall.

C: Werden sehr viele Stichproben aus der Verteilung gezogen und wird jeweils das Konfidenzintervall für π zum Sicherheitsgrad $1-\alpha$ gebildet, so werden ungefähr $(1-\alpha)100\,\%$ dieser Konfidenzintervalle den Parameter π überdecken.

LÖSUNG:
Aussage A ist richtig, denn die Konfidenzintervallgrenzen U_1 und U_2 werden als Funktionen der Stichprobenvariablen $X_1,\ldots,X_n$ genau so konstruiert, daß die Wahrscheinlichkeitsaussage

$$W(U_1 \leq \pi \leq U_2) = 1-\alpha$$

gilt. Diese Wahrscheinlichkeitsaussage gilt allerdings nur vor der Stichprobenziehung, also vor Realisation der Stichprobenvariablen (und damit vor Realisation der Grenzen des Konfidenzintervalls).

Deshalb ist Aussage B falsch: Nach der Stichprobenziehung sind nämlich die Grenzen als Realisationen von Zufallsvariablen feste reelle Zahlen; folglich wird π vom realisierten Konfidenzintervall entweder überdeckt oder nicht, siehe auch Aufgabe I15.

Bezüglich Aussage C gilt: Die Berechnung eines Konfidenzintervalls (KI) für π kann als ein Zufallsexperiment betrachtet werden mit den beiden Ereignissen E = "KI überdeckt π" und $\bar{E}$ = "KI überdeckt π nicht" und es gilt $W(E) = 1-\alpha$, siehe auch Aussage A. Da die relative Häufigkeit für das Eintreten von E bei häufiger Wiederholung des Zufallsexperiments "Berechnung eines KI" gegen $W(E)$ tendiert, ist Aussage C richtig.

LITERATUR: [1] S 2.2.2, W 4.1.5

ERGEBNIS: Die Aussagen A und C sind richtig.

AUFGABE I 17

Der Schlechtanteil Θ einer Lieferung von 10 000 Einheiten ist unbekannt. Für eine Stichprobenkontrolle werden $n = 225$ Einheiten zufällig entnommen. Die Lieferung wird angenommen, wenn $H_0: \Theta \leq 0{,}1$ beim Signifikanzniveau $\alpha = 0{,}0228$ nicht verworfen wird. Wieviele schlechte Einheiten darf die Stichprobe höchstens enthalten, wenn die Lieferung angenommen wird?

LÖSUNG:

Es werde mit X die absolute Häufigkeit und mit $P = X/n$ die relative Häufigkeit schlechter Einheiten in der Stichprobe bezeichnet. Da hier der Zentrale Grenzwertsatz anwendbar ist (vgl. Tab. III), lautet die Entscheidungsregel:

$$H_0 \text{ ablehnen, falls } \frac{P - 0{,}1}{\sqrt{0{,}1 \cdot 0{,}9/225}} > z_\alpha = 2\,,$$

$$\text{bzw. falls} \quad P > 0{,}1 + 2 \cdot \sqrt{0{,}1 \cdot 0{,}9/225} = 0{,}14\,,$$

$$\text{bzw. falls} \quad X = n \cdot P > 225 \cdot 0{,}14 = 31{,}5.$$

Da die absolute Häufigkeit ganzzahlig ist, wird H_0 also für $X \geq 32$ verworfen, für $X \leq 31$ nicht verworfen.

LITERATUR: [1] T 3.1.2, W 5.4.2

ERGEBNIS: Bei Annahme der Lieferung enthält die Stichprobe höchstens 31 schlechte Einheiten.

AUFGABE I 18

Auf einer Drehbank sind Wellen mit dem Solldurchmesser $\mu_s = 15{,}50$ mm herzustellen. Erfahrungsgemäß sind die Durchmesserwerte normalverteilt mit einer Standardabweichung von 0,20 mm. Um Abweichungen vom Sollwert aufzudecken, werden stündlich 4 Wellen der Produktion zufällig entnommen und das arithmetische Mittel $\overline{X}$ der Durchmesser ermittelt.

Falls $\overline{X}$ beim Signifikanzniveau $\alpha = 0{,}01$ signifikant vom Sollwert abweicht, wird korrigierend in den Produktionsvorgang eingegriffen. Für welche der sechs nachstehenden

Mittelwerte ist ein Eingriff erforderlich?

A:	15,56	D:	15,19
B:	15,64	E:	15,38
C:	15,83	F:	15,50

LÖSUNG:
$\overline{X}$ weicht signifikant vom Sollwert $\mu_s = 15{,}50$ ab, falls die Hypothese $H_o: \mu = 15{,}50$ zu verwerfen ist. Aufgrund der obigen Gegebenheiten ist die Prüfgröße $(\overline{X} - \mu_s)\sqrt{n}/\sigma$ bei Gültigkeit von H_o standardnormalverteilt. Die Entscheidungsregel des Tests lautet daher:

H_o ist zu verwerfen, falls $(\overline{X} - 15{,}50)\sqrt{4}/0{,}20 < -z_{\alpha/2} = -2{,}575$

oder $(\overline{X} - 15{,}50)\sqrt{4}/0{,}20 > +z_{\alpha/2} = 2{,}575$

bzw. falls

$$\overline{X} < 15{,}50 - 2{,}575 \cdot 0{,}20/2 = 15{,}2425$$

oder $$\overline{X} > 15{,}50 + 2{,}575 \cdot 0{,}20/2 = 15{,}7575.$$

Demgemäß muß H_o in den Fällen C und D verworfen werden.

BEMERKUNG: Die oben beschriebene Problemstellung und ihre Lösung skizziert die Vorgehensweise bei der Konstruktion und Anwendung von sog. Qualitätsregelkarten ("Kontrollkarten") im Bereich der statistischen Qualitätssicherung (quality control).

LITERATUR: [1] T 2.1.2, T 2.1.3, W 5.2.2; [12] S. 90 - 94; S. 106 - 113

ERGEBNIS: In den Fällen C und D wird korrigierend in den Produktionsprozeß eingegriffen.

AUFGABE I 19

Ein Automobilwerk bezieht von einem Zulieferer wöchentlich eine Lieferung von 10 000 gleichartigen Einzelteilen mit unbekanntem Schlechtanteil Θ. Es ist vertraglich vereinbart, daß der Empfänger für jede Lieferung die Hypothese $H_o: \Theta \leq 0{,}1$ testet.

Die zugehörige Entscheidungsregel lautet: Eine Lieferung ist zurückzuweisen, falls eine Stichprobe vom Umfang $n = 400$ aus der Lieferung mehr als 52 schlechte Teile enthält. Welches Signifikanzniveau α liegt dem Test zugrunde?

LÖSUNG:
Da hier der Zentrale Grenzwertsatz anwendbar ist (vgl. Tab. III), lautet die Entscheidungsregel:

H_o: $\Theta \leq 0{,}1$ ist abzulehnen, falls die normierte Prüfgröße

$$(P - 0{,}1)/\sqrt{0{,}1 \cdot 0{,}9/400} > z_\alpha \ ,$$

bzw. falls

$$P > 0{,}1 + z_\alpha \sqrt{0{,}1 \cdot 0{,}9/400} \ .$$

Da die rechtsstehende Schranke nach Vereinbarung den Wert $52/400 = 0{,}13$ hat, ergibt sich $z_\alpha = 2$ und damit $\alpha = 0{,}0228$.

LITERATUR: [1] T 3.1.2

ERGEBNIS: Das Signifikanzniveau besitzt den Wert 0,0228 .

AUFGABE I20

Aufgrund eines Tests zum Signifikanzniveau $\alpha = 0{,}05$ soll die Vermutung bestätigt werden, daß in mehr als 80% der bundesdeutschen Haushalte ein bestimmtes Haushaltsgerät vorhanden ist. Bei einer Umfrage eines Marktforschungsinstituts haben von 900 zufällig ausgewählten Haushalten 765 das Gerät.

a) Welchen Wert besitzt die normierte Prüfgröße des Tests?

b) Wie sieht der zugehörige Ablehnungsbereich aus?

c) Wie lautet die Testentscheidung?

LÖSUNG:
Die Vermutung ist bestätigt, falls die Nullhypothese H_o: $\Theta \leq 0{,}8$ beim Signifikanzniveau $\alpha = 0{,}05$ verworfen wird. H_o: $\Theta \leq 0{,}8$ wird bei Anwendung des Zentralen Grenzwertsatzes (vgl. Tab. III) zum Signifikanzniveau α verworfen, falls für die normierte Prüfgröße

$(P-0,8)/\sqrt{0,8\cdot 0,2/900}$ ein Wert im zugehörigen Ablehnungsbereich $(z_\alpha;\infty) = (1,645;\infty)$ beobachtet wird. Mit

$P = 765/900 = 0,85$ nimmt die Prüfgröße den Wert 3,75 an. Demnach ist die Nullhypothese abzulehnen, d.h. die Vermutung ist bestätigt.

LITERATUR: [1] T 3.1.2; [12] S. 94 - 98

ERGEBNIS:

a) Die normierte Prüfgröße besitzt den Wert 3,75.
b) Der Ablehnungsbereich ist $(1,645;\infty)$.
c) Die obige Vermutung ist bestätigt $(\alpha = 0,05)$.

AUFGABE I21

Beim Bau eines Autobahnabschnitts wird vereinbart, daß der Bauunternehmer Abzüge vom vereinbarten Kaufpreis hinnehmen muß, wenn sich auf Grund einer Stichprobe von 64 Bohrkernen ergibt, daß die mittlere Dicke μ der Fahrbahndecke den Wert 3,5 unterschreitet (Signifikanzniveau 5%).

Die Messungen bei der Abnahme ergeben das Stichprobenmittel 3,29 und die Stichprobenstandardabweichung 0,6. Muß der Bauunternehmer Abzüge vom vereinbarten Preis akzeptieren?

LÖSUNG:

Der Auftraggeber kann nur dann Preisabzüge vornehmen, wenn er (bei einem Signifikanzniveau von 5%) $\mu < 3,5$ nachweisen kann. Der Nachweis ist erbracht, wenn die Hypothese $H_0 : \mu \geq 3,5$ zu verwerfen ist. Für die normierte Prüfgröße $(\overline{X} - 3,5)\sqrt{n}/S$ ergibt sich mit Hilfe des Zentralen Grenzwertsatzes (vgl. Tab. III) zum Signifikanzniveau α der Ablehnungsbereich $(-\infty;-z_\alpha)$. Der Ablehnungsbereich liegt auf der negativen Halbachse, denn $H_0: \mu \geq 3,5$ kann nur dann verworfen werden, wenn $\overline{X}$ "wesentlich kleiner" als 3,5 ist.

Bei den angegebenen Zahlenwerten erhält man für die normierte Prüfgröße den Wert $(3,29 - 3,5)\cdot 8/0,6 = -2,8$. Dieser Wert liegt im Ablehnungsbereich $(-\infty; -1,645)$.

H_o: $\mu \geq 3,5$ ist also zu verwerfen, d.h. der Unternehmer muß Abzüge vom vereinbarten Preis akzeptieren.

LITERATUR: [1] T 1.2.1, T 2.1.5; [12] S. 94 - 101

ERGEBNIS: Der Bauunternehmer muß Abzüge vom vereinbarten Preis akzeptieren ($\alpha = 0,05$).

AUFGABE I22

Für die Abmessung X eines Bauteils ist ein Sollwert von $\mu_o = 50$ mm vorgegeben. Für einen Produktionsabschnitt vom Umfang $N = 2\,000$ soll überprüft werden, ob der Sollwert im Mittel eingehalten ist. Bezüglich des Erwartungswertes $EX = \mu$ wird die Nullhypothese H_o: $\mu = \mu_o$ zum Signifikanzniveau $\alpha = 0,05$ getestet. Aus einer Zufallsstichprobe vom Umfang $n = 100$ ergibt sich zum Sicherheitsgrad $1 - \alpha = 0,95$ für μ das Konfidenzintervall $[49,576\,;\,50,164]$.

Ist aufgrund dieses Probenergebnisses H_o: $\mu = 50$ beim vorgegebenen Signifikanzniveau $\alpha = 0,05$ zu verwerfen?

LÖSUNG:

Im folgenden werden zwei Lösungswege dargestellt. Dabei wird jeweils vom Zentralen Grenzwertsatz Gebrauch gemacht, der hier anwendbar ist, vgl. Tab. III .

1) Die Prüfgröße $(\overline{X} - \mu_o)\sqrt{n}/S$ ist bei Gültigkeit von H_o: $\mu = \mu_o$ näherungsweise standardnormalverteilt. H_o ist demnach zu verwerfen, falls der Wert der Prüfgröße in den Ablehnungsbereich $(-\infty; -z_{\alpha/2}) \cup (z_{\alpha/2}; \infty)$ fällt, wobei hier $z_{\alpha/2} = z_{0,025} = 1,96$ zu setzen ist.

   Um den Prüfgrößenwert berechnen zu können, müssen $\overline{X}$ und S aus den angegebenen Konfidenzgrenzen

   $$\overline{X} + z_{\alpha/2}\, S/\sqrt{n} = 50,164 \quad \text{und} \quad \overline{X} - z_{\alpha/2}\, S/\sqrt{n} = 49,576$$

   ermittelt werden. Offensichtlich ist $\overline{X}$ die Mitte des Konfidenzintervalls, also

   $$\overline{X} = (49,576 + 50,164)/2 = 49,870.$$

Aus der Gleichung für die Länge des Konfidenzintervalls

$$2z_{\alpha/2}\, S/\sqrt{n} = (\bar{X} + z_{\alpha/2}\, S/\sqrt{n}) - (\bar{X} - z_{\alpha/2}\, S/\sqrt{n})$$

erhält man durch Einsetzen von $z_{\alpha/2} = 1{,}96$ und $n = 100$

$$2 \cdot 1{,}96 \cdot S/\sqrt{100} = 50{,}164 - 49{,}576 = 0{,}588$$

und daraus den Wert $S = 1{,}5$.

Die normierte Prüfgröße besitzt daher den Wert

$$(49{,}87 - 50{,}0) \cdot \sqrt{100}/1{,}5 = -0{,}867 ,$$

der nicht im Ablehnungsbereich liegt. H_o ist demnach nicht abzulehnen, das Stichprobenergebnis ist also verträglich mit H_o .

2) Man kann hier einfacher an Hand des beobachteten Konfidenzintervalls zur Testentscheidung kommen.

H_o ist beim Signifikanzniveau α <u>nicht</u> abzulehnen, falls gilt

$$-z_{\alpha/2} \leq \frac{\bar{X} - \mu_o}{S/\sqrt{n}} \leq +z_{\alpha/2} \quad \text{oder} \quad -z_{\alpha/2} \leq \frac{\mu_o - \bar{X}}{S/\sqrt{n}} \leq +z_{\alpha/2} ,$$

oder $\quad -z_{\alpha/2}\, S/\sqrt{n} \leq \mu_o - \bar{X} \leq z_{\alpha/2}\, S/\sqrt{n}$,

oder $\quad \bar{X} - z_{\alpha/2}\, S/\sqrt{n} \leq \mu_o \leq \bar{X} + z_{\alpha/2}\, S/\sqrt{n}$.

Da die linke bzw. die rechte Seite dieser Ungleichung mit der Unter- bzw. Obergrenze des Konfidenzintervalls für μ zum Sicherheitsgrad $1 - \alpha$ übereinstimmt, ist $H_o : \mu = \mu_o$ immer genau dann nicht abzulehnen, wenn der hypothetische Wert μ_o vom Konfidenzintervall überdeckt wird.

Im vorliegenden Fall liegt der Wert $\mu_o = 50$ innerhalb des beobachteten Konfidenzintervalls $[49{,}576 ; 50{,}164]$, also ist H_o nicht abzulehnen.

LITERATUR: [1] S 2.3.4, T 2.1.5; [12] S. 90 - 94

ERGEBNIS: $H_o : \mu = 50$ ist aufgrund des Probenergebnisses nicht zu verwerfen ($\alpha = 0{,}05$).

AUFGABE I23

Ein Käufer weiß aus Erfahrung, daß Verschleißteile des Herstellers H eine durchschnittliche Lebensdauer von $\mu_H = 80$ Betriebsstunden besitzen. Hersteller G bietet solche Teile zu einem weit geringeren Preis an. Der Käufer vermutet nun, daß die durchschnittliche Lebensdauer μ_G der von G angebotenen Teile kleiner ist als μ_H. Sollte sich diese Vermutung nicht bestätigen, so beabsichtigt der Käufer, künftig die preisgünstigeren Teile des Herstellers G zu beziehen. Der Käufer unterwirft daher 400 Teile des Herstellers G einem Lebensdauerversuch und beobachtet dabei für das arithmetische Mittel der Lebensdauer den Wert $\bar{X} = 87$. Welche der folgenden Aussagen über den vom Käufer durchzuführenden Test sind richtig?

A: Der Problemstellung entspricht ein Parametertest mit $H_0\colon \mu_G \leq 87$.

B: Der Problemstellung entspricht ein Parametertest mit $H_0\colon \mu_G \geq 80$.

C: Der Problemstellung entspricht ein Differenzentest mit $H_0\colon \mu_H - \mu_G \leq 0$.

D: Die Testentscheidung läßt sich nicht angeben, da zur Testdurchführung nicht alle benötigten Angaben vorliegen.

E: Aufgrund der beobachteten Daten entscheidet sich der Käufer, die Teile künftig bei Hersteller G zu beziehen.

LÖSUNG:

Es liegt hier eine Fragestellung bezüglich des unbekannten Parameters μ_G vor. Daher ist ein Parametertest durchzuführen. Die Vermutung des Käufers, nämlich $\mu_G < \mu_H$ (wobei $\mu_H = 80$ bekannt ist), ist nachgewiesen, falls die Nullhypothese $H_0\colon \mu_G \geq 80$ verworfen wird. Also ist Aussage B richtig und Aussage A ist falsch. Aussage C wäre nur dann richtig, wenn μ_H nicht bekannt wäre und auch für zufällig ausgewählte Teile des Herstellers H ein Lebensdauerversuch durchgeführt worden wäre.

Die Hypothese H_o: $\mu_G \geq 80$ wird bei Anwendung des Zentralen Grenzwertsatzes (vgl. Tab. III) zum Signifikanzniveau α verworfen, falls

$$(\overline{X} - 80)\sqrt{n}/S < -z_\alpha$$

bzw. falls

$$(1) \qquad \overline{X} < 80 - z_\alpha S/\sqrt{n} \; .$$

Dabei ist $\overline{X}$ das Stichprobenmittel und S die (hier nicht angegebene) Stichprobenstandardabweichung im Lebensdauerversuch.

Gleichgültig, welche Werte S und α (sinnvollerweise gilt $\alpha < 0{,}5$) besitzen, kann H_o: $\mu_G \geq 80$ gemäß (1) nicht verworfen werden, wenn - wie hier - $\overline{X} \geq 80$ ist. Die Testentscheidung "H_o nicht verwerfen" läßt sich also angeben, obwohl keine Angaben über S und α vorliegen. Damit ist Aussage D falsch.

Aussage E ist richtig. Da H_o: $\mu_G \geq \mu_H$ (= 80) nicht verworfen wird, ist die Vermutung $\mu_G < \mu_H$ nicht bestätigt. Man kann also aus den beobachteten Daten nicht den Schluß ziehen, daß die Teile des Herstellers G eine kürzere durchschnittliche Lebensdauer haben als die Teile von H. In dieser Situation bezieht der Käufer natürlich der günstigeren Preise wegen die Teile künftig bei Hersteller G.

LITERATUR: [1] T 2.1.5, T 2.2.1 bis T 2.2.4

ERGEBNIS: Die Aussagen B und E sind richtig.

AUFGABE I 24

Der DIN-Verbrauch eines Pkw-Typs beträgt 10 Liter Benzin / 100 km. Die Herstellerfirma behauptet, daß sich der DIN-Verbrauch durch einige Umbaumaßnahmen um mehr als 10% senken läßt.

Um nachzuweisen, daß diese Behauptung zutrifft, bestimmt eine Automobilzeitschrift auf Stichprobenbasis den DIN-Verbrauch von einigen umgebauten Wagen dieses Typs. Welche

Nullhypothese hat die Automobilzeitschrift aufzustellen?

LÖSUNG: Eine Senkung des DIN-Verbrauchs durch Umbaumaßnahmen um mehr als 10% bedeutet, daß die umgebauten Wagen einen DIN-Verbrauch von weniger als 9 Liter/100 km haben. Bezeichne μ den DIN-Verbrauch (das ist ein Durchschnittsverbrauch) nach den Umbaumaßnahmen, so ist $\mu < 9$ nachgewiesen, wenn die Nullhypothese $H_o: \mu \geq 9$ verworfen wird.

ERGEBNIS: Die Automobilzeitschrift hat die Nullhypothese $H_o: \mu \geq 9$ aufzustellen.

AUFGABE I 25

Ein Soziologe interessiert sich dafür, ob die Angehörigen zweier sozialer Schichten im Durchschnitt unterschiedliche Werte des Intelligenzquotienten (IQ) aufweisen.
Dazu werden aus Schicht 1 bzw. 2 jeweils 100 Personen zufällig ausgewählt und deren IQ gemessen. Die Auswertung ergibt:

Schicht	Stichprobenumfang	Stichprobenmittel	Stichprobenstandardabweichung
1	$n_1 = 100$	$\bar{X}_1 = 102{,}4$	$S_1 = 9$
2	$n_2 = 100$	$\bar{X}_2 = 99{,}1$	$S_2 = 12$

Kann man behaupten, daß die durchschnittlichen IQ-Werte μ_1 und μ_2 sich unterscheiden? (Signifikanzniveau $\alpha = 0{,}05$)

LÖSUNG:
Es liegen hier zwei Gesamtheiten (bestehend aus den Angehörigen von Schicht 1 bzw. 2) vor, aus denen unabhängig voneinander zwei Stichproben gezogen wurden. Da man wissen möchte, ob $\mu_1 \neq \mu_2$, d.h. $\mu_1 - \mu_2 \neq 0$ ist, hat man hier einen Differenzentest mit der "zweiseitigen" Nullhypothese $H_o: \mu_1 - \mu_2 = 0$ durchzuführen.
Da der Zentrale Grenzwertsatz anwendbar ist (vgl. Tab. III), ist die Prüfgröße zum Test von $H_o: \mu_1 - \mu_2 = 0$

$$\frac{\bar{x}_1 - \bar{x}_2}{\sqrt{s_1^2/n_1 + s_2^2/n_2}}$$

bei Gültigkeit von H_o näherungsweise standardnormalverteilt. Der zu H_o: $\mu_1 - \mu_2 = 0$ und $\alpha = 0{,}05$ gehörige Ablehnungsbereich ist dann

$$(-\infty; -z_{\alpha/2}) \cup (z_{\alpha/2}; \infty) = (-\infty; -1{,}96) \cup (1{,}96; \infty).$$

Da sich für die Prüfgröße der Wert

$$\frac{102{,}4 - 99{,}1}{\sqrt{81/100 + 144/100}} = 2{,}2$$

ergibt, der im Ablehnungsbereich liegt, wird H_o verworfen.

LITERATUR: [1] T 2.2.1 bis T 2.2.4, T 4.4

ERGEBNIS: Die durchschnittlichen IQ-Werte in den beiden Schichten sind unterschiedlich ($\alpha = 0{,}05$).

AUFGABE I 26

Einen Waschmittelhersteller interessiert, ob sich der Bekanntheitsgrad seines Produktes "PROBABIL" durch eine Werbeaktion tatsächlich vergrößert. Dazu läßt er unabhängig voneinander vor und nach der Werbeaktion je 400 Hausfrauen befragen. Bei der ersten Erhebung kannten 50% , bei der zweiten 60% der Befragten den Namen von "PROBABIL".

Läßt sich beim Signifikanzniveau $\alpha = 0{,}01$ behaupten, daß der Bekanntheitsgrad im Laufe der Werbeaktion gestiegen ist?

LÖSUNG:

Mit Θ_V bzw. Θ_N wird der Bekanntheitsgrad vor bzw. nach der Werbeaktion bezeichnet. Entsprechend erhalten die Stichprobenanteile die Bezeichnung P_V und P_N.

Der Anstieg des Bekanntheitsgrades ist nachgewiesen, wenn beim Test zum vorgegebenen $\alpha = 0{,}01$ die Hypothese H_o: $\Theta_N \leq \Theta_V$ bzw. H_o: $\Theta_N - \Theta_V \leq 0$ verworfen wird. Da hier unabhängig voneinander je eine Stichprobe aus der Gesamtheit der Hausfrauen vor bzw. nach der Werbeaktion gezogen wird, führt die Fragestellung mit der Nullhypothese $H_o: \Theta_N - \Theta_V \leq 0$ auf einen Differenzentest für Anteilswerte. Da der Zentrale Grenzwertsatz anwendbar ist (vgl. Tab. III), lautet die Entscheidungsregel:

H_o ist zu verwerfen, falls

$$\frac{P_N - P_V}{\sqrt{\frac{P_N(1-P_N)}{n_N} + \frac{P_V(1-P_V)}{n_V}}} > z_\alpha$$

ist. Für die Prüfgröße ergibt sich der Wert

$$\frac{0,6 - 0,5}{\sqrt{\frac{0,6 \cdot 0,4}{400} + \frac{0,5 \cdot 0,5}{400}}} = 2,857.$$

Da $z_{0,01} = 2,326$ ist, muß H_o verworfen werden.

LITERATUR: [1] T 3.2.1, T 3.2.2

ERGEBNIS: Im Lauf der Werbeaktion hat sich der Bekanntheitsgrad von "PROBABIL" erhöht ($\alpha = 0,01$).

AUFGABE I 27

Bei einer bevorstehenden Wahl möchte eine Partei die Chancen ihres jeweiligen Kandidaten in den Wahlkreisen A und B miteinander vergleichen. Die Parteigremien sind insbesondere an der Beantwortung folgender Fragen interessiert:

a) Besteht zwischen den beiden Wahlkreisen ein Unterschied hinsichtlich der Stimmenanteile für die Kandidaten (Signifikanzniveau $\alpha = 0,05$)?

b) Läßt sich die Vermutung bestätigen, daß der Kandidat in Wahlkreis A größere Chancen hat (Signifikanzniveau $\alpha = 0,05$)?

Stichproben von $n_A = 300$ Wahlberechtigten aus Wahlkreis A und $n_B = 200$ Wahlberechtigten aus Wahlkreis B ergeben, daß 56% in A und 48% in B den Kandidaten dieser Partei wählen wollen.

LÖSUNG:

Bei a) und bei b) sind Differenzentests für Anteilswerte durchzuführen mit der Prüfgröße

$$(1) \qquad \frac{P_A - P_B}{\sqrt{P_A(1-P_A)/n_A + P_B(1-P_B)/n_B}} ,$$

die hier den Wert

$$\frac{0{,}56 - 0{,}48}{\sqrt{0{,}56 \cdot 0{,}44/300 + 0{,}48 \cdot 0{,}52/200}} = 1{,}76$$

annimmt. Auf die Prüfgröße (1) ist hier der Zentrale Grenzwertsatz anwendbar, vgl. Tab. III .

a) Es interessiert, ob die Stimmenanteile voneinander abweichen (unabhängig von der Richtung der Abweichung), d.h. es liegt eine "zweiseitige" Fragestellung vor mit H_o: $\Theta_A - \Theta_B = 0$. Der zugehörige Ablehnungsbereich ist mit $z_{\alpha/2} = 1{,}96$ gegeben durch $(-\infty; -1{,}96) \cup (1{,}96; \infty)$.
   Der aus den Stichprobendaten errechnete Prüfgrößenwert 1,76 liegt nicht im Ablehnungsbereich. H_o wird demnach nicht verworfen.

b) Die Vermutung ist bestätigt, falls die Nullhypothese "Der Kandidat in Wahlkreis A hat bestenfalls gleich gute Chancen wie der Kandidat in B" verworfen wird. Hier liegt also eine "einseitige" Fragestellung vor mit H_o: $\Theta_A \leq \Theta_B$ bzw. H_o: $\Theta_A - \Theta_B \leq 0$. Der zugehörige Ablehnungsbereich ist mit $z_\alpha = 1{,}645$ gegeben durch $(1{,}645; \infty)$. Die Prüfgröße errechnet sich hier ebenfalls nach Formel (1) und besitzt daher den Wert 1,76. Also wird H_o verworfen.

BEMERKUNG: Die Testresultate in a) und b) widersprechen sich nicht. Aus dem Nichtverwerfen von H_o: $\Theta_A - \Theta_B = 0$ darf ja nicht geschlossen werden, daß $\Theta_A = \Theta_B$ ist. Das Nichtverwerfen bedeutet nur, daß der Test beim gegebenen Signifikanzniveau aufgrund der beobachteten Stichprobendaten einen gegebenenfalls vorhandenen Unterschied zwischen Θ_A und Θ_B nicht aufdecken kann. Das Verwerfen von

H_o: $\Theta_A - \Theta_B \leq 0$ bedeutet dagegen, daß $\Theta_A > \Theta_B$ ist ($\alpha = 0{,}05$), daß also ein Unterschied in einer bestimmten Richtung festgestellt werden kann.

Aus Abb. 1 geht hervor, daß Prüfgrößenwerte aus dem Intervall $(z_\alpha; z_{\alpha/2}]$ beim Signifikanzniveau α zwar zur Ablehnung von H_o: $\Theta_A \leq \Theta_B$, aber nicht zur Ablehnung von H_o: $\Theta_A = \Theta_B$ führen. Ob die Hypothese H_o: $\Theta_A \leq \Theta_B$ oder H_o: $\Theta_A = \Theta_B$ aufzustellen ist, hängt vom Informationsstand über den interessierenden Sachverhalt ab. Besteht hier z.B. die begründete Vermutung, daß der Kandidat in Wahlkreis A größere Chancen hat, so ist die Hypothese H_o: $\Theta_A \leq \Theta_B$ aufzustellen. Ist es jedoch völlig offen, ob der Kandidat in Wahlkreis A oder der Kandidat in B die größeren Chancen hat, dann ist die Hypothese H_o: $\Theta_A = \Theta_B$ zu testen.

Insoweit lassen sich die unterschiedlichen Ergebnisse bei a) und bei b) dadurch erklären, daß die Hypothese H_o: $\Theta_A \leq \Theta_B$ mehr Informationen über den zugrundeliegenden Sachverhalt enthält als H_o: $\Theta_A = \Theta_B$.

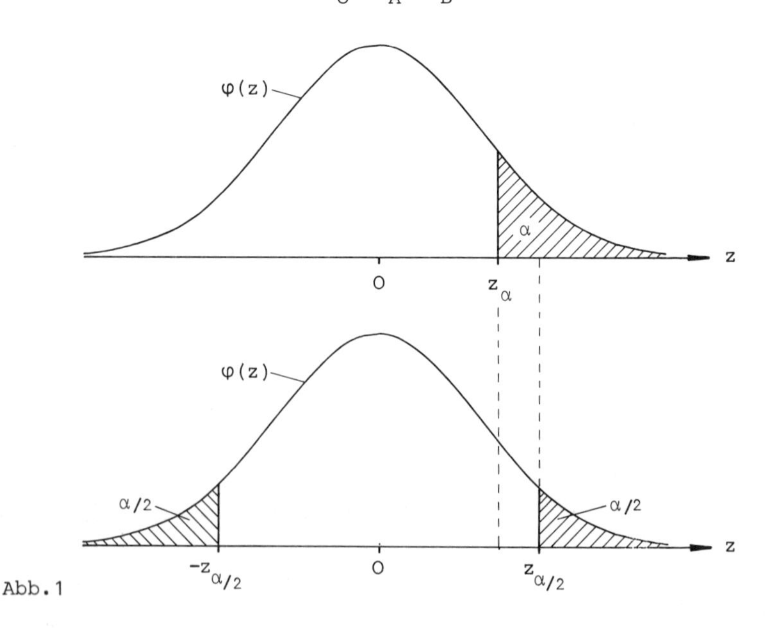

Abb. 1

LITERATUR: [1] T 3.2.1, T 3.2.3, T 4.9; [12] S. 94 - 101

ERGEBNIS:

a) Es kann nicht behauptet werden, daß die Stimmenanteile der beiden Kandidaten unterschiedlich sind ($\alpha = 0{,}05$).

b) Die Vermutung ist bestätigt ($\alpha = 0{,}05$).

AUFGABE I28

Bei einer Untersuchung soll überprüft werden, ob sich bei Ehepaaren der Intelligenzquotient (IQ) des Mannes und der IQ der Frau im Durchschnitt unterscheiden. Dazu wurden $n = 100$ Ehepaare zufällig ausgewählt. Die IQ-Messung ergab:

	X = IQ der Frau	Y = IQ des Mannes	IQ-Differenz D $D = X - Y$
Stichprobenmittel	$\overline{X} = 101{,}6$	$\overline{Y} = 99{,}5$	$\overline{D} = \overline{X} - \overline{Y} = 2{,}1$
Stichprobenvarianz	$S_X^2 = 125$	$S_Y^2 = 100$	$S_D^2 = 100$

Es bezeichne $D = X - Y$ die IQ-Differenz, die zwischen weiblichem und männlichem Ehepartner besteht und μ_D die durchschnittliche IQ-Differenz der Gesamtheit aller Ehepaare.

Läßt sich die Vermutung bestätigen, daß μ_D von Null verschieden ist (Signifikanzniveau $\alpha = 0{,}05$)?

LÖSUNG:

Die Fragestellung führt zu einem Test bezüglich des Parameters μ_D mit der Nullhypothese H_0: $\mu_D = 0$. Eine Stichprobe vom Umfang n liefert n Zahlenpaare (X_i, Y_i) und damit n Differenzen $D_i = X_i - Y_i$. μ_D wird geschätzt durch $\overline{D} = \Sigma D_i/n$, die Varianz σ_D^2 der IQ-Differenz durch $S_D^2 = \Sigma(D_i - \overline{D})^2/(n-1)$ und die Varianz σ_D^2/n von $\overline{D}$ durch S_D^2/n.

Da hier der Zentrale Grenzwertsatz anwendbar ist (vgl. Tab. III), ist die Prüfgröße $\overline{D}\sqrt{n}/S_D$ bei Gültigkeit von H_0

näherungsweise standardnormalverteilt. Der zugehörige Ablehnungsbereich für $\alpha = 0,05$ lautet $(-\infty; -1,96) \cup (1,96; \infty)$. Mit den obigen Daten ergibt sich für die Prüfgröße der Wert 2,1 , so daß H_o abzulehnen ist.

BEMERKUNG: Weil der arithmetische Mittelwert μ_D der Differenz $D = X - Y$ gleich der Differenz der Mittelwerte μ_X und μ_Y ist, d.h. $\mu_D = \mu_{X-Y} = \mu_X - \mu_Y$, läßt sich H_o: $\mu_D = 0$ auch in der Form H_o: $\mu_X - \mu_Y = 0$ schreiben. Obwohl die Hypothese in dieser Gestalt wie die Hypothese eines Differenzentests aussieht, kann H_o nicht mit Hilfe der Prüfgröße $Z = (\bar{X} - \bar{Y}) / \sqrt{S_X^2/n + S_Y^2/n}$ und dem Ablehnungsbereich $(-\infty; -z_{\alpha/2}) \cup (z_{\alpha/2}; \infty)$ getestet werden. Man wird nur dann zu einem Differenzentest geführt, wenn man die Mittelwerte zweier u n a b h ä n g i g voneinander gezogener Stichproben auf signifikanten Unterschied prüfen möchte. Hier wird dagegen nur eine Stichprobe aus der Gesamtheit der Ehepaare gezogen, wobei für jedes ausgewählte Ehepaar die beiden Merkmalswerte X und Y erhoben werden. Im allgemeinen werden daher die beiden Zufallsvariablen X und Y abhängig sein. Man spricht daher auch von "abhängiger Stichprobennahme" oder von "verbundenen Stichproben".

LITERATUR: [1] T 3.1.2, T 3.2.2, W 3.6.4; [12] S.210 - 212;S.219-22

ERGEBNIS: Die durchschnittliche IQ-Differenz ist von Null verschieden ($\alpha = 0,05$).

A U F G A B E I 29

An Hand einer Stichprobe aus einem Geburtenregister für ein bestimmtes Jahr soll die Hypothese überprüft werden, daß sich die Geburten im Verhältnis 1:2:1:1 auf die Quartale des Jahres verteilen.

Welche der folgenden Aussagen geben diese Hypothese richtig wieder, wenn Θ_i den Anteil der auf Quartal i $(i = 1,2,3,4)$ entfallenden Geburten bezeichnet?

A: $H_o: \Theta_1 : \Theta_2 : \Theta_3 : \Theta_4 = 1:2:1:1$

B: $$H_o: \begin{cases} \Theta_1 = 0{,}2 \\ \Theta_2 = 0{,}4 \\ \Theta_3 = 0{,}2 \\ \Theta_4 = 0{,}2 \end{cases}$$

C: $H_o: \Theta_1 = \Theta_2 = \Theta_3 = \Theta_4$

D: $H_o: \Theta_1 = 2\Theta_2 = \Theta_3 = \Theta_4$

E: $H_o: 2\Theta_1 = \Theta_2 = 2\Theta_3 = 2\Theta_4$

LÖSUNG:

Aussage A ist offensichtlich richtig, denn sie gibt die im Aufgabentext beschriebene Hypothese richtig wieder.
Da diese Hypothese bedeutet, daß die Geburtenhäufigkeit im 2.Quartal doppelt so hoch ist wie in jedem der anderen 3 Quartale, also $\Theta_2 = 2\Theta_1 = 2\Theta_3 = 2\Theta_4$, ist auch Aussage E richtig.
Mit $\sum_{i=1}^{4} \Theta_i = 1$ folgt hieraus $\Theta_1 = \Theta_3 = \Theta_4 = 0{,}2$ und $\Theta_2 = 0{,}4$ und somit die Richtigkeit der Aussage B.

Aussage C ist falsch, denn diese Hypothese besagt, daß für alle Quartale die gleiche Geburtenhäufigkeit besteht.

Aussage D ist falsch, denn sie bedeutet eine Aufteilung der Geburten auf die Quartale im Verhältnis $2:1:2:2$.

LITERATUR: [1] T 3.3.1

ERGEBNIS: Die Aussagen A,B und E sind richtig.

AUFGABE I 30

Ein Zufallszahlengenerator soll unabhängig voneinander die Ziffern 0,1,...,9 jeweils mit derselben Wahrscheinlichkeit erzeugen.

Es besteht der Verdacht, daß ein neu entwickelter Generator

nicht ordnungsgemäß arbeitet.

Man generiert 200 Zufallszahlen und erhält folgende Häufigkeitstabelle:

Ziffer i	0	1	2	3	4	5	6	7	8	9
absolute Häufigkeit n_i	36	20	24	14	18	14	21	22	15	16

Bestätigen diese Daten den geäußerten Verdacht (Signifikanzniveau $\alpha = 0,1$)?

LÖSUNG:

Wenn ein Zufallszahlengenerator ordnungsgemäß arbeitet, besitzt jede von ihm zu erzeugende Zufallsziffer X die Massefunktion $W(X = i) = 1/10$, $i = 0,1,\ldots,9$. Der geäußerte Verdacht ist also zum vorgegebenen Signifikanzniveau α bestätigt, wenn die Nullhypothese

$$H_o: W(X = i) = 1/10 \; ; \quad i = 0,1,\ldots,9$$

verworfen wird. H_o ist die Hypothese eines Anpassungstests.

Der χ^2-Anpassungstest ist hier anwendbar, denn das Produkt aus Probenumfang n und hypothetischer Wahrscheinlichkeit Θ_{oi} ist für alle Ausprägungen i hinreichend groß, hier $n \cdot \Theta_{oi} = 200 \cdot (1/10) = 20$ für $i = 0,1,\ldots,9$ (siehe auch Tab. III). Insoweit ist die Prüfgröße

$$\sum_{i=o}^{9} \left(n_i - n\Theta_{oi}\right)^2 \Big/ (n\Theta_{oi})$$

bei Gültigkeit von H_o näherungsweise χ_k^2 - verteilt mit $k = 10 - 1 = 9$ Freiheitsgraden.

Der Ablehnungsbereich ist für $\alpha = 0,1$

$$(\chi^2_{k;\alpha}\,;\infty) = (\chi^2_{9;o,1}\,;\infty) = (14,684\,;\infty).$$

Mit den beobachteten Häufigkeiten der Tabelle ergibt sich für die Prüfgröße

$$\frac{(36-20)^2}{20} + \frac{(20-20)^2}{20} + \ldots + \frac{(16-20)^2}{20} = 19,7 .$$

Da der Prüfgrößenwert 19,7 in den Ablehnungsbereich fällt, ist H_o zu verwerfen, d.h. der Zufallszahlengenerator arbeitet nicht ordnungsgemäß ($\alpha = 0,1$).

BEMERKUNG: Auf Grund dieses Ergebnisses könnte man sich dafür interessieren, woran es liegt, daß die Erzeugung von Zufallsziffern mit diesem Generator offenbar kein symmetrisches Zufallsexperiment darstellt.

Bei Betrachtung der Häufigkeitstabelle in der Aufgabenstellung wird man vermuten, daß die Ziffern 1 bis 9 alle mit etwa gleicher Wahrscheinlichkeit auftreten, daß jedoch die Wahrscheinlichkeit für die Ziffer 0 wesentlich größer als 1/10 ist. Um diese Vermutung nachzuweisen, müßte man einen Parametertest mit der Nullhypothese

$$H_o: W(X=0) \leq 1/10$$

durchführen.

Allerdings ist es nicht zulässig, diesen Test mit der beobachteten Häufigkeit $36/200 = 0,18$ aus der Tabelle der Aufgabenstellung durchzuführen; denn das Datenmaterial, das zu einer Vermutung geführt hat, darf nicht gleichzeitig zur Bestätigung dieser Vermutung durch einen Test verwendet werden. Es wären also hier neue Zufallszahlen zu generieren und damit $H_o: W(X=0) \leq 1/10$ zu testen.

Die Symmetrie ist für das ordnungsgemäße Arbeiten des Generators zwar eine notwendige, aber keine hinreichende Bedingung. Zum ordnungsgemäßen Arbeiten des Generators gehört neben der Symmetrie z.B. noch die Unabhängigkeit aufeinanderfolgender Zufallszahlen.

LITERATUR: [1] T 3.3.2, T 3.3.3, T 4.10, AS 1.5.1; [12] S. 94 - 98

ERGEBNIS: Der Zufallszahlengenerator arbeitet nicht ordnungsgemäß ($\alpha = 0,1$).

AUFGABE I31

Bei einem Glücksspiel in einer Spielhölle werden jeweils 3 Münzen gleichzeitig geworfen. Ein Spieler hat den Verdacht, daß mindestens eine der drei Münzen "unfair" ist. Um diesem Verdacht nachzugehen, wirft er die drei Münzen 80 mal gleichzeitig und notiert sich bei jedem Wurf, wieviele der drei Münzen "Kopf" zeigen. Dabei ergibt sich folgende Häufigkeitstabelle:

Anzahl "Kopf"	0	1	2	3	Σ
Beobachtete Häufigkeit	17	35	24	4	80

Bestätigen diese Daten den bestehenden Verdacht (Signifikanzniveau $\alpha = 0{,}05$) ?

LÖSUNG:

Falls alle drei Münzen fair sind, ist die Zufallsvariable X = "Anzahl von Kopf beim gleichzeitigen Werfen mit den drei Münzen" binomialverteilt mit Parametern $m = 3$ und $\Theta = 1/2$ (vgl. Aufgabe W50 Aussage C). Für die Massefunktion $f(x)$ von X gilt in diesem Falle $f(x) = f_o(x)$ mit

$$f_o(x) = \begin{cases} 1/8 & \text{für } x = 0 \text{ und } x = 3 \\ 3/8 & \text{für } x = 1 \text{ und } x = 2 \\ 0 & \text{sonst .} \end{cases}$$

Falls $f(x)$ von $f_o(x)$ verschieden ist, falls also

H_o: $f(x) = f_o(x)$ nicht gilt, dann ist mindestens eine Münze unfair. H_o ist die Hypothese eines Anpassungstests. Da für die $I = 4$ Ausprägungen $i = 0,1,2,3$ die Approximationsbedingung $n \cdot f_o(i) \geq 5$ erfüllt ist (vgl. Tab. III), ist zum Test von H_o der χ^2 -Anpassungstest mit Hilfe der beobachteten Daten anwendbar. Zu $k = I - 1 = 3$ Freiheitsgraden und $\alpha = 0{,}05$ hat man den zugehörigen Ablehnungsbereich $(7{,}815 ; \infty)$. Für die Prüfgröße erhält man:

$$\frac{(17 - 80 \cdot 1/8)^2}{80 \cdot 1/8} + \frac{(35 - 80 \cdot 3/8)^2}{80 \cdot 3/8} + \frac{(24 - 80 \cdot 3/8)^2}{80 \cdot 3/8} + \frac{(4 - 80 \cdot 1/8)^2}{80 \cdot 1/8} = 10{,}53 .$$

Da dieser Wert in den Ablehnungsbereich fällt, ist H_o zu verwerfen.

LITERATUR: [1] T 3.3.2, W 4.2.1

ERGEBNIS: Mindestens eine der drei Münzen ist unfair ($\alpha = 0{,}05$).

AUFGABE I 32

Man vermutet, daß in der Wohnbevölkerung zwischen der "Beteiligung am Erwerbsleben" und dem "Höchsten erreichten Schulabschluß" ein Zusammenhang besteht.

Eine Befragung von $n = 400$ zufällig ausgewählten Personen aus der Wohnbevölkerung ergab folgende Tabelle mit den Häufigkeiten n_{ij} für die Ausprägungskombinationen:

	ohne Abschluß	Haupt-schule	Real-schule	Abitur	$n_{i\cdot}$
Erwerbstätig	4	80	48	28	160
Erwerbslos	32	32	12	4	80
Nichterwerbs-person	4	88	60	8	160
$n_{\cdot j}$	40	200	120	40	400

Bestätigen diese Daten den vermuteten Zusammenhang (Signifikanzniveau $\alpha = 0{,}05$)?

LÖSUNG:

Zum vorliegenden Problem gehört die Nullhypothese

H_o: Die Merkmale "Beteiligung am Erwerbsleben" und "Schulabschluß" sind unabhängig. H_o kann mit Hilfe des χ^2-Unabhängigkeitstests überprüft werden, falls dessen Approximationsbedingungen $n_{i\cdot} \cdot n_{\cdot j}/n \geq 5$ für alle i,j, vgl. Tab. III, erfüllt sind. Dies trifft hier zu. Man sieht dies am schnellsten, indem man das durch $n = 400$ dividierte Produkt aus den kleinsten Werten für $n_{i\cdot}$ und $n_{\cdot j}$ bildet. Da sich hier $80 \cdot 40/400 = 8 > 5$ ergibt, ist die Approximationsbedingung für alle anderen i,j ebenfalls erfüllt.

Daher ergibt sich bei Gültigkeit von H_o, daß die Prüfgröße

$$(1) \qquad \sum_{i=1}^{3} \sum_{j=1}^{4} \frac{(n_{ij} - n_{i.} n_{.j}/n)^2}{(n_{i.} n_{.j}/n)}$$

näherungsweise χ^2-verteilt ist mit $(3-1)\cdot(4-1) = 6$ Freiheitsgraden, so daß man für $\alpha = 0{,}05$ den Ablehnungsbereich

$(\chi^2_{6;0,05}\,;\infty) = (12{,}592\,;\infty)$ erhält.

Als Wert der Prüfgröße ergibt sich:

$$\frac{(4-40\cdot 160/400)^2}{40\cdot 160/400} + \frac{(80-200\cdot 160/400)^2}{200\cdot 160/400} + \ldots + \frac{(8-40\cdot 160/400)^2}{40\cdot 160/400} = 116{,}4.$$

Da dieser Wert im Ablehnungsbereich liegt, wird H_o verworfen.

LITERATUR: [1] T 3.4, T 4.13

ERGEBNIS: Die beiden Merkmale sind abhängig; der vermutete Zusammenhang ist nachgewiesen ($\alpha = 0{,}05$).

AUFGABE I33

Man vermutet an einer Hochschule, daß das Alter der Studenten bei Studienabschluß nicht in allen Fakultäten das gleiche ist. Aus den Angaben von 100 zufällig ausgewählten Studenten erhielt man folgende Kontingenztabelle:

Alter bei Studienabschluß	Fakultät A	B	C
unter 23	6	2	2
23 bis unter 26	10	10	20
26 bis unter 29	10	10	10
29 und älter	4	8	8

Bestätigen diese Daten die vermutete unterschiedliche Altersstruktur der Hochschulabsolventen (Signifikanzniveau $\alpha = 0{,}05$)?

LÖSUNG:

Eine unterschiedliche Altersstruktur der Hochschulabsolventen in den einzelnen Fakultäten ist gleichbedeutend damit, daß die Merkmale "Examensalter" und "Fakultätszugehörigkeit" abhängig sind. Man wird versuchen, die Nullhypothese H_o: "Die beiden Merkmale sind unabhängig." mit einem χ^2 - Unabhängigkeitstest zu überprüfen. Dieser Test ist jedoch auf die gegebene Kontingenztabelle nicht anwendbar, da die Approximationsbedingung

$$n_{i\cdot}n_{\cdot j}/n \geq 5 \quad \text{für alle } i,j$$

(vgl. Tab. III) für die Altersgruppe der unter 23jährigen verletzt ist, denn diese Altersgruppe ist anteilsmäßig nur sehr gering in der Stichprobe vertreten.

Dieses Problem kann sich beim χ^2-Unabhängigkeitstest ergeben, da die Überprüfung der Approximationsbedingung - anders als beim χ^2- Anpassungstest - erst an Hand der erfaßten Daten möglich ist.

Die Einteilung der Altersgruppen bei der Erhebung ist in gewissem Grade willkürlich festgelegt worden. Daher ist zu überlegen, ob gegebenenfalls durch eine Vergröberung der Klasseneinteilung die Einhaltung der Approximationsbedingung zu erreichen ist. Es erscheint hier naheliegend, die Altersgruppen "unter 23" und "23 bis unter 26" zusammenzufassen, so daß folgende "komprimierte" Kontingenztabelle mit $I = 3$ Zeilen und $J = 3$ Spalten entsteht:

Alter bei Studienabschluß	Fakultät A	B	C	$n_{i\cdot}$
unter 26	16	12	22	50
26 bis unter 29	10	10	10	30
29 und älter	4	8	8	20
$n_{\cdot j}$	30	30	40	100

Für diese Tabelle ist die Approximationsbedingung $n_{i\cdot}n_{\cdot j}/n \geq 5$ für alle i,j erfüllt und der χ^2-Unabhängigkeitstest ist anwendbar.

Der Ablehnungsbereich für $\alpha = 0{,}05$ und zum Freiheitsgrad $k = (I-1)\cdot(J-1) = 2\cdot 2 = 4$ ist gegeben durch $(\chi^2_{4;0{,}05}\,;\infty) = (9{,}488\,;\infty)$. Für die Prüfgröße erhält man:

$$\frac{(16 - 30\cdot 50/100)^2}{30\cdot 50/100} + \ldots + \frac{(8 - 40\cdot 20/100)^2}{40\cdot 20/100} = 2{,}7556.$$

Dieser Wert liegt nicht im Ablehnungsbereich. Die vorliegenden Daten lassen somit keine Abhängigkeit der beiden Merkmale erkennen.

BEMERKUNG: Werden bei einer Kontingenztabelle, für welche die Approximationsbedingungen nicht erfüllt sind, Zeilen oder Spalten zusammengefaßt, damit der Test durchführbar wird, so darf dies in keinem Fall mit dem Ziel erfolgen, eine bestimmte Testentscheidung herbeizuführen. Andernfalls verlieren die mit der Testentscheidung verbundenen Wahrscheinlichkeitsaussagen ihren Sinn (vgl. auch Aufgabe I45).

Um der Versuchung zu entgehen, daß man die vorzunehmende Zusammenfassung an Hand der beobachteten Kontingenztabelle überlegt, sollte man bereits vor der Datenerhebung die Regeln für ein eventuell notwendiges Zusammenfassen festlegen.

LITERATUR: [1] T 3.4, T 4.13

ERGEBNIS: Eine Abhängigkeit der Merkmale "Alter bei Studienabschluß" und "Fakultätszugehörigkeit" läßt sich nicht nachweisen ($\alpha = 0{,}05$).

AUFGABE I34

Für den einmaligen Wurf einer vorgegebenen Münze sei Θ_K die Wahrscheinlichkeit für "Kopf" und Θ_Z die Wahrscheinlichkeit für "Zahl". Die Münze wird n-mal geworfen. Welche Tests eignen sich für den Nachweis, daß die Münze "unfair" ist?

A: Parametertest mit H_0: $\Theta_K = 1/2$

B: Parametertest mit H_0: $\Theta_Z = 1/2$

C: Differenzentest mit H_o: $\Theta_K - \Theta_Z = 0$

D: Anpassungstest mit $H_o: \begin{cases} \Theta_K = 1 - \Theta_Z \\ \Theta_Z = 1 - \Theta_K \end{cases}$

E: Anpassungstest mit $H_o: \begin{cases} \Theta_K = 1/2 \\ \Theta_Z = 1/2 \end{cases}$

F: Unabhängigkeitstest mit H_o: $W(\text{"Kopf"} \cap \text{"Zahl"}) = \Theta_K \cdot \Theta_Z$.

LÖSUNG:

Eine Münze ist genau dann fair, wenn $\Theta_K = 1/2$ und $\Theta_Z = 1/2$ gilt. Wenn man nachweisen möchte, daß die Münze unfair ist, muß man die Nullhypothese "Die Münze ist fair" widerlegen. Demnach ist Aussage E richtig.

Auch die Aussagen A und B sind richtig, denn wegen $\Theta_K + \Theta_Z = 1$ folgt aus $\Theta_K = 1/2$ auch $\Theta_Z = 1/2$ und umgekehrt, d.h. in der Hypothese des Anpassungstests von Aussage E kann ohne Informationsverlust eine "Zeile" weggelassen werden. Die übrigbleibende "Zeile" stellt dann die Hypothese eines Parametertests dar.

Aussage D ist falsch, denn beide Zeilen der Hypothese beinhalten nur die triviale Beziehung $\Theta_K + \Theta_Z = 1$, die für faire wie für unfaire Münzen gilt.

Aussage C ist falsch, denn der Fragestellung beim Differenzentest liegt der Vergleich der Wahrscheinlichkeiten Θ_K und Θ_Z von Ereignissen zugrunde, die sich auf zwei unabhängige Zufallsexperimente beziehen. Hier liegt aber nur <u>ein</u> Zufallsexperiment vor, nämlich das n-malige Werfen mit der vorgegebenen Münze.

Ein Differenzentest mit der angegebenen Hypothese H_o: $\Theta_K - \Theta_Z = 0$ wäre jedoch bei folgender Versuchsanordnung durchzuführen. Man wirft die Münze zunächst n_K mal und beobachtet dabei die relative Häufigkeit P_K für "Kopf". Anschließend wirft man die Münze n_Z mal und beobachtet dabei die relative Häufigkeit P_Z für "Zahl".

Aussage F ist falsch. Die Hypothese ist unsinnig, weil das gleichzeitige Eintreten von "Kopf" und "Zahl" beim einmaligen Münzwurf ein unmögliches Ereignis darstellt.

ERGEBNIS: Die Aussagen A,B und E sind richtig.

AUFGABE I35

Vor einer Bundestagswahl beabsichtigt man, an Hand von Testen auf Stichprobenbasis nachzuweisen, daß

a) eine bestimmte Partei mehr als 5% der abgegebenen Stimmen erhalten kann.

b) sich der Stimmenanteil für eine bestimmte Partei gegenüber der letzten Bundestagswahl geändert hat.

c) eine bestimmte Partei mehr Stimmen auf sich vereinigen kann als alle anderen Parteien zusammen.

d) eine bestimmte Partei im Bundesland A einen höheren Stimmenanteil erhalten kann als im benachbarten Bundesland B.

e) sich die Stimmenaufteilung auf die Parteien bei Männern und Frauen unterscheidet.

Welche Tests eignen sich zur Beantwortung dieser Fragestellungen und wie lauten die zugehörigen Nullhypothesen?

LÖSUNG:

a) Es sei Θ der Stimmenanteil der betrachteten Partei zum Umfragezeitpunkt. $\Theta > 0{,}05$ ist nachgewiesen, wenn die Nullhypothese H_o: $\Theta \leq 0{,}05$ mit Hilfe eines Parametertests für Anteilswerte verworfen wird.

b) Der Stimmenanteil Θ_o der Partei bei der letzten Wahl ist aus dem amtlichen Wahlergebnis bekannt. Der Nachweis von $\Theta \neq \Theta_o$ ist geführt, falls die Nullhypothese H_o: $\Theta = \Theta_o$ verworfen wird. Es liegt hier also ein Parametertest für Anteilswerte vor. Ein Differenzentest käme hier nur in Frage, wenn zu beiden Zeitpunkten Stichproben vorlägen.

c) Es soll hier nachgewiesen werden, daß die betrachtete Partei die absolute Mehrheit, also einen Stimmenanteil $\Theta > 0{,}5$ erhalten kann. Der Nachweis ist geführt, wenn die Nullhypothese H_o: $\Theta \leq 0{,}5$ mit Hilfe eines Parametertests für Anteilswerte verworfen wird.

d) Θ_A und Θ_B seien die Stimmenanteile zum Umfragezeitpunkt in den beiden Bundesländern. Um $\Theta_A > \Theta_B$ nachzuweisen, wird man aus den Wahlberechtigten in A und B jeweils eine Stichprobe ziehen und auf Grund der Stichprobenergebnisse H_o: $\Theta_A \leq \Theta_B$ bzw. H_o: $\Theta_A - \Theta_B \leq 0$ an Hand eines Differenzentests überprüfen.

e) Unterschiedliche Stimmenaufteilung bei Männern und Frauen bedeutet, daß die beiden Merkmale "Geschlecht" und "Wahlverhalten" abhängig sind. Der Nachweis der Abhängigkeit ist geführt, falls die Nullhypothese H_o: "Die beiden Merkmale sind unabhängig" an Hand eines Unabhängigkeitstests verworfen wird.

ERGEBNIS:

a) Parametertest mit H_o: $\Theta \leq 0{,}05$.

b) Parametertest mit H_o: $\Theta = \Theta_o$.

c) Parametertest mit H_o: $\Theta \leq 0{,}5$.

d) Differenzentest mit H_o: $\Theta_A - \Theta_B \leq 0$.

e) Unabhängigkeitstest mit H_o: "Geschlecht" und "Wahlverhalten" sind unabhängig.

A U F G A B E I 36

Aufgrund einer Zufallsstichprobe aus dem Datenbestand der Eheschließungen im Jahr 1980 beabsichtigt man folgende Vermutungen zu bestätigen:

a) Bei Ehepaaren besteht ein Zusammenhang zwischen dem Familienstand des Mannes vor der Eheschließung und dem Familienstand der Frau vor der Eheschließung.

b) Die Männer, die in 1980 geheiratet haben, waren zum Zeitpunkt der Eheschließung im Durchschnitt älter als 25 Jahre.

c) Im ersten Halbjahr 1980 wurden mehr Ehen geschlossen als im zweiten Halbjahr 1980.

Welche Tests eignen sich zur Beantwortung dieser Fragestellungen und wie lauten die zugehörigen Nullhypothesen?

LÖSUNG:

a) Die Vermutung, daß ein Zusammenhang, d.h. eine Abhängigkeit zwischen den beiden Merkmalen "Familienstand des Mannes" und "Familienstand der Frau" besteht, ist bestätigt, wenn die Nullhypothese H_o: "Die beiden Merkmale sind unabhängig" an Hand eines Unabhängigkeitstests verworfen wird.

b) Mit μ sei das Durchschnittsalter der Männer, die 1980 geheiratet haben, bezeichnet. Die Vermutung "μ sei größer als 25" ist bestätigt, wenn H_o: $\mu \leq 25$ mit Hilfe eines Parametertests abgelehnt wird.

c) Setzt man

$$\Theta_1 = \frac{\text{Anzahl der im 1.Halbjahr 1980 geschlossenen Ehen}}{\text{Anzahl der in 1980 geschlossenen Ehen}}$$

so ist die Vermutung "$\Theta_1 > 0,5$" bestätigt, wenn H_o: $\Theta_1 \leq 0,5$ mit Hilfe eines Parametertests abgelehnt wird.

ERGEBNIS:

a) Unabhängigkeitstest mit H_o: "Die beiden Merkmale sind unabhängig".

b) Parametertest mit H_o: $\mu \leq 25$.

c) Parametertest mit H_o: $\Theta_1 \leq 0,5$.

AUFGABE I 37

Mit Θ werde der Anteil guter Stücke in einer Lieferung vom Umfang $N = 20\,000$ bezeichnet. Die Hypothese H_o: $\Theta \geq 0{,}8$ soll beim Signifikanzniveau 0,0228 durch eine Stichprobe vom Umfang 64 geprüft werden.

Unter den nachstehenden Skizzen befindet sich die Gütefunktion $\alpha(\Theta)$ des Tests. Welche ist es ?

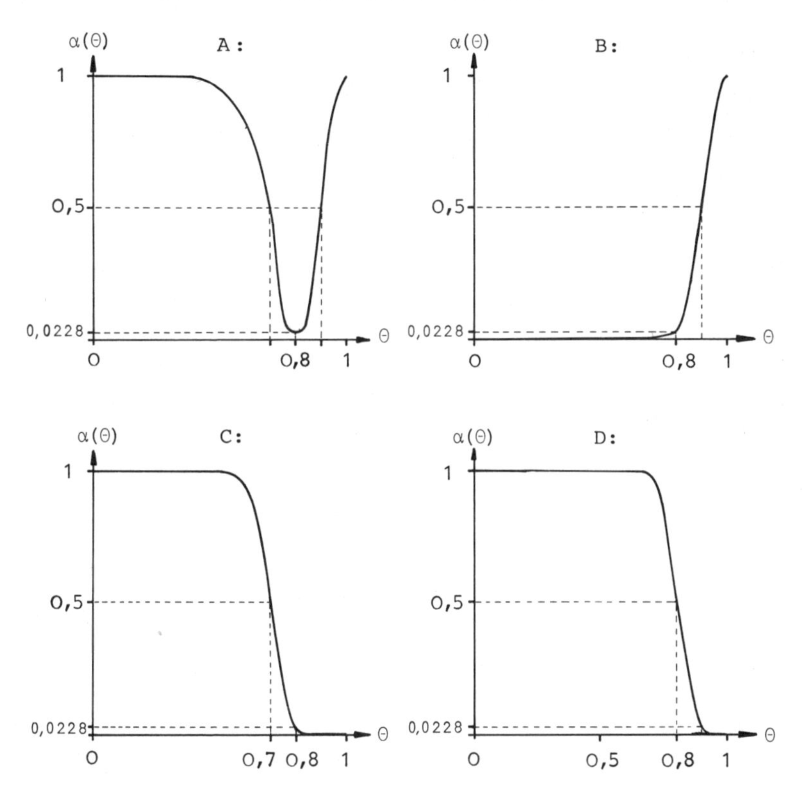

LÖSUNG:

Bei Nullhypothesen über Anteilswerte ist der Wert der Gütefunktion $\alpha(\Theta)$ an der Stelle Θ die Wahrscheinlichkeit, mit der die Nullhypothese abgelehnt wird, wenn Θ der tatsächlich vorliegende Anteilswert ist. Ist der Stichprobenanteil P die Prüfgröße und AB der zugehörige Ablehnungsbereich, so gilt also

$$\alpha(\Theta) = W(P \in AB \mid \Theta) \; ; \quad 0 \leq \Theta \leq 1 \, .$$

Bei H_0: $\Theta \geq 0{,}8$ hat man:

$$AB = [0 \, ; \, \Theta^*) \; ; \quad 0 < \Theta^* < 0{,}8 \, .$$

Für $\Theta = 0$ enthält die Lieferung keine guten Stücke; dann findet sich auch in der Stichprobe kein gutes Stück, d.h. es gilt stets $P = 0$. Da $P = 0$ in AB liegt, gilt $\alpha(0) = 1$.

Für $\Theta = 1$ enthält die Lieferung nur gute Stücke; dann finden sich auch in der Stichprobe nur gute Stücke, d.h. es gilt stets $P = 1$. Da $P = 1$ nicht in AB liegt, gilt $\alpha(1) = 0$.

Demnach stellen die Skizzen A und B nicht die gesuchte Gütefunktion dar.

Da der Ablehnungsbereich stets so konstruiert wird, daß gilt

$$\alpha(\Theta_0) = W(P \in AB \mid \Theta_0) = \alpha \, ,$$

hat man weiter

$$\alpha(0{,}8) = 0{,}0228 \, .$$

Demnach ist $\alpha(\Theta)$ nicht in D dargestellt.

Da der Zentrale Grenzwertsatz auf P angewendet werden kann (vgl. Tab. III), ist P näherungsweise normalverteilt mit Erwartungswert Θ . Für $\Theta = \Theta^*$ hat man daher gemäß Abb. 1 :

$$\alpha(\Theta^*) = W(P \in AB \mid \Theta^*) = 1/2 \, .$$

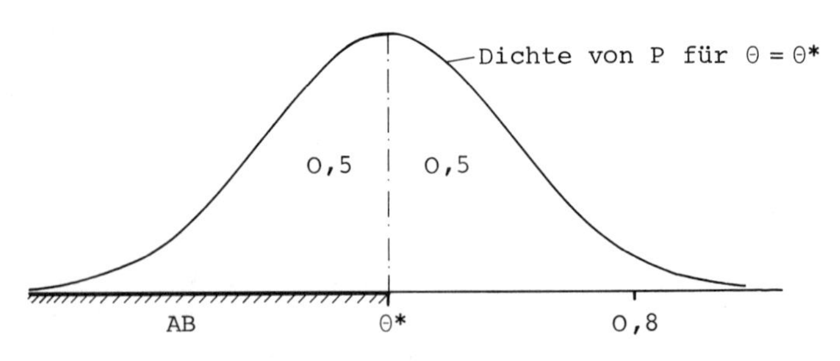

Abb. 1

Mit $z_\alpha = 2$ hat man für Θ^*

$$\Theta^* = \Theta_o - z_\alpha \sqrt{\Theta_o(1-\Theta_o)/n} = 0,8 - 2\sqrt{0,8 \cdot 0,2/64} = 0,7$$

und damit

$$\alpha(0,7) = 0,5 \ .$$

Nur die in C skizzierte Kurve gibt den Verlauf der Gütefunktion durch die Punkte $\alpha(0) = 1$, $\alpha(0,7) = 0,5$, $\alpha(0,8) = 0,0228$, $\alpha(1) = 0$ richtig wieder.

LITERATUR: [1] T 3.1.4, T 4.6

ERGEBNIS: Die Gütefunktion $\alpha(\Theta)$ des Tests ist in C skizziert.

AUFGABE I 38

Die Hypothese H_o: $\Theta \leq 0,1$ soll getestet werden. Man wählt den Stichprobenumfang $n = 100$ und das Signifikanzniveau $\alpha = 0,0228$. Welchen Wert hat die Gütefunktion $\alpha(\Theta)$ an der Stelle $\Theta = 0,2$?

LÖSUNG:

Da hier der Zentrale Grenzwertsatz anwendbar ist (vgl. Tab. III), lautet die Entscheidungsregel beim Signifikanzniveau α: H_o: $\Theta \leq \Theta_o$ ist abzulehnen, falls

$$\frac{P - \Theta_o}{\sqrt{\Theta_o(1-\Theta_o)/n}} > z_\alpha$$

$$\text{bzw.} \quad P > \Theta_o + z_\alpha \sqrt{\Theta_o(1-\Theta_o)/n} =: \Theta^* \ . \qquad (1)$$

Mit $\Theta_o = 0,1$ und $z_{o,o228} = 2$ erhält man $\Theta^* = 0,16$.

$\alpha(\Theta)$ ist die Wahrscheinlichkeit dafür, daß P in den Ablehnungsbereich $(0,16 \, ; 1]$ fällt unter der Bedingung, daß Θ der wahre Parameterwert ist:

$$\alpha(\Theta) = W(P > \Theta^* | \Theta) \ .$$

Für $\Theta = 0{,}2$ ist P näherungsweise normalverteilt mit Erwartungswert 0,2 und Standardabweichung $\sqrt{0{,}2 \cdot 0{,}8/100} = 0{,}04$. Somit gilt (vgl. Abb. 1):

$$\begin{aligned}\alpha(0{,}2) &= W(P > 0{,}16 \mid \Theta = 0{,}2)\\ &= 1 - W(P \leq 0{,}16 \mid \Theta = 0{,}2)\\ &= 1 - \Phi((0{,}16 - 0{,}2)/0{,}04)\\ &= 1 - \Phi(-1) = \Phi(1) = 0{,}8413\,.\end{aligned}$$

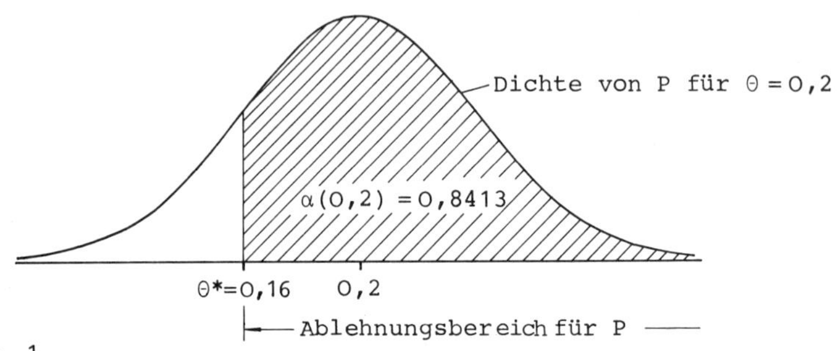

Abb. 1

LITERATUR: [1] T 3.1.4, T 4.6

ERGEBNIS: Die Gütefunktion hat an der Stelle $\Theta = 0{,}2$ den Wert 0,8413.

AUFGABE I 39

Auf Grund eines Liefervertrages zwischen Hersteller und Käufer gelten Lieferungen mit einem Schlechtanteil $\Theta > 0{,}1$ als nicht vertragsgemäß. Der Vertrag sieht vor, daß der Käufer aus jeder Lieferung eine Stichprobe vom Umfang $n = 100$ entnimmt und zum Signifikanzniveau α die Hypothese H_0: $\Theta \leq 0{,}1$ prüft. Bei Ablehnung von H_0 wird die Lieferung zurückgewiesen, ansonsten angenommen. Für $\Theta = 0{,}2$ hat die Gütefunktion $\alpha(\Theta)$ den Wert $\alpha(0{,}2) = 0{,}8413$ (vgl. Aufgabe I 38). Was sagt dieser Wert aus?

Eine Lieferung mit dem Schlechtanteil $\Theta = 0{,}2$ wird mit Wahrscheinlichkeit 0,8413

A: zurückgewiesen, obwohl sie vertragsgemäß ist.

B: angenommen, obwohl sie nicht vertragsgemäß ist.

C: zurückgewiesen und damit eine richtige Entscheidung gefällt.

D: angenommen und damit eine richtige Entscheidung gefällt.

LÖSUNG:

Die Gütefunktion $\alpha(\Theta)$ gibt für jeden Wert von Θ, $0 \leq \Theta \leq 1$, die Wahrscheinlichkeit für die Entscheidung "H_o ablehnen" (hier: "Lieferung zurückweisen") an. Demnach sind die Aussagen B und D falsch.

Die Nullhypothese ist richtig, falls $\Theta \leq 0{,}1$ gilt; andernfalls ist sie falsch. Für $\Theta = 0{,}2 > \Theta_o = 0{,}1$ ist H_o falsch (hier:"Die Lieferung ist nicht vertragsgemäß"), also ist Aussage C richtig und Aussage A falsch.

LITERATUR: [1] T 3.1.4

ERGEBNIS: Aussage C ist richtig.

AUFGABE I 40

Beim Test der Hypothese H_o: $\Theta \leq \Theta_o$ mit $\Theta_o = 0{,}1$ ist $0{,}1587 = 1 - \alpha(0{,}2)$ in Aufgabe I 39 die Wahrscheinlichkeit dafür, daß der Käufer eine (nicht vertragsgemäße) Lieferung mit Schlechtanteil $\Theta = 0{,}2$ annimmt.

Welche der folgenden Vertragsänderungen - jeweils einzeln für sich durchgeführt - können den Wert von $1 - \alpha(0{,}2)$ verringern?

A: Vergrößerung des Signifikanzniveaus.

B: Erhöhung des Stichprobenumfangs.

C: Verkleinerung von $\Theta_o = 0{,}1$ zu $\Theta_o = 0{,}09$.

D: Verschiebung der Grenze des Ablehnungsbereichs in Richtung auf Θ_o.

LÖSUNG:

In Abb. 1 ist der Ablehnungsbereich $(0{,}16\,;1]$ (vgl. Aufgabe I 38) eingezeichnet; weiter sind die Werte $\alpha(0{,}2) = 0{,}8413$ und $1-\alpha(0{,}2) = 0{,}1587$ als Flächen unter der Dichte der Normalverteilung von P graphisch veranschaulicht.

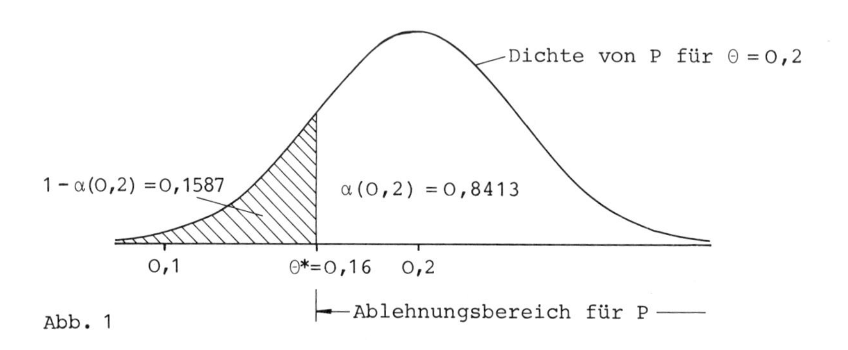

Abb. 1

Demnach ist Aussage D richtig. Wie man nämlich aus Abb. 1 ersieht, verringert eine Verschiebung von Θ^* in Richtung auf $\Theta_o = 0{,}1$ den Inhalt der schraffierten Fläche, also den Wert von $1-\alpha(0{,}2)$.

Aussage A ist richtig. Bei Vergrößerung des Signifikanzniveaus α wird nämlich z_α kleiner und die Grenze Θ^*

$$(1) \qquad \Theta^* = \Theta_o + z_\alpha\sqrt{\Theta_o(1-\Theta_o)/n} \quad ,$$

vgl. (1) von Aufgabe I 38, verschiebt sich nach links.

Aussage B ist richtig, denn bei Erhöhung von n verschiebt sich einerseits Θ^* nach links, andererseits nimmt $\operatorname{var} P = \Theta(1-\Theta)/n$ ab, d.h. die Verteilung von P konzentriert sich stärker um den Wert $\Theta = 0{,}2$. Beide Effekte bewirken eine Verkleinerung des Inhalts der schraffierten Fläche.

Aussage C ist richtig, denn mit $\Theta_o = 0{,}09$ wird gemäß (1) $\Theta^* < 0{,}16$.

LITERATUR: [1] T 3.1.4, T 4.6, T 4.7

ERGEBNIS: Die Aussagen A,B,C und D sind richtig.

AUFGABE I41

Zur Überprüfung der Nullhypothese H_o: $\Theta \geq \Theta_o$ gegen die Alternativhypothese H_1: $\Theta < \Theta_o$ mit dem üblichen Testverfahren für große Stichproben werden drei verschiedene Kombinationen von Stichprobenumfang n und Signifikanzniveau α erwogen. Für die drei Kombinationen (n_1,α_1), (n_2,α_2) bzw. (n_3,α_3) sind die Gütefunktionen $\alpha_1(\Theta)$, $\alpha_2(\Theta)$ bzw. $\alpha_3(\Theta)$ in Abb. 1 skizziert.

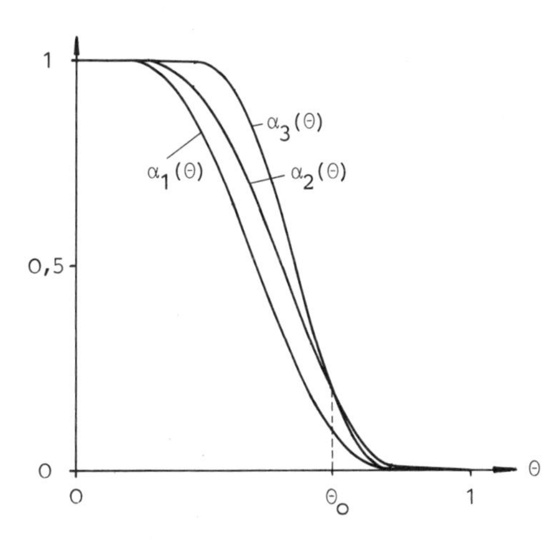

Abb. 1

Welche der folgenden Aussagen sind richtig?

A: $\alpha_1 < \alpha_2$

B: $\alpha_2 = \alpha_3$

C: $n_2 = n_3$

D: $n_2 > n_3$

LÖSUNG:

Die Aussagen A und B sind richtig. Der Wert der Gütefunktion ist an der Stelle Θ_o gleich dem vorgegebenen Signifikanzniveau. Der Abb. 1 entnimmt man $\alpha_1(\Theta_o) < \alpha_2(\Theta_o) = \alpha_3(\Theta_o)$, also $\alpha_1 < \alpha_2$ und $\alpha_2 = \alpha_3$.

Aussage C ist falsch. Die Gütefunktion ist durch Vorgabe von Stichprobenumfang n und Signifikanzniveau α eindeutig festgelegt. Da $\alpha_2(\Theta)$ von $\alpha_3(\Theta)$ verschieden ist, und $\alpha_2 = \alpha_3$ ist, muß demnach $n_2 \neq n_3$ gelten.

Aussage D ist falsch. Für die Grenzen Θ_2^* und Θ_3^* der jeweiligen Ablehnungsbereiche gilt (vgl. auch Aufgabe I 37): $\alpha_2(\Theta_2^*) = \alpha_3(\Theta_3^*) = 0,5$. Abb. 2 entnimmt man $\Theta_2^* < \Theta_3^*$. Da sich diese Grenzen gemäß $\Theta_2^* = \Theta_o - z_{\alpha_2}\sqrt{\Theta_o(1-\Theta_o)/n_2}$ und $\Theta_3^* = \Theta_o - z_{\alpha_3}\sqrt{\Theta_o(1-\Theta_o)/n_3}$ berechnen, und $\alpha_2 = \alpha_3$ gilt, folgt $n_2 < n_3$.

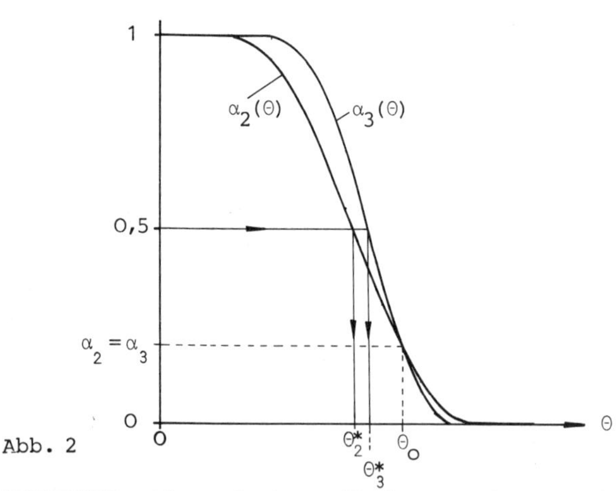

Abb. 2

BEMERKUNG: Die Aufgabe soll demonstrieren, wie sich Änderungen von n und α auf den Verlauf der Gütefunktion auswirken.

(1) Vergrößert man den Stichprobenumfang, so nehmen die Werte der Gütefunktion im Gültigkeitsbereich von

H_o: $\Theta \geq \Theta_o$ ab und im Gültigkeitsbereich der Alternativhypothese H_1: $\Theta < \Theta_o$ zu. Das bedeutet, daß die Wahrscheinlichkeiten für die beiden Fehlentscheidungen, nämlich "H_o ablehnen, obwohl H_o gilt" und "H_o nicht ablehnen, obwohl H_1 gilt" , gleichzeitig abnehmen.

(2) Vergrößert man das Signifikanzniveau α, so wird die Gütefunktion im Bereich $0 < \Theta < 1$ "angehoben", d.h. die Wahrscheinlichkeit für das Ablehnen von H_o nimmt in diesem Bereich zu. Das bedeutet: Die Wahrscheinlichkeit für eine Fehlentscheidung nimmt im Gültigkeitsbereich von H_o zu, dagegen im Gültigkeitsbereich von H_1 ab.

LITERATUR: [1] T 3.1.4, T 4.6, T 4.7

ERGEBNIS: Die Aussagen A und B sind richtig.

AUFGABE I42

Für einen Anteilswert Θ soll die Hypothese H_o: $\Theta \geq \Theta_o$ getestet werden. Welche Aussagen über die zugehörige Gütefunktion $\alpha(\Theta)$ sind richtig?

Die Gütefunktion $\alpha(\Theta)$ gibt

A: für jeden Wert von Θ die Wahrscheinlichkeit dafür an, daß H_o verworfen wird.

B: für jeden Wert von Θ die Wahrscheinlichkeit für eine richtige Entscheidung an.

C: für jedes $\Theta < \Theta_o$ die Wahrscheinlichkeit für eine richtige Entscheidung an.

D: für jedes $\Theta \geq \Theta_o$ die Wahrscheinlichkeit für eine richtige Entscheidung an.

E: für jeden Wert von Θ die Wahrscheinlichkeit dafür an, daß die Prüfgröße in den Ablehnungsbereich fällt.

F: an, ob H_o abgelehnt wird, wenn Θ der tatsächliche Anteilswert ist.

LÖSUNG:

Aussage A ist richtig. Sie beinhaltet die Definition der Gütefunktion. Da H_o genau dann verworfen wird, wenn die Prüfgröße in den Ablehnungsbereich fällt, sind die Aussagen A und E inhaltsgleich; somit ist auch Aussage E richtig.

Aussage C ist richtig. Denn für $\Theta < \Theta_o$ ist $H_o: \Theta \geq \Theta_o$ falsch; das Verwerfen von H_o ist in diesem Fall also eine richtige Entscheidung.

Aussage D ist falsch, denn die Ablehnung von H_o ist für $\Theta \geq \Theta_o$, also bei Gültigkeit von H_o, eine Fehlentscheidung. Mit Aussage D ist auch Aussage B falsch.

Aussage F ist falsch, denn die Entscheidung darüber, ob H_o zu verwerfen ist, wird nicht an Hand der Gütefunktion getroffen, sondern an Hand der Entscheidungsregel "H_o verwerfen, falls die Prüfgröße in den Ablehnungsbereich fällt".

LITERATUR: [1] T 1.2.4, T 1.3.2

ERGEBNIS: Die Aussagen A,C und E sind richtig.

AUFGABE I43

Die Hypothese $H_o: \Theta \geq 0,36$ soll zum Signifikanzniveau $\alpha = 0,1151$ getestet werden. Der Stichprobenumfang n soll so gewählt werden, daß für $\Theta \leq 0,2$ H_o durch den Test mindestens mit der Wahrscheinlichkeit 0,9772 verworfen wird. Wie groß muß der Mindeststichprobenumfang sein?

LÖSUNG:

Man unterstellt zunächst die Anwendbarkeit des Zentralen Grenzwertsatzes. Mit $z_\alpha = 1,2$ ist dann die Grenze Θ^* des Ablehnungsbereichs für die nichtstandardisierte Prüfgröße P gegeben durch

$$\Theta^* = 0,36 - 1,2\sqrt{0,36 \cdot 0,64/n} = 0,36 - 1,2 \cdot 0,48/\sqrt{n} .$$

Da die Gütefunktion zum Test von H_0 monoton fällt, genügt es, den Stichprobenumfang n so zu wählen, daß die Gütefunktion $\alpha(\Theta)$ an der Stelle $\Theta_1 = 0{,}2$ den Wert $0{,}9772$ besitzt:

$$(1) \qquad \alpha(0{,}2) = \Phi\left(\frac{0{,}36 - 1{,}2\cdot 0{,}48/\sqrt{n} - 0{,}2}{\sqrt{0{,}2\cdot 0{,}8/n}}\right) = 0{,}9772 .$$

Wegen $\Phi(2) = 0{,}9772$ ist (1) gleichbedeutend mit

$$(2) \qquad \frac{0{,}36 - 1{,}2\cdot 0{,}48/\sqrt{n} - 0{,}2}{0{,}4/\sqrt{n}} = 2 .$$

Die Auflösung nach $\sqrt{n}$ bzw. n ergibt:

$$\sqrt{n} = 8{,}6 \quad \text{bzw.} \quad n = 73{,}96 .$$

Der Mindeststichprobenumfang ist also 74 .

Die Anwendung des Zentralen Grenzwertsatzes erweist sich nachträglich als gerechtfertigt, vgl. Tab. III .

LITERATUR: [1] T 4.8

ERGEBNIS: Der Mindeststichprobenumfang beträgt 74 .

AUFGABE I 44

Die Hypothese H_0: $\Theta = 0{,}2$ soll zum Signifikanzniveau $\alpha = 0{,}0456$ und beim Stichprobenumfang $n = 64$ getestet werden. Welche der folgenden Aussagen über die zugehörige Gütefunktion $\alpha(\Theta)$ sind dann richtig?

A: $\alpha(0) = \alpha(1) = 1$

B: $\alpha(0) = \alpha(1) = 0$

C: $\alpha(0) = 0$; $\alpha(1) = 1$

D: $\alpha(0{,}2) = 0{,}0228$

E: $\alpha(\Theta) \geq 0{,}0456$ für $0 \leq \Theta \leq 1$

F: $\alpha(0{,}25) > \alpha(0{,}2)$

G: $\alpha(0{,}1) > \alpha(0{,}15)$

H: $\alpha(0{,}4) > 0{,}5$

I: $\alpha(0{,}15) < 0{,}5000$

J: $\alpha(0{,}2 + c) = \alpha(0{,}2 - c)$ für $c > 0$.

LÖSUNG:

Bei Anwendung des Zentralen Grenzwertsatzes (vgl. Tab. III) errechnen sich die Grenzen des Ablehnungsbereichs für die Prüfgröße P mit $z_{\alpha/2} = 2$ gemäß

$$(1) \quad 0{,}2 \pm 2 \cdot \sqrt{0{,}2 \cdot 0{,}8/64} = 0{,}2 \pm 0{,}1 \quad \text{(vgl. auch Abb. 1).}$$

H_o wird daher abgelehnt für $P < 0{,}1$ oder $P > 0{,}3$.

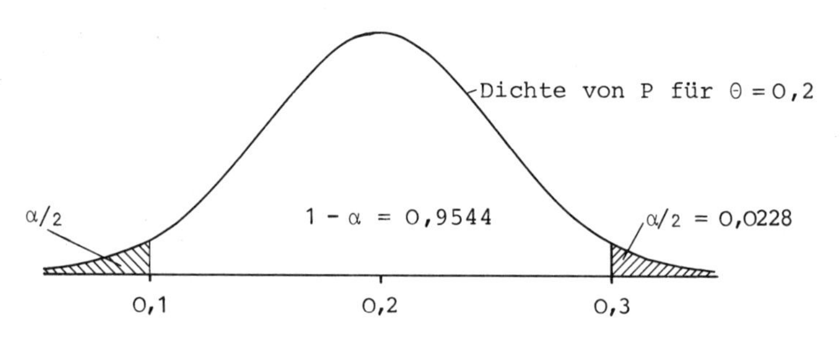

Abb. 1

Die Abb.2 skizziert die Dichte von P zu vorgegebenem Wert von Θ.

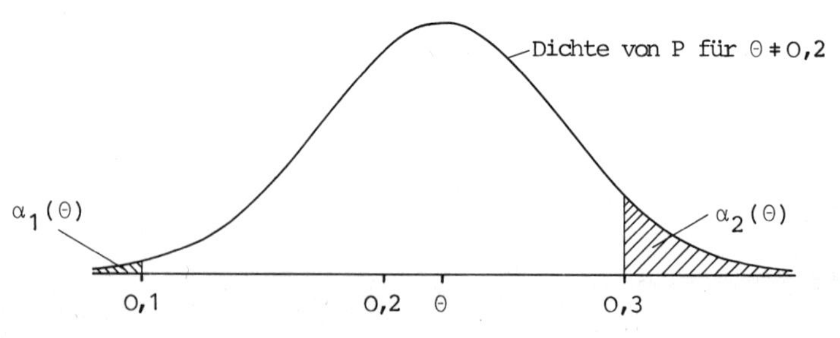

Abb. 2

$\alpha(\Theta)$ setzt sich zusammen aus den Inhalten $\alpha_1(\Theta)$ und $\alpha_2(\Theta)$ der schraffierten Flächen, also

$$(2) \quad \alpha(\Theta) = \alpha_1(\Theta) + \alpha_2(\Theta)$$

mit

$$(3) \quad \alpha_1(\Theta) = \Phi((0{,}1 - \Theta)/\sqrt{\Theta(1-\Theta)/64})$$

$$(4) \quad \alpha_2(\Theta) = 1 - \Phi((0{,}3 - \Theta)/\sqrt{\Theta(1-\Theta)/64}) .$$

Da der Test mit der "einseitigen" Hypothese H_o: $\Theta \geq 0{,}2$ beim Signifikanzniveau 0,0228 ($= \alpha/2$) den Ablehnungsbereich $[0\,;0{,}1)$ besitzt, ist $\alpha_1(\Theta)$ interpretierbar als Wert der Gütefunktion für diesen Test bei vorgegebenem Θ. Entsprechend ist $\alpha_2(\Theta)$ interpretierbar als Wert der Gütefunktion zu H_o: $\Theta \leq 0{,}2$ mit Signifikanzniveau 0,0228 ($= \alpha/2$) .

Die folgende Tabelle enthält zu vorgegebenen Θ-Werten die gemäß (3),(4) bzw. (2) berechneten Werte von $\alpha_1(\Theta)$, $\alpha_2(\Theta)$ bzw. $\alpha(\Theta)$.

Θ	$\alpha_1(\Theta)$	$\alpha_2(\Theta)$	$\alpha(\Theta) = \alpha_1(\Theta) + \alpha_2(\Theta)$
0,05	0,9668	0,0000	0,9668
0,10	0,5000	0,0000	0,5000
0,15	0,1314	0,0004	0,1318
0,20	0,0228	0,0228	0,0456
0,25	0,0028	0,1778	0,1806
0,30	0,0002	0,5000	0,5002
0,35	0,0000	0,7990	0,7990
0,40	0,0000	0,9487	0,9487
0,45	0,0000	0,9920	0,9920

An Hand dieser Wertetabelle läßt sich die Abb.3 zeichnen.

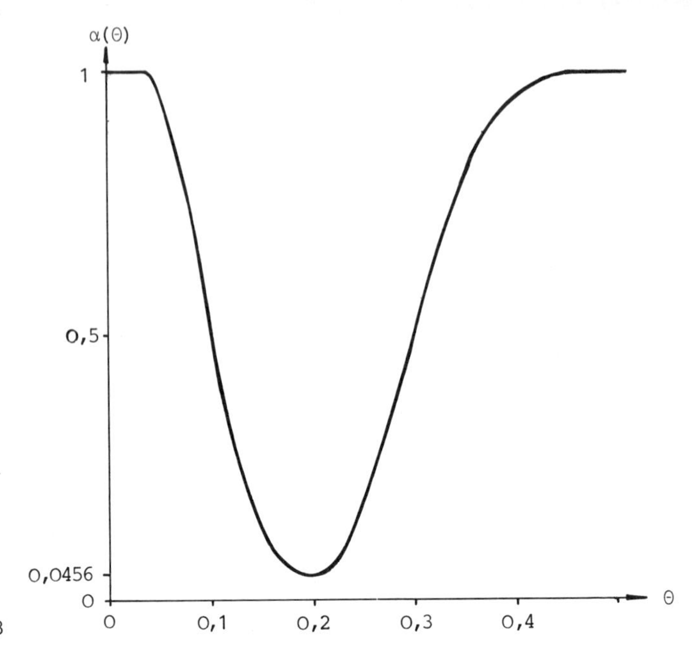

Abb. 3

Aussage A ist richtig und die Aussagen B und C sind falsch, denn es gilt bei H_o: $\Theta \geq \Theta_o$ (vgl. hierzu auch Aufgabe I37): $\alpha_1(0) = 1$ und $\alpha_1(1) = 0$. Bei H_o: $\Theta \leq \Theta_o$ gilt entsprechend $\alpha_2(0) = 0$ und $\alpha_2(1) = 1$. Somit hat man $\alpha(0) = \alpha(1) = 1$.

Aussage D ist falsch, denn es gilt auf Grund der Konstruktion des Ablehnungsbereichs: $\alpha(0{,}2) = \alpha(\Theta_o) = \alpha = 0{,}0456$.

Wie man aus dem Verlauf von $\alpha(\Theta)$ in Abb. 3 ersieht, sind die Aussagen E,F,G,H und I richtig.

Die in J ausgesprochene Symmetrie von $\alpha(\Theta)$ bezüglich $\Theta = \Theta_o$ trifft nicht zu, vgl. auch Abb. 3 . (Bei Symmetrie müßte z.B. $\alpha(0{,}4) = \alpha(0) = 1$ sein. Wie man aus der Tabelle ersieht, gilt jedoch $\alpha(0{,}4) < 1$.)

BEMERKUNG: Für die Nullhypothese H_o: $\Theta = \Theta_o$ läßt sich allgemein zeigen, daß $\alpha(\Theta)$ im Bereich $0 \leq \Theta \leq \Theta_o$ monoton fällt und im Bereich $\Theta_o \leq \Theta \leq 1$ monoton wächst. Mit Hilfe dieser Monotonie-Eigenschaft lassen sich die Aussagen E,F und G als richtig erkennen.

LITERATUR: [1] T 4.6

ERGEBNIS: Die Aussagen A,E,F,G,H und I sind richtig.

AUFGABE I45

Der Mittelwert eines quantitativen Merkmals sei mit μ bezeichnet. Es besteht die Vermutung, daß μ eine Schranke μ_o übersteigt. Um diese Vermutung zu bestätigen, wird zum Signifikanzniveau α , $0< \alpha < 1$, und mit dem Stichprobenumfang n ein Signifikanztest mit der Hypothese H_o: $\mu \leq \mu_o$ durchgeführt. Man erhält einen Wert der Prüfgröße, der nicht im Ablehnungsbereich liegt; also wird H_o nicht abgelehnt. Welche der nachstehenden Vorgehensweisen bzw. Aussagen sind richtig?

A: H_o wird angenommen, da auf Grund des Testergebnisses die Richtigkeit von H_o bewiesen ist.

B: Die hier auf Grund des beobachteten Prüfgrößenwertes getroffene Entscheidung "H_o nicht ablehnen" ist höchstens mit der Wahrscheinlichkeit α falsch.

C: Man sollte ausprobieren, ob ein größeres Signifikanzniveau zur Ablehnung der Nullhypothese führt.

D: Man testet H_o': $\mu \geq \mu_o$ und sagt: Falls H_o' verworfen wird, gilt H_o .

E: Man verkleinert μ_o zu $\tilde{\mu}_o$ so, daß $\tilde{H}_o$: $\mu \leq \tilde{\mu}_o$ auf Grund des vorliegenden Stichprobenergebnisses verworfen wird.

LÖSUNG:

Aussage A ist falsch. H_o kann zwar nicht verworfen werden, da der Prüfgrößenwert nicht im Ablehnungsbereich liegt; damit ist aber nicht bewiesen, daß H_o richtig ist. Denn auch wenn H_o falsch ist, kann der Prüfgrößenwert außerhalb des Ablehnungsbereichs liegen.

Aussage B ist falsch. Das Signifikanzniveau α besagt: Im Falle, daß H_o gilt, wird der Test höchstens mit der Wahrscheinlichkeit α zur Fehlentscheidung "H_o verwerfen" führen. Demnach besagt das Signifikanzniveau bei häufiger Testdurchführung: In den Situationen, in denen H_o richtig ist, werden höchstens $\alpha \cdot 100\%$ der Testdurchführungen zur Entscheidung "H_o verwerfen" führen. Eine einzelne getroffene Entscheidung jedoch ist entweder richtig oder sie ist falsch, so daß α hierbei keine Bedeutung hat (vgl. auch Aufgabe I16 zur Interpretation des Sicherheitsgrades bei Konfidenzintervallen).

Aussage C ist falsch. Der Stichprobenumfang, die Prüfgröße sowie das Signifikanzniveau (und damit der Ablehnungsbereich) sind generell vor der Stichprobenziehung festzulegen. Wird α erst nach Realisation der Prüfgröße so gewählt, daß H_o - je nach Interessenlage - verworfen oder nicht verworfen wird, so trifft man keine objektive statistische Entscheidung, sondern nur eine (statistisch verbrämte) subjektive Entscheidung.

Aussage D ist falsch, denn konventionsgemäß steht in der Nullhypothese die Aussage, die auf Grund der Stichprobendaten mit Hilfe des Testverfahrens verworfen werden soll. Daher ist hier durch die Problemstellung die Nullhypothese H_o: $\mu \leq \mu_o$ vorgegeben. Ein "Anpassen" der Nullhypothese an die Stichprobendaten ist ebenso eine Manipulation wie das nachträgliche Verändern des Signifikanzniveaus.

Aussage E ist falsch, denn der Wert von μ_o wird durch den interessierenden Sachverhalt festgelegt und kann daher nicht auf Grund eines Stichprobenergebnisses manipuliert werden.

LITERATUR: [12] S. 94 - 98 ; [26] S. 195 - 207

ERGEBNIS: Keine Aussage ist richtig.

AUFGABE I46

Θ_B bzw. Θ_H seien in Bayern bzw. Hessen die Anteile der wahlberechtigten Personen, die am Jahresende 1983 mit der Finanzpolitik der Bundesregierung unzufrieden sind.

Ein Meinungsforschungsinstitut möchte nachweisen, daß Θ_B und Θ_H verschieden sind. Um den entsprechenden Differenzentest zum Signifikanzniveau $\alpha = 0{,}1$ durchführen zu können, werden in Bayern $n_B = 196$ und in Hessen $n_H = 196$ Personen zufällig ausgewählt. Man erhält die Stichprobenanteile $P_B = 0{,}4$ und $P_H = 0{,}5$.

Welche Aussagen lassen sich daraus folgern?

A: Die Hypothese H_o: $\Theta_B = \Theta_H$ wird verworfen.

B: Die Hypothese H_o: $\Theta_B = \Theta_H$ wird nicht verworfen.

C: Das Testergebnis beweist, daß $\Theta_B \neq \Theta_H$ ist.

D: Das Testergebnis beweist, daß $\Theta_B = \Theta_H$ ist.

E: Bei Vorgabe von $\alpha = 0{,}1$ wird der beobachtete Unterschied von P_B und P_H nicht allein durch die zufällige Auswahl der Personen erklärt.

F: Der beobachtete Unterschied zwischen P_B und P_H ist bei Vorgabe von $\alpha = 0{,}1$ allein durch die zufällige Auswahl der Personen erklärbar.

LÖSUNG:

Da der Zentrale Grenzwertsatz anwendbar ist (vgl. Tab. III), ist

$$\frac{P_B - P_H}{\sqrt{\frac{P_B(1-P_B)}{n_B} + \frac{P_H(1-P_H)}{n_H}}}$$

bei Gültigkeit von H_o: $\Theta_B = \Theta_H$ näherungsweise standardnormalverteilt. Der zugehörige Ablehnungsbereich für $\alpha = 0{,}1$ ist dann $(-\infty; -1{,}645) \cup (1{,}645; \infty)$. Mit $P_B = 0{,}4$, $P_H = 0{,}5$

und $n_B = n_H = 196$ ergibt sich der im Ablehnungsbereich liegende Prüfgrößenwert -2.

Somit läßt sich Aussage A folgern, Aussage B jedoch nicht.

Die Aussagen C und D lassen sich nicht folgern. Zwar wird im obigen Beispiel $H_o: \Theta_B = \Theta_H$ verworfen, aber Testentscheidungen über eine Nullhypothese sind grundsätzlich mit der Möglichkeit des Irrtums behaftet.

Aussage E läßt sich folgern, jedoch Aussage F nicht. Der Test soll rein zufallsbedingte Abweichungen $P_B - P_H$ im Falle $\Theta_B - \Theta_H = 0$ unterscheiden von solchen Abweichungen $P_B - P_H$, die hauptsächlich durch eine Differenz $\Theta_B - \Theta_H \neq 0$ der Anteile in der Gesamtheit verursacht sind. Die Testentscheidung wird so getroffen, daß bei Prüfgrößenwerten im Ablehnungsbereich die beobachtete Differenz $P_B - P_H$ als "nicht verträglich" mit $\Theta_B = \Theta_H$ interpretiert wird. Entsprechend hält man einen nicht im Ablehnungsbereich liegenden Prüfgrößenwert als nicht im Widerspruch zur Hypothese $H_o: \Theta_B = \Theta_H$ stehend. Da im vorliegenden Fall H_o verworfen wurde, läßt sich also Aussage E, jedoch nicht Aussage F folgern.

LITERATUR: [1] T 3.2.2; [26] S. 195 - 207

ERGEBNIS: Die Aussagen A und E lassen sich folgern.

AUFGABE I47

Man betrachtet das einfache lineare Regressionsmodell

$Y_i = \beta_o + \beta_1 x_i + U_i$; $i = 1,\ldots,n$; vgl. Abb. 1.

Hierbei sind für $i = 1,\ldots,n$ $(n \geq 3)$:

- x_i vorgegebene Werte der erklärenden Variablen x mit $\Sigma(x_i - \bar{x})^2 > 0$,
- U_i unabhängige Residualvariablen mit $EU_i = 0$ und $\operatorname{var} U_i = \sigma_U^2 > 0$,

Y_i bei vorgegebenem x_i zu beobachtende Werte der (durch x erklärten) Variablen Y,

β_o und β_1 unbekannte Regressionsparameter.

Man denkt sich die Wertepaare $(x_i;Y_i)$ als Punkte in einem rechtwinkligen Koordinatensystem mit x_i als Abszisse eingezeichnet (vgl. Abb.2). B_o und B_1 sind die aus den Wertepaaren $(x_i;Y_i)$ nach der Methode der kleinsten Quadrate resultierenden Schätzfunktionen für β_o und β_1.

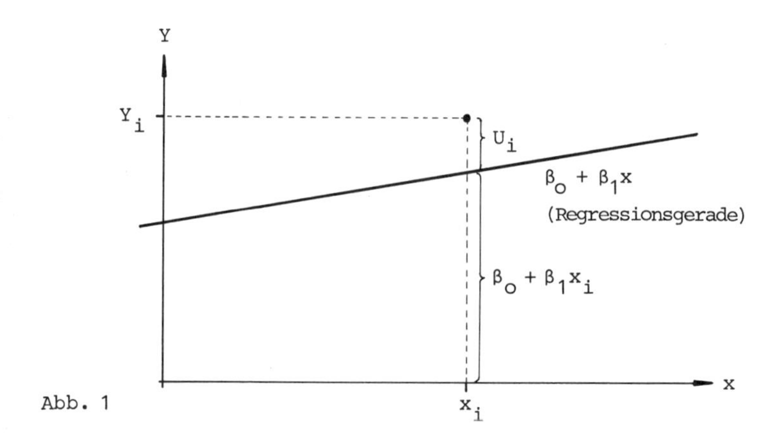

Abb. 1

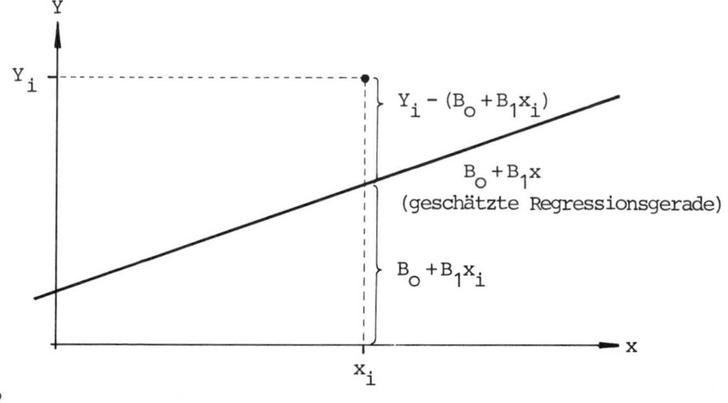

Abb. 2

Welche der folgenden Aussagen sind richtig?

Die geschätzte Regressionsgerade $B_o + B_1x$

A: ist unter allen Geraden diejenige, für die die Summe der vertikalen Abstände der Punkte zur Geraden minimal wird.

B: ist unter allen Geraden diejenige, für die die Summe der quadrierten vertikalen Abstände der Punkte von der Geraden minimal wird.

C: ist unter allen Geraden diejenige, für die die Summe der quadrierten horizontalen Abstände der Punkte von der Geraden minimal wird.

D: ist unter allen Geraden diejenige, für die die Summe der quadrierten lotrechten Abstände der Punkte von der Geraden minimal wird.

E: hat die Eigenschaft, daß die minimale Summe der quadrierten vertikalen Abstände der Punkte von der Geraden eine erwartungstreue Schätzfunktion für $(n-2)\sigma_U^2$ ist.

LÖSUNG:

Da gemäß dem Modellansatz auf Grund der Residualvariablen U_i ein Zufallseinfluß nur in vertikaler Richtung wirkt (vgl. Abb.1), sind nur die vertikalen Abweichungen bzw. Abstände der Punkte $(x_i;Y_i)$ von der geschätzten Regressionsgeraden $B_o + B_1x$ interessant (vgl. Abb. 2). Insoweit sind die Aussagen C und D falsch.

Aus der Namensgebung "Methode der kleinsten Quadrate" (auch "Methode der kleinsten Quadratsumme" genannt) geht hervor, daß die Summe der quadrierten Abweichungen bzw. Abstände zu minimieren ist. Demzufolge ist Aussage A falsch und Aussage B richtig.

Als Lösung des Minimierungsproblems erhält man die Kleinste-Quadrate-Schätzfunktionen B_1 und B_o für β_1 und β_o,

$$B_1 = \frac{\Sigma(x_i - \bar{x})(Y_i - \bar{Y})}{\Sigma(x_i - \bar{x})^2} \quad \text{und} \quad B_o = \bar{Y} - B_1\bar{x} \ ,$$

mit der minimalen Quadratsumme

$$Q = \Sigma[Y_i - (B_o + B_1 x_i)]^2 \ .$$

Aussage E ist richtig. $S_U^2 = Q/(n-2)$ ist eine erwartungstreue Schätzfunktion für $\mathrm{var}\, U = \sigma_U^2$. Demnach ist

$$EQ = E\big((n-2)S_U^2\big) = (n-2)ES_U^2 = (n-2)\sigma_U^2 \ .$$

LITERATUR: [1] R1,R2,R3,R 5.2

ERGEBNIS: Die Aussagen B und E sind richtig.

AUFGABE I48

An einer Werkzeugmaschine wird für ein Verschleißteil zu den vorgeschriebenen Wartungszeitpunkten x_i [Betriebsstunden] die Abnutzung Y_i [mm] gemessen. Für den Zusammenhang zwischen Betriebszeit und Abnutzung wird das einfache lineare Regressionsmodell $Y_i = \beta_o + \beta_1 x_i + U_i$, $i = 1,2,\ldots,n$, unterstellt. Welche Modellgrößen sind Zufallsvariablen?

A: Die Wartungszeitpunkte.

B: Die Abnutzung.

C: Die Residualvariablen.

D: Die Regressionsparameter.

E: Die Schätzfunktionen für die Regressionsparameter.

LÖSUNG:

Das lineare Regressionsmodell unterstellt, daß die Abnutzung Y im Mittel linear von der Betriebszeit x abhängt. Die Wartungszeitpunkte sind vorgegeben; sie stellen daher keine Zufallsvariablen dar.

Der lineare Modell-Zusammenhang zwischen x_i und Y_i wird gestört durch eine Reihe nicht konstanter und auch nicht erfaßter bzw. erfaßbarer Einflußgrößen wie z.B. Temperaturschwankungen, variable Arbeitsgeschwindigkeiten, unterschiedliche Materialien und andere mehr. Der zusammengefaßte Einfluß dieser Größen auf Y_i wird als Zufallseinfluß interpretiert und im Modell durch die Zufallsvariable U_i beschrieben. In diesem Sinne sind die Residualvariablen U_i und damit auch die Abnutzung Y_i Zufallsvariablen.

Die Regressionsparameter β_o und β_1 des Modells sind feste, i.a. jedoch unbekannte reelle Zahlen und somit keine Zufallsvariablen.

Als Funktionen der Zufallsvariablen Y_i sind die Schätzfunktionen B_o und B_1 für die Modellparameter β_o und β_1 ebenfalls Zufallsvariablen.

LITERATUR: [1] R 1.1 bis R 1.3

ERGEBNIS: Die unter B,C und E genannten Modellgrößen sind Zufallsvariablen.

AUFGABE I 49

Aus den Wertepaaren $(x_i;Y_i)$, $i=1,\ldots,n$, mit $\Sigma(x_i-\bar{x})^2>0$ werden im einfachen linearen Regressionsmodell $Y_i=\beta_o+\beta_1 x_i+U_i$ die Parameter β_o und β_1 mittels der aus der Methode der kleinsten Quadrate resultierenden Schätzfunktionen B_o und B_1 geschätzt.

Welche Aussagen gelten dann immer?

A: $Y_i = B_o + B_1 x_i$

B: $Y_i = B_o + B_1 x_i + U_i$

C: $EY_i = B_o + B_1 x_i$

D: $EY_i = \beta_o + \beta_1 x_i$

E: $\bar{Y} = B_o + B_1 \bar{x}$

F: $E\overline{Y} = B_o + B_1\overline{x}$

G: $E\overline{Y} = \beta_o + \beta_1\overline{x}$.

LÖSUNG:

Aussage A ist offensichtlich falsch, denn sie bedeutet, daß alle Wertepaare $(x_i;Y_i)$ stets exakt auf der Geraden $B_o + B_1x$ liegen, was wegen $\operatorname{var} U_i > 0$ nur ausnahmsweise eintritt.

Wenn Aussage B richtig wäre, so müßte immer $B_o = \beta_o$ und $B_1 = \beta_1$ gelten, wie der Vergleich mit der Modellgleichung $Y_i = \beta_o + \beta_1x_i + U_i$ zeigt.

Aussage C ist falsch, denn links vom Gleichheitszeichen steht die reelle Zahl EY_i , während rechts davon die Zufallsvariable $B_o + B_1x_i$ steht (vgl. auch Aufgaben W48 und I48).

Aussage D ist richtig, denn mit $EU_i = 0$ findet man:

$$EY_i = E(\beta_o + \beta_1x_i + U_i) = \beta_o + \beta_1x_i + EU_i = \beta_o + \beta_1x_i .$$

Aussage E ist richtig, wie man durch Auflösen von $B_o = \overline{Y} - B_1\overline{x}$ nach $\overline{Y}$ ersieht. Aussage E bedeutet, daß die geschätzte Regressionsgerade für $x = \overline{x}$ den Wert $\overline{Y}$ annimmt.

Mit der gleichen Begründung wie bei C ist Aussage F falsch.

Aussage G ist richtig, denn es gilt mit

$$\overline{Y} = \Sigma Y_i/n = \Sigma(\beta_o + \beta_1x_i + U_i)/n$$

und der Linearitätseigenschaft des Erwartungswerts:

$$E\overline{Y} = E(\Sigma Y_i/n) = \Sigma(\beta_o + \beta_1x_i + EU_i)/n = \beta_o + \beta_1\Sigma x_i/n .$$

LITERATUR: [1] R 2.2, R 3.3

ERGEBNIS: Die Aussagen D,E und G sind richtig.

AUFGABE I 50

In einem Versandhaus wurden $n = 10$ Sendungen mit x_i Artikeln zusammengestellt und verpackt. Dabei wurden zugehörig zu x_i die Verpackungszeiten Y_i [Min.] gemessen:

i	1	2	3	4	5	6	7	8	9	10
x_i	2	2	3	3	4	4	5	5	6	6
Y_i	6	4	5	6	8	6	9	8	8	10

Für den Zusammenhang zwischen x und Y wird das einfache lineare Regressionsmodell $Y_i = \beta_o + \beta_1 x_i + U_i$ unterstellt. Schätzen Sie für eine Sendung mit 7 Artikeln nach der Methode der kleinsten Quadrate die zu erwartende Verpackungszeit.

LÖSUNG:

Die zu erwartende Verpackungszeit für $x = 7$ Artikel ist $\beta_o + \beta_1 \cdot 7$. Nach der Methode der kleinsten Quadrate werden β_1 und β_o geschätzt durch

$$B_1 = \frac{\Sigma x_i Y_i - n\bar{x}\bar{Y}}{\Sigma x_i^2 - n\bar{x}^2} = \frac{302 - 10 \cdot 4 \cdot 7}{180 - 10 \cdot 4 \cdot 4} = \frac{22}{20} = 1,1$$

$$B_o = \bar{Y} - B_1 \bar{x} = 7 - 1,1 \cdot 4 = 2,6 .$$

Die geschätzte Regressionsgerade $B_o + B_1 x$ lautet daher $2,6 + 1,1x$. Für $x = 7$ erhält man $2,6 + 1,1 \cdot 7 = 10,3$ [Min.].

BEMERKUNG: Der Wert $x = 7$, für den die Verpackungszeit geschätzt werden soll, liegt außerhalb des Beobachtungsbereichs $2 \leq x_i \leq 6$ der Tabellenwerte. Bei der Schätzung wird daher unterstellt, daß der lineare Zusammenhang zwischen x und Y auch außerhalb des Beobachtungsbereichs gilt.

LITERATUR: [1] R 3.3

ERGEBNIS: Der Schätzwert für die zu erwartende Verpackungszeit von 7 Artikeln beträgt 10,3 [Min.].

AUFGABE I51

Für den Zusammenhang zwischen eingesetzter Düngemittelmenge x [kg/ha] mit $0 \leq x \leq 400$ und dem Ernteertrag Y_i [kg/ha] wird das einfache lineare Regressionsmodell $Y = \beta_o + \beta_1 x + U$ unterstellt. Aus n Datenpaaren $(x_i; Y_i)$ erhält man nach der Methode der kleinsten Quadrate die geschätzte Regressionsgerade $2\,500 + 3{,}3x$.

Welche der folgenden Aussagen gelten dann?

A: $2\,500 + 3{,}3\,x$ [kg/ha] ist ein Schätzwert für den erwarteten Ertrag, den man bei Einsatz von x [kg/ha] Dünger $(0 \leq x \leq 400)$ erzielt.

B: 2 500 [kg/ha] ist ein Schätzwert für den erwarteten Ertrag, den man ohne Einsatz von Dünger erzielt.

C: 3,3 [kg/ha] ist ein Schätzwert für den erwarteten absoluten Ertragszuwachs, den man pro Mehreinsatz von 1 [kg/ha] Dünger erzielt.

D: 3,3 [kg/ha] ist ein Schätzwert für den erwarteten Ertrag, den man bei Einsatz von 1 [kg/ha] Dünger erzielt.

E: 3,3 [kg/ha] ist ein Schätzwert für den erwarteten Ertrag bei Einsatz von Dünger.

LÖSUNG:

Für die nach der Methode der kleinsten Quadrate ermittelten Schätzfunktionen B_o und B_1 gilt allgemein: B_o bzw. B_1 ist erwartungstreue Schätzfunktion für β_o bzw. β_1, $B_o + B_1 x$ ist für jedes x eine erwartungstreue Schätzfunktion für $\beta_o + \beta_1 x$. Realisationen von B_o und B_1 führen zu Schätzwerten für β_o bzw. β_1 bzw. $\beta_o + \beta_1 x$.
In der vorliegenden Anwendungssituation ist $\beta_o + \beta_1 x$ der erwartete Ertrag bei Düngemitteleinsatz von x [kg/ha]; hierfür ist also $2\,500 + 3{,}3x$ ein Schätzwert, d.h. Aussage

A ist richtig.

Weiter ist 2 500 im Falle $x = 0$, also wenn kein Dünger eingesetzt wird, ein Schätzwert für $\beta_0 + \beta_1 \cdot 0 = \beta_0$, d.h. Aussage B ist richtig.

Das Steigungsmaß β_1 gibt an, um wieviel sich $\beta_0 + \beta_1 x$ beim Übergang von x nach $x+1$, d.h. bei Mehreinsatz von 1 [kg/ha] Dünger, verändert; hierfür ist 3,3 ein Schätzwert und Aussage C ist richtig.

Aussage D ist falsch, denn $2\,500 + 3{,}3 \cdot 1 = 2\,503{,}3$ und nicht 3,3 ist ein Schätzwert für den erwarteten Ertrag bei Einsatz von 1 [kg/ha] Dünger.

Aussage E ist falsch, denn hier wird die Abhängigkeit des Ertrags von der Düngemittelmenge x überhaupt nicht berücksichtigt.

ERGEBNIS: Die Aussagen A,B und C sind richtig.

AUFGABE I 52

Es liegt das einfache lineare Regressionsmodell

$Y_i = \beta_0 + \beta_1 x_i + U_i$, $i = 1,\dots,n$ vor. Zu vorgegebenen Werten x_i , $i = 1,\dots,n > 2$, mit $\sum_{i=1}^{n} (x_i - \bar{x})^2 > 0$, beobachtet man Werte Y_i mit $\sum_{i=1}^{n} (Y_i - \bar{Y})^2 = 0$ und $\bar{Y} = 5$.

Welche der nachstehenden Aussagen folgt dann für die nach der Methode der kleinsten Quadrate geschätzte Regressionsgerade $B_0 + B_1 x$?

A: $Y_i = 5$; $i = 1,\dots,n$

B: $B_1 = 0$

C: $B_0 = 5$

D: $S_U^2 = 0$

E: $Y_i = \beta_0 + \beta_1 x_i$; $i = 1,\dots,n$.

LÖSUNG:

Aussage A ist richtig, denn $\Sigma(Y_i - \overline{Y})^2 = 0$ bedeutet, daß die Werte Y_i nicht streuen, d.h. daß alle Y_i unabhängig von x_i denselben Wert besitzen, und zwar wegen $\overline{Y} = 5$ den Wert $Y_i = 5$. Geometrisch bedeutet dies, daß alle Punkte $(x_i;Y_i)$ auf der horizontalen Geraden mit dem Achsabschnitt 5 liegen. Die geschätzte Regressionsgerade $B_0 + B_1x$ stimmt offensichtlich mit dieser Geraden überein, so daß $B_0 = 5$ und $B_1 = 0$ gilt und die Aussagen B und C richtig sind.

Auch Aussage D ist richtig, denn wegen $B_0 + B_1x = B_0 = 5$ und wegen $Y_i = 5$ ergibt sich rein formal

$$S_U^2 = \sum_{i=1}^{n}\left[Y_i - (B_0 + B_1x_i)\right]^2/(n-2) = \sum_{i=1}^{n}(5-5)^2/(n-2) = 0 .$$

Dies ist auch anschaulich plausibel; denn S_U^2 ist die Varianz der Y_i-Werte um die geschätzte Regressionsgerade. Diese Varianz muß den Wert 0 besitzen, wenn alle Punkte $(x_i;Y_i)$ exakt auf einer Geraden liegen, die dann auch die geschätzte Regressionsgerade ist.

Aussage E ist falsch, denn aus der Tatsache, daß die empirisch beobachteten Punkte $(x_i;Y_i)$ zufällig alle auf der Geraden $B_0 + B_1x$ liegen, darf man nicht schließen, daß diese mit der Regressionsgeraden $\beta_0 + \beta_1x$ übereinstimmt bzw. daß für die Residualvariablen $U_i \equiv 0$ gilt.

LITERATUR: [1] R1, R2, R3.3, R4.3

ERGEBNIS: Die Aussagen A,B,C und D sind richtig.

AUFGABE I53

Im einfachen linearen Regressionsmodell $Y_i = \beta_o + \beta_1 x_i + U_i$, $i = 1,\ldots,n$, wird der Regressionsparameter β_1 gewöhnlich nach der Methode der kleinsten Quadrate durch die Schätzfunktion B_1 geschätzt. Als Alternative zu B_1 werde die Schätzfunktion C_1 vorgeschlagen, die wie folgt definiert ist:

$$C_1 = \frac{1}{n}\sum_{i=1}^{n} \frac{Y_i - \bar{Y}}{x_i - \bar{x}} \quad .$$

Welche Eigenschaften hat diese Schätzfunktion C_1, wenn man $x_i \neq \bar{x}$; $i = 1,\ldots,n$ voraussetzen kann?

A: C_1 ist eine lineare Funktion der Y_i.

B: C_1 ist eine erwartungstreue Schätzfunktion für β_1.

C: Es gilt: $\operatorname{var} C_1 < \operatorname{var} B_1$.

LÖSUNG:

Aussage A ist richtig, denn es gilt:

$$C_1 = \frac{1}{n}\left[\sum_{i=1}^{n} \frac{1}{x_i - \bar{x}} \cdot Y_i - \left(\frac{1}{n}\sum_{i=1}^{n} Y_i\right)\left(\sum_{j=1}^{n} \frac{1}{x_j - \bar{x}}\right)\right] =$$

$$= \frac{1}{n}\sum_{i=1}^{n}\left[\frac{1}{x_i - \bar{x}} - \frac{1}{n}\sum_j\left(\frac{1}{x_j - \bar{x}}\right)\right]\cdot Y_i \quad .$$

Aussage B ist richtig. Wegen $EY_i = \beta_o + \beta_1 x_i$ und $E\bar{Y} = \beta_o + \beta_1 \bar{x}$ (vgl. Aufgabe I 49) erhält man mit der Linearitätseigenschaft des Erwartungswertes:

$$EC_1 = E\left(\frac{1}{n}\sum_{i=1}^{n} \frac{Y_i - \bar{Y}}{x_i - \bar{x}}\right) = \frac{1}{n}\sum_{i=1}^{n} \frac{EY_i - E\bar{Y}}{x_i - \bar{x}} =$$

$$= \frac{1}{n}\sum_{i=1}^{n} \frac{[(\beta_o + \beta_1 x_i) - (\beta_o + \beta_1 \bar{x})]}{x_i - \bar{x}} =$$

$$= \frac{1}{n} \sum_{i=1}^{n} \frac{\beta_1 (x_i - \bar{x})}{x_i - \bar{x}} = \frac{1}{n} \sum_{i=1}^{n} \beta_1 = \beta_1 ,$$

d.h. C_1 ist erwartungstreue Schätzfunktion für β_1.

Aussage C ist falsch. Die Diskussion zu den Aussagen in A und B ergab, daß C_1 zur Klasse der linearen, erwartungstreuen Schätzfunktionen für β_1 gehört. In dieser Klasse besitzt die aus der Methode der kleinsten Quadrate resultierende Schätzfunktion B_1 für β_1 bekanntlich die kleinste Varianz (BLU - Eigenschaft der Kleinste - Quadrate - Schätzer). Demnach kann $\operatorname{var} C_1$ nicht kleiner als $\operatorname{var} B_1$ sein.

LITERATUR: [1] R 2.2, R 3.3, R 4.1, R 4.2, W 3.1.6, S 1.3.4

ERGEBNIS: Die Aussagen A und B sind richtig.

AUFGABE I54

In einem Betrieb wird für den Zusammenhang zwischen Stückzahl x und Fertigungszeit Y [h] an einer neuen Maschine das einfache lineare Regressionsmodell unterstellt:

$$Y_i = \beta_o + \beta_1 x_i + U_i \; ; \quad i = 1, \ldots, n .$$

Dabei wird β_o die Einrichtungszeit und β_1 die Stückzeit der Maschine genannt. Auf Grund der technischen Gegebenheiten können die Residualvariablen als normalverteilt angenommen werden.

Die Auswertung eines Probelaufs mit $n = 100$ beobachteten Wertepaaren $(x_i ; Y_i)$; $i = 1, \ldots, 100$ ergab:

$\bar{x} = 15$; $\Sigma (x_i - \bar{x})^2 = 1\,600$;

$\bar{Y} = 6$; $\Sigma (Y_i - \bar{Y})^2 = 168{,}5$;

$\Sigma (x_i - \bar{x})(Y_i - \bar{Y}) = 480$.

Wie lautet das Konfidenzintervall zum Sicherheitsgrad 0,9544 für

a) die Stückzeit β_1 und die Einrichtungszeit β_o ?

b) die zu erwartende Fertigungszeit von 18 Stück ?

Bei einer Maschine anderer Bauart, die schon längere Zeit in dem Betrieb arbeitet, weiß man aus Erfahrung, daß die Stückzeit 0,33 [h] und die Einrichtungszeit 1,3 [h] beträgt.

c) Kann man behaupten, daß sich einerseits die Einrichtungszeit und andererseits die Stückzeit der beiden Maschinen beim Signifikanzniveau 0,0456 unterscheiden ?

LÖSUNG:

Für die aus der Methode der kleinsten Quadrate resultierenden Schätzfunktionen B_o für β_o und B_1 für β_1 gilt:

$$(1) \qquad EB_1 = \beta_1 \quad ; \quad EB_o = \beta_o$$

$$(2) \qquad \sigma_1^2 = \text{var}\, B_1 = \sigma_U^2/\Sigma(x_i-\bar{x})^2 \quad ; \quad \sigma_o^2 = \text{var}\, B_o = \text{var}\, B_1 \cdot \Sigma x_i^2/n \,.$$

Da B_o und B_1 lineare Funktionen der (gemäß Voraussetzung) normalverteilten Residualvariablen U_i sind, gilt:

$$(B_1 - \beta_1)/\sigma_1 \qquad \text{und} \qquad (B_o - \beta_o)/\sigma_o$$

sind standardnormalverteilt.

Ersetzt man in (2) σ_U^2 durch die erwartungstreue Schätzfunktion S_U^2 für σ_U^2 ,

$$S_U^2 = \sum\left[Y_i - (B_o + B_1 x_i)\right]^2/(n-2) =$$

$$= \left[\sum (Y_i - \bar{Y})^2 - B_1^2 \sum(x_i - \bar{x})^2\right]/(n-2) \,,$$

so erhält man die erwartungstreuen Schätzfunktionen S_1^2 für σ_1^2 und S_o^2 für σ_o^2 :

$$S_1^2 = S_U^2 / \sum(x_i - \bar{x})^2 \quad ; \quad S_o^2 = S_1^2 \cdot \sum x_i^2 / n \, .$$

Da n hinreichend groß ist, sind die Größen

$$(B_1 - \beta_1)/S_1 \quad \text{und} \quad (B_o - \beta_o)/S_o$$

angenähert standardnormalverteilt.

Somit ergeben sich als Konfidenzintervallgrenzen

(3) für β_o : $B_o \pm z_{\alpha/2} S_o$

(4) für β_1 : $B_1 \pm z_{\alpha/2} S_1$.

Aus den gegebenen Daten resultiert zahlenmäßig:

$$B_1 = \frac{\Sigma(x_i - \bar{x})(Y_i - \bar{Y})}{\Sigma(x_i - \bar{x})^2} = \frac{480}{1\,600} = 0{,}3$$

$$B_o = \bar{Y} - B_1\bar{x} = 6 - 0{,}3 \cdot 15 = 1{,}5$$

$$S_U^2 = \left[\sum(Y_i - \bar{Y})^2 - B_1^2\sum(x_i - \bar{x})^2\right] / (n-2) =$$

$$= [168{,}5 - (0{,}3)^2 \cdot 1600]/98 = 0{,}25$$

$$S_U = 0{,}50 \, .$$

Man erhält den zur Berechnung von S_o^2 benötigten Wert von Σx_i^2 , indem man die Beziehung

$$\Sigma(x_i - \bar{x})^2 = \Sigma x_i^2 - n \cdot \bar{x}^2$$

nach Σx_i^2 auflöst:

$$\Sigma x_i^2 = 1600 + 100 \cdot 225 = 24\,100 \, .$$

Man findet:

$$S_1^2 = \frac{S_U^2}{\Sigma(x_i - \bar{x})^2} = \frac{0{,}25}{1600} = 0{,}00015625 \; ; \quad S_1 = 0{,}01250 \; ;$$

$$S_o^2 = S_1^2 \cdot \sum x_i^2 / n = 0{,}00015625 \cdot 24100/100 = 0{,}03766 \; ;$$

$$S_o = 0{,}1941 \; .$$

Hiermit und mit $z_{\alpha/2} = 2$ ergeben sich die realisierten Konfidenzintervalle gemäß (3) und (4) :

Konfidenzintervall für β_o: $[1{,}112;1{,}888]$

Konfidenzintervall für β_1: $[0{,}275;0{,}325]$.

b) Mit B_o und B_1 ist auch $F(x) = B_o + B_1 x$ eine lineare Funktion von $Y_1,\ldots,Y_n$ und folglich normalverteilt. Es gilt:

$$EF(x) = E(B_o + B_1 x) = EB_o + x \cdot EB_1 = \beta_o + \beta_1 x \; ,$$

d.h. $F(x)$ ist eine erwartungstreue Schätzfunktion für die zu erwartende Fertigungszeit $\beta_o + \beta_1 x$ von x Stücken. Weiter gilt wegen der Unkorreliertheit von $\bar{Y}$ und B_1 :

$$\operatorname{var} F(x) = \operatorname{var}(B_o + B_1 x) = \operatorname{var}(\bar{Y} + B_1(x - \bar{x})) =$$

$$= \operatorname{var} \bar{Y} + (x - \bar{x})^2 \cdot \operatorname{var} B_1 =$$

$$= \frac{\sigma_U^2}{n} + (x - \bar{x})^2 \cdot \frac{\sigma_U^2}{\sum (x_i - \bar{x})^2} =$$

$$= \frac{\sigma_U^2}{n} \left[1 + \frac{n(x - \bar{x})^2}{\sum (x_i - \bar{x})^2} \right] .$$

Schätzt man hierin noch σ_U^2 durch S_U^2 , so ergeben sich hieraus approximativ die Grenzen des Konfidenzintervalls für $\beta_o + \beta_1 x$ zu

$$F(x) \pm z_{\alpha/2} \frac{S_U}{\sqrt{n}} \sqrt{1 + \frac{n(x - \bar{x})^2}{\sum (x_i - \bar{x})^2}} \quad .$$

Hiermit findet man aus den vorliegenden Daten für $x = 18$:

$$(1{,}5 + 0{,}3 \cdot 18) \pm 2 \cdot \frac{0{,}5}{\sqrt{100}} \sqrt{1 + \frac{100 \cdot (18 - 15)^2}{1600}} =$$

$$= 6{,}9 \pm 0{,}125 .$$

Das Konfidenzintervall für die zu erwartende Fertigungszeit von 18 Stück ergibt sich demnach zu

$$[6{,}775 ; 7{,}025].$$

c) Die Hypothesen lauten:

$$H_0 : \beta_0 = \beta_0^* \quad \text{mit} \quad \beta_0^* = 1{,}3 \quad \text{und} \quad H_0 : \beta_1 = \beta_1^* \quad \text{mit} \quad \beta_1^* = 0{,}33.$$

Die Prüfgrößen

$$Z_0 = \frac{B_0 - \beta_0^*}{S_0} \qquad \text{und} \qquad Z_1 = \frac{B_1 - \beta_1^*}{S_1}$$

sind bei Gültigkeit von H_0 näherungsweise standardnormalverteilt. Der zugehörige Ablehnungsbereich zum Signifikanzniveau $\alpha = 0{,}0456$ ist daher für beide Tests durch $A = (-\infty; -2) \cup (2; \infty)$ gegeben.

Zahlenmäßig ergibt sich für die beobachteten Prüfgrößenwerte

$$z_0 = \frac{1{,}5 - 1{,}3}{0{,}1941} = 1{,}0304 \quad \text{und} \quad z_1 = \frac{0{,}30 - 0{,}33}{0{,}0125} = -2{,}4.$$

z_0 liegt nicht im Ablehnungsbereich, d.h. $H_0 : \beta_0 = 1{,}3$ kann nicht verworfen werden. (Das ersieht man auch daran, daß der Wert $\beta_0^* = 1{,}3$ vom Konfidenzintervall für β_0 überdeckt wird, vgl. auch Aufgabe I 22.)

z_1 liegt im Ablehnungsbereich, d.h. $H_0 : \beta_1 = 0{,}33$ ist zu verwerfen. Der beobachtete Wert $B_1 = 0{,}30$ ist also nicht mit dem hypothetischen Wert $0{,}33$ verträglich. Dementsprechend wird der Wert $0{,}33$ nicht vom Konfidenzintervall für β_1 überdeckt.

LITERATUR: [1] R5, R6, R 7.1, R 7.2

ERGEBNIS:

a) Konfidenzintervall für β_0: [1,112 ; 1,888].

Konfidenzintervall für β_1: [0,275 ; 0,325].

b) Konfidenzintervall für $\beta_0 + 18\beta_1$: [6,775 ; 7,025].

c) H_0: $\beta_1 = 0{,}33$ wird verworfen.

H_0: $\beta_0 = 1{,}3$ wird nicht verworfen.

Tab. I Verteilungsfunktion der Standardnormalverteilung

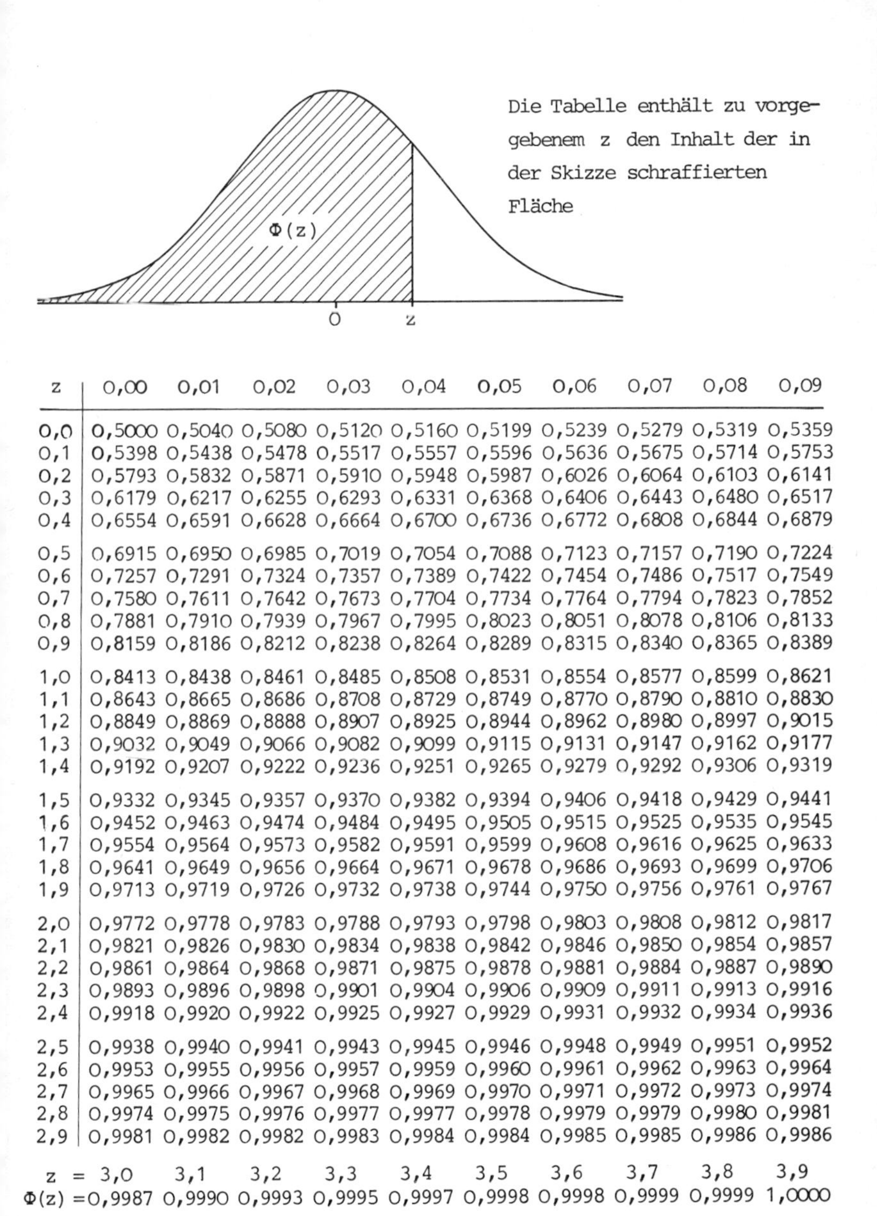

Die Tabelle enthält zu vorgegebenem z den Inhalt der in der Skizze schraffierten Fläche

z	0,00	0,01	0,02	0,03	0,04	0,05	0,06	0,07	0,08	0,09
0,0	0,5000	0,5040	0,5080	0,5120	0,5160	0,5199	0,5239	0,5279	0,5319	0,5359
0,1	0,5398	0,5438	0,5478	0,5517	0,5557	0,5596	0,5636	0,5675	0,5714	0,5753
0,2	0,5793	0,5832	0,5871	0,5910	0,5948	0,5987	0,6026	0,6064	0,6103	0,6141
0,3	0,6179	0,6217	0,6255	0,6293	0,6331	0,6368	0,6406	0,6443	0,6480	0,6517
0,4	0,6554	0,6591	0,6628	0,6664	0,6700	0,6736	0,6772	0,6808	0,6844	0,6879
0,5	0,6915	0,6950	0,6985	0,7019	0,7054	0,7088	0,7123	0,7157	0,7190	0,7224
0,6	0,7257	0,7291	0,7324	0,7357	0,7389	0,7422	0,7454	0,7486	0,7517	0,7549
0,7	0,7580	0,7611	0,7642	0,7673	0,7704	0,7734	0,7764	0,7794	0,7823	0,7852
0,8	0,7881	0,7910	0,7939	0,7967	0,7995	0,8023	0,8051	0,8078	0,8106	0,8133
0,9	0,8159	0,8186	0,8212	0,8238	0,8264	0,8289	0,8315	0,8340	0,8365	0,8389
1,0	0,8413	0,8438	0,8461	0,8485	0,8508	0,8531	0,8554	0,8577	0,8599	0,8621
1,1	0,8643	0,8665	0,8686	0,8708	0,8729	0,8749	0,8770	0,8790	0,8810	0,8830
1,2	0,8849	0,8869	0,8888	0,8907	0,8925	0,8944	0,8962	0,8980	0,8997	0,9015
1,3	0,9032	0,9049	0,9066	0,9082	0,9099	0,9115	0,9131	0,9147	0,9162	0,9177
1,4	0,9192	0,9207	0,9222	0,9236	0,9251	0,9265	0,9279	0,9292	0,9306	0,9319
1,5	0,9332	0,9345	0,9357	0,9370	0,9382	0,9394	0,9406	0,9418	0,9429	0,9441
1,6	0,9452	0,9463	0,9474	0,9484	0,9495	0,9505	0,9515	0,9525	0,9535	0,9545
1,7	0,9554	0,9564	0,9573	0,9582	0,9591	0,9599	0,9608	0,9616	0,9625	0,9633
1,8	0,9641	0,9649	0,9656	0,9664	0,9671	0,9678	0,9686	0,9693	0,9699	0,9706
1,9	0,9713	0,9719	0,9726	0,9732	0,9738	0,9744	0,9750	0,9756	0,9761	0,9767
2,0	0,9772	0,9778	0,9783	0,9788	0,9793	0,9798	0,9803	0,9808	0,9812	0,9817
2,1	0,9821	0,9826	0,9830	0,9834	0,9838	0,9842	0,9846	0,9850	0,9854	0,9857
2,2	0,9861	0,9864	0,9868	0,9871	0,9875	0,9878	0,9881	0,9884	0,9887	0,9890
2,3	0,9893	0,9896	0,9898	0,9901	0,9904	0,9906	0,9909	0,9911	0,9913	0,9916
2,4	0,9918	0,9920	0,9922	0,9925	0,9927	0,9929	0,9931	0,9932	0,9934	0,9936
2,5	0,9938	0,9940	0,9941	0,9943	0,9945	0,9946	0,9948	0,9949	0,9951	0,9952
2,6	0,9953	0,9955	0,9956	0,9957	0,9959	0,9960	0,9961	0,9962	0,9963	0,9964
2,7	0,9965	0,9966	0,9967	0,9968	0,9969	0,9970	0,9971	0,9972	0,9973	0,9974
2,8	0,9974	0,9975	0,9976	0,9977	0,9977	0,9978	0,9979	0,9979	0,9980	0,9981
2,9	0,9981	0,9982	0,9982	0,9983	0,9984	0,9984	0,9985	0,9985	0,9986	0,9986

z =	3,0	3,1	3,2	3,3	3,4	3,5	3,6	3,7	3,8	3,9
Φ(z) =	0,9987	0,9990	0,9993	0,9995	0,9997	0,9998	0,9998	0,9999	0,9999	1,0000

Tab. II χ^2-Verteilungen

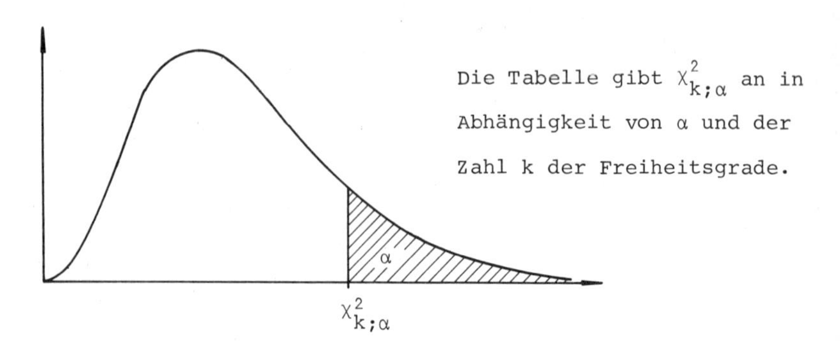

Die Tabelle gibt $\chi^2_{k;\alpha}$ an in Abhängigkeit von α und der Zahl k der Freiheitsgrade.

k \ α	0,10	0,05	0,02	0,01
1	2,706	3,841	5,412	6,635
2	4,605	5,991	7,824	9,210
3	6,251	7,815	9,837	11,345
4	7,779	9,488	11,668	13,277
5	9,236	11,070	13,388	15,086
6	10,645	12,592	15,033	16,812
7	12,017	14,067	16,622	18,475
8	13,362	15,507	18,168	20,090
9	14,684	16,919	19,679	21,666
10	15,987	18,307	21,161	23,209
11	17,275	19,675	22,618	24,725
12	18,549	21,026	24,054	26,217
13	19,812	22,362	25,472	27,688
14	21,064	23,685	26,873	29,141
15	22,307	24,996	28,259	30,578
16	23,542	26,296	29,633	32,000
17	24,769	27,587	30,995	33,409
18	25,989	28,869	32,346	34,805
19	27,204	30,144	33,687	36,191
20	28,412	31,410	35,020	37,566
21	29,615	32,671	36,343	38,932
22	30,813	33,924	37,659	40,289
23	32,007	35,172	38,968	41,638
24	33,196	36,415	40,270	42,980
25	34,382	37,652	41,566	44,314
26	35,563	38,885	42,856	45,642
27	36,741	40,113	44,140	46,963
28	37,916	41,337	45,419	48,278
29	39,087	42,557	46,693	49,588
30	40,256	43,773	47,962	50,892

Tab. III Teststatistiken und ihre approximativen Verteilungen

Zufallsvariable	Teststatistik	approximative Verteilung	Approximationsbedingung*)
Stichprobenmittel $\overline{X}$	$\frac{\overline{X}-\mu}{\sigma/\sqrt{n}}$ bzw. $\frac{\overline{X}-\mu}{S/\sqrt{n}}$	NV(0;1)	$n \geq 50$
Stichprobenanteil P	$\frac{P-\Theta}{\sqrt{\Theta(1-\Theta)/n}}$ bzw. $\frac{P-\Theta}{\sqrt{P(1-P)/n}}$	NV(0;1)	$n \geq 50$
Differenz $\overline{X}_1 - \overline{X}_2$ unabhängiger Stichprobenmittel	$\frac{(\overline{X}_1-\overline{X}_2)-(\mu_1-\mu_2)}{\sqrt{\sigma_1^2/n_1+\sigma_2^2/n_2}}$ bzw. $\frac{(\overline{X}_1-\overline{X}_2)-(\mu_1-\mu_2)}{\sqrt{S_1^2/n_1+S_2^2/n_2}}$	NV(0;1) bzw. NV(0;1)	$n_1 \geq 50$; $n_2 \geq 50$
Differenz $P_1 - P_2$ unabhängiger Stichprobenanteile	$\frac{(P_1-P_2)-(\Theta_1-\Theta_2)}{\sqrt{\frac{\Theta_1(1-\Theta_1)}{n_1}+\frac{\Theta_2(1-\Theta_2)}{n_2}}}$ bzw. $\frac{(P_1-P_2)-(\Theta_1-\Theta_2)}{\sqrt{\frac{P_1(1-P_1)}{n_1}+\frac{P_2(1-P_2)}{n_2}}}$	NV(0;1) bzw. NV(0;1)	$n_1 \geq 50$; $n_2 \geq 50$
Prüfgröße des χ^2-Anpassungstests	$\sum_{i=1}^{I}\frac{(n_i-n\Theta_{oi})^2}{n\Theta_{oi}}$	χ^2_{I-1}	$n\Theta_{oi} \geq 5$
Prüfgröße des χ^2-Unabhängigkeitstests	$\sum_{i=1}^{I}\sum_{j=1}^{J}\frac{\left(n_{ij}-\frac{n_{i.}n_{.j}}{n}\right)^2}{\frac{n_{i.}n_{.j}}{n}}$	$\chi^2_{(I-1)\cdot(J-1)}$	$\frac{n_{i.}n_{.j}}{n} \geq 5$

*) Bei Ziehen ohne Zurücklegen: Auswahlsatz n/N kleiner als 0,05

Literatur

[1] Anderson, O.; Popp, W.; Schaffranek, M.; Steinmetz, D.; Stenger, H.: Schätzen und Testen. Springer Verlag, Berlin, Heidelberg, New York 1976

[2] Anderson, O.; Schaffranek, M.; Stenger, H.; Szameitat, K.: Bevölkerungs- und Wirtschaftsstatistik. Springer Verlag, Berlin, Heidelberg, New York 1983

[3] Bald, Ch.; Herbel, N.: Zur Neuberechnung der Produktions- und Produktivitätsindizes im Produzierenden Gewerbe auf Basis 1980 , in: Statistisches Bundesamt (Hrsg.): Wirtschaft und Statistik 12/1983, S. 931 ff. Verlag W. Kohlhammer, Stuttgart und Mainz

[4] Ferschl, F.: Deskriptive Statistik. Physika-Verlag, Würzburg, Wien 1980

[5] Fügel-Waverijn, I.; Kaeser, H.; Münzenmaier, W.: Langfristige Vorausschätzung demographischer und wirtschaftlicher Eckdaten für Baden-Württemberg, in: Statistisches Landesamt Baden-Württemberg (Hrsg.): Baden-Württemberg in Wort und Zahl, Heft 12/1976, S. 393 ff.

[6] Gnedenko, B. W. ; Chinchin, A. J.: Elementare Einführung in die Wahrscheinlichkeitsrechnung. VEB Deutscher Verlag der Wissenschaften, Berlin 1983

[7] Herbel, N.: Zur Neuberechnung der Produktions- und Produktivitätsindizes im Produzierenden Gewerbe auf Basis 1976, in: Statistisches Bundesamt (Hrsg.): Wirtschaft und Statistik 5/1981, S. 315 ff. , Verlag W. Kohlhammer, Stuttgart und Mainz

[8] Herberger, L. und Mitarbeiter: Das Gesamtsystem der Erwerbstätigkeitsstatistik, in: Statistisches Bundesamt (Hrsg.): Wirtschaft und Statistik 6/1975 , S. 349 ff. , Verlag W. Kohlhammer, Stuttgart und Mainz

[9] Kunz, D.: Preisindizes für die Lebenshaltung als Wertsicherungsmaßstab in Wertsicherungsklauseln, in: Neue Juristische Wochenschrift, Heft 19, 1969, S. 827 ff .

[10] Meyer, K.; Rückert, G.-R.: Allgemeine Sterbetafel 1970/72 , in: Statistisches Bundesamt (Hrsg.): Wirtschaft und Statistik 7/1974, S. 465 ff. , Verlag W. Kohlhammer, Stuttgart und Mainz

[11] Pfanzagl, J.: Allgemeine Methodenlehre der Statistik, Band I , De Gruyter Verlag, Berlin 1974

[12] Pfanzagl, J.: Allgemeine Methodenlehre der Statistik, Band II , De Gruyter Verlag, Berlin 1974

[13] Proebsting, H.: Entwicklung der Sterblichkeit, in: Statistisches Bundesamt (Hrsg.): Wirtschaft und Statistik 1/1984, S. 13 ff. , Verlag W. Kohlhammer, Stuttgart und Mainz

[14] Sachverständigenrat zur Begutachtung der gesamtwirtschaftlichen Entwicklung: Jahresgutachten 1983/84. Bundestags-Drucksache 10/669

[15] Sobotschinski, A.: Die Neuordnung der Statistik im Produzierenden Gewerbe, in: Statistisches Bundesamt (Hrsg.): Wirtschaft und Statistik 7/1976, S. 405 ff., Verlag W. Kohlhammer, Stuttgart und Mainz

[16] Stäglin, R.: Methodische und rechnerische Grundlagen der Input-Output-Analyse, in: R. Krengel (Hrsg.): Aufstellung und Analyse von Input-Output Tabellen. Sonderheft 5 zum Allgemeinen Statistischen Archiv, Verlag Vandenhoeck & Ruprecht, Göttingen 1973

[17] Stange, K.: Angewandte Statistik, Teil 1. Springer Verlag, Berlin, Heidelberg, New York 1970

[18] Statistisches Bundesamt (Hrsg.): Das Arbeitsgebiet der Bundesstatistik 1981. Verlag W. Kohlhammer, Stuttgart und Mainz 1981

[19] Statistisches Bundesamt (Hrsg.): Fachserie 4. Verlag W. Kohlhammer, Stuttgart und Mainz

[20] Statistisches Bundesamt (Hrsg.): Fachserie 17, Reihe 7, Juni 1980. Verlag W. Kohlhammer, Stuttgart und Mainz

[21] Statistisches Bundesamt (Hrsg.): Statistisches Jahrbuch 1980 für die Bundesrepublik Deutschland. Verlag W. Kohlhammer, Stuttgart und Mainz 1980

[22] Statistisches Bundesamt (Hrsg.): Statistisches Jahrbuch 1983 für die Bundesrepublik Deutschland. Verlag W. Kohlhammer, Stuttgart und Mainz

[23] Statistisches Landesamt Baden-Württemberg (Hrsg.): Statistische Berichte E II 1 - m12/80

[24] Stobbe, A.: Volkswirtschaftslehre I, Volkswirtschaftliches Rechnungswesen. Springer Verlag, Berlin, Heidelberg, New York 1980

[25] Walter, R.: Zur Neuberechnung der Außenhandelspreisindizes auf Basis 1980, in: Statistisches Bundesamt (Hrsg.): Wirtschaft und Statistik 9/1983, S. 687 ff. Verlag W. Kohlhammer, Stuttgart und Mainz

[26] Wetzel, W.: Statistische Grundausbildung für Wirtschaftswissenschaftler, Band II; Schließende Statistik. De Gruyter Verlag, Berlin 1973

[27] Deutsche Bundesbank (Hrsg.): Monatsberichte der Deutschen Bundesbank

[28] Deutsche Bundesbank (Hrsg.): Die Zahlungsbilanzstatistik der Bundesrepublik Deutschland, Stand Juli 1983